工学のための
物理学応用
－電磁気学・熱力学・波動・粘弾性体－

渡邉 努・山下 基・横田麻莉佳・筑紫 格
共著

培風館

まえがき

本書は，すでに刊行されている「工学のための物理学基礎 ―力学―」の続編である。前著の力学では，物理の基本的な考え方，扱い方および物理で使う数学の基礎を学んだ。この続編では，読者の属する専門分野(学科)によって異なるが，力学に引き続いて学ぶであろう内容の基本を説明する。具体的には，電磁気学，熱力学，波動とフーリエ変換，弾性体・流体・粘弾性体である。

本書の1つ目の特徴は，前著と同じく，おもに1，2年生の物理の講義を担当している教育センターの物理教室に在籍している方々による執筆であるという点にある。これらの執筆陣によって，高校物理および数学で教えられる（あるいは教えられていない）内容もよく理解したうえで，力学の知識と理解を基にして，これから理工系学部で必要となる内容を説明している。私立大学では多様な入試形態の結果，理工系のどの学部・学科でも（たとえ物理が必須の学科でも），高校で物理を習っていない学生が一定数含まれているのが最近の状況である。そのような学生も考慮して，高校での物理や数学の内容を復習しながら，なるべくスムーズに大学で力学の次に修得すべき内容に入っていけるように工夫したつもりである。

2つ目の特徴は，インターネットの利用も普通にできる環境になってきた状況を利用して，より詳しい内容の説明や，章末問題の細かい解説などを URL や2次元バーコードを用いてアクセスして，本書の内容をさらに理解できるようにしたことである。特に，この続編では限られたページ数に多様な内容を詰め込んでいるために，より詳しく丁寧に書いたところをやむを得ず割愛した箇所が多くある。本書だけではすぐに理解できなかった読者も，より詳しい内容を載せたインターネット上の URL にアクセスしていただくことにより，理解できることも多々あるかと思うので，ぜひ活用していただきたい。

各章は，以下の執筆者によって担当されている。1章は渡邉 努，2章は山下 基，3章は横田麻莉佳，4章は筑紫 格，全体の編集は渡邉 努が担当した。

本書が，力学に引き続いて，電磁気学，熱力学，波動，粘弾性体のどれか1つの分野でもよいから，その内容の理解を必要とする学生に少しでも役に立てば幸いである。

2023年1月

執筆者を代表して　筑紫 格

培風館のホームページ

http://www.baifukan.co.jp/shoseki/kanren.html

から，補助説明「工学のための物理学応用―電磁気学・
熱力学・波動・粘弾性体―」に入ることができる。演習
問題の詳細な解説を載せているので，有効に活用してい
ただきたい。

目　　次

1 電磁気学

1.1 電気が及ぼす力　1
 1.1.1　電気と電荷
 1.1.2　クーロンの法則
 1.1.3　電場と電気力線
 1.1.4　電場に関するガウスの法則
 1.1.5　電位
 1.1.6　コンデンサーの性質
 1.1.7　誘電体の性質

1.2 電流と静磁場　26
 1.2.1　電流の定義
 1.2.2　オームの法則
 1.2.3　電力とジュール熱
 1.2.4　直流電源を用いた電気回路
 1.2.5　磁石と磁気
 1.2.6　磁場と磁力線
 1.2.7　電流から生じる磁場
 1.2.8　アンペールの法則
 1.2.9　磁場に関するガウスの法則
 1.2.10　磁場中を流れる電流に働く力
 1.2.11　平行電流間に働く力
 1.2.12　ローレンツ力

1.3 電磁誘導と電磁波　50
 1.3.1　変位電流
 1.3.2　アンペール-マクスウェルの法則
 1.3.3　電磁誘導
 1.3.4　交流電源を用いた電気回路
 1.3.5　ファラデーの法則
 1.3.6　マクスウェル方程式
 1.3.7　電磁波と光
 章末問題 1　63

2 熱学・熱力学

2.1 温度と熱　64
 2.1.1　温度の種類
 2.1.2　熱力学の第 0 法則
 2.1.3　比熱と熱容量
 2.1.4　物質の三態
 2.1.5　熱の伝達
 2.1.6　物質の熱膨張

2.2 気体の状態方程式　78
 2.2.1　気圧
 2.2.2　ボイルの法則
 2.2.3　シャルルの法則
 2.2.4　ボイル-シャルルの法則
 2.2.5　気体の状態方程式
 2.2.6　理想気体

2.3 気体の分子運動論　82
 2.3.1　理想気体の圧力の計算
 2.3.2　内部エネルギー
 2.3.3　エネルギーの等分配則
 2.3.4　気体分子の速度分布
 2.3.5　多原子分子理想気体の内部エネルギー

2.4 気体の状態変化　93
 2.4.1　熱力学の第 1 法則
 2.4.2　定積変化
 2.4.3　定圧変化
 2.4.4　等温変化
 2.4.5　断熱変化
 2.4.6　断熱自由膨張

2.5 循環過程と熱機関　105
 2.5.1　気体の循環過程
 2.5.2　カルノーサイクル

2.6 状態変化の不可逆性　111
 2.6.1　可逆過程と不可逆過程
 2.6.2　熱力学の第 2 法則
 2.6.3　エントロピー
 章末問題 2　118

3 波動学

3.1 波動　119
 3.1.1　波の性質
 3.1.2　正弦波
 3.1.3　波動方程式
 3.1.4　波の原理と干渉

3.2　音波　131
　3.2.1　音の速度
　3.2.2　気柱の振動
　3.2.3　ドップラー効果
　3.2.4　うなり
3.3　光　139
　3.3.1　光の反射と屈折
　3.3.2　光の回折
　3.3.3　光の散乱と分光
3.4　フーリエ解析　146
　3.4.1　フーリエ級数展開
　3.4.2　フーリエ正弦級数とフーリエ余弦級数
　3.4.3　フーリエ級数展開の複素表示
　3.4.4　フーリエ積分
　3.4.5　フーリエ変換
　章末問題3　163

4.2　流体　181
　4.2.1　静止流体
　4.2.2　運動流体
　4.2.3　完全流体の定常流の性質
　4.2.4　ベルヌーイの定理
　4.2.5　粘性と抵抗
4.3　粘弾性体　193
　4.3.1　粘弾性体の基本式
　4.3.2　刺激と応答の時間変化
　4.3.3　力学模型
　4.3.4　マクスウェル模型の性質
　4.3.5　フォークト模型の性質
　4.3.6　動的粘弾性測定
　4.3.7　複素数平面で扱う動的粘弾性
　4.3.8　マクスウェル模型で考える動的粘弾性
　章末問題4　214

4　弾性体・流体・粘弾性体

4.1　弾性体　164
　4.1.1　応力と歪み（ひずみ）
　4.1.2　1軸方向からの法線応力による長さひずみ
　4.1.3　全方向からの法線応力による体積ひずみ
　4.1.4　接線応力による角度ひずみ
　4.1.5　弾性体に蓄えられるエネルギー

章末問題解答　————————　215
索　引　————————　217

1

電 磁 気 学

私たちは日々の生活の中で，自動車，テレビ，携帯電話，冷蔵庫，電子レンジなど，様々な電化製品を目にするが，多くの人たちはこれらがどのように機能しているかを知らない。電化製品の仕組みを理解するためには，数ある物理の分野の中でも「電磁気学」を理解する必要がある。**電磁気学**とは，電気と磁気のそれぞれの法則と，これら2つの物理現象が絡み合って実現する現象，特に電磁波の起源を学ぶ学問である。本章では，現代テクノロジーの基盤である電磁気学の基礎を学ぼう。

1.1 電気が及ぼす力

まずは，電気の話から始めよう。本節では，電気とはそもそも何であるか。また，電気がもたらす力であるクーロン力と，その力を生じさせる電場とよばれる物理量について学ぶ。

1.1.1 電気と電荷

電気がはじめて発見されたのは，紀元前600年のギリシャ時代といわれている。当時，古代ギリシャ人が，コハク[1]を毛皮でこすることにより，コハクが周囲のほこりを引き付ける現象を発見した[2]。これは，摩擦（まさつ）が物体に周囲のものを引き寄せる「何か」を生じさせたことを意味する。この「何か」こそが**電気**である。特に，このように摩擦によって生じる電気のことを**摩擦電気**，または**静電気**とよぶ[3]。

電気は周囲のものを引き付けるだけでなく，遠ざけることも起こし得る。例えば，図1.1(a) のように，絹でこすったガラス棒を糸で吊るして毛皮でこすったゴムを近づけると，両者はたがいに引き付け合う。ところが，図1.1(b) のように，絹でこすったガラス棒に，同じく絹でこすったガラス棒を近づけると，両者はたがいに遠ざかるのである。これは，ガラス棒とゴムにたまる電気が異なる性質をもつことを示しており，このことからベンジャミン・フランクリン(Franklin, B., 1706–1790)は，電気には2種類の性質があることを明らかにした。これらの電気の性質を，**正の電気**，**負の電気**とよぶ。

---

1) 「コハク」は漢字で「琥珀」と書く。天然樹脂が化石となったもので，黄色を帯びた茶色の宝石である。

2) ウィリアム・ギルバート(Gilbert, W., 1544–1603)はコハクが周囲のものを引き寄せる現象のことを，日本語で電気を表す「electricity」とよんだ。この言葉は，ギリシャ語でコハクを表す「エレクトロン」が語源となっている。

3) 一般に，電気といえば流れるイメージが強いが，摩擦で生じた電気はこすった物体にたまってその場にとどまる(静止する)ので，摩擦電気のことを静電気とよぶ。

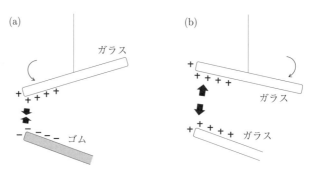

図 1.1　静電気が物質にもたらす力

　以上のことから，電気は次の性質をもつことがわかった。
　　1. 電気には「正」と「負」の2種類の性質がある。
　　2. 2つの物質をこすると，一方には正，他方には負の電気が生じる。
　　3. 同じ種類の電気はたがいを遠ざけ，異なる種類の電気は引き付け合う。

　上記のように，正と負の電気の性質，または電気現象の根源となるものを**電荷**[4]とよぶ。物体がもつ電荷にはその電気の量を示す物理量が存在し，これを**電気量**とよぶ。電気量の単位は「C（クーロン）」を用いる。また，このように物体が正，または負の電荷をもつ（電気を帯びる）ことを，**帯電**とよぶ。

● 電気の起源

　電気の起源を理解するためには，物質を原子や分子の視点で見る必要がある。図 1.2(a) のように，金属などの固体は，原子が規則正しく積み重なることで構成されている。また，図 1.2(b) のように，この中の1つの原子に注目すると，原子は1つの**原子核**と，いくつかの**電子**から構成されている[5]。さらに，原子核には電子と同じ数の**陽子**が含まれており，電子が負の電荷，陽子が正の電荷をもつのである（図 1.2 は，1つの原子に電子1個，陽子1個が含まれる場合の例である）。すなわち，電子と陽子がもつ電荷が，電気現象の起源である。

　通常は，1つの原子に含まれる電子と陽子の数は等しく，電子1個と陽子1個がもつ電

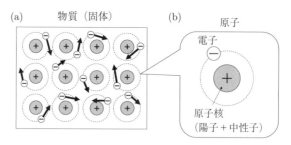

図 1.2　物質（固体）の中の電子と原子核

---

　4)　電気を帯びた（電気量をもつ）物体のことを「電荷」とよぶ場合もある。
　5)　厳密には，原子核は，電子と同じ数の陽子に加えて，複数の**中性子**を含んでいる。しかし，中性子は正の電荷も負の電荷ももたない粒子なので，電気現象に直接影響しない。また，物質を構成する電子，陽子，中性子などの微小な粒子のことを，**素粒子**とよぶ。

気量の大きさは等しい。具体的には，陽子 1 個の電気量は $+1.602 \times 10^{-19}$ C，電子 1 個の電気量は -1.602×10^{-19} C であり，$e = 1.602 \times 10^{-19}$ C を定義すると，物質がもつ電気量の総和は必ず e の整数倍になる。この e のことを**電気素量**，または**素電荷**とよぶ[6]。通常は，物質が全体としてもつ正と負の電荷の数はたがいに等しいので，物質は全体として電気をもたない。これを，**電気的に中性**な状態とよぶ。ただし，電子の質量は原子核の質量に比べて非常に小さいため[7]，電子は物質中で動き回る。そのため，物質の種類によっては，物質間を電子が行き来することが起こり得る。例えば，電子が原子核から比較的離れやすい物質 A と，比較的離れにくい物質 B をこすり合わせると，A から B に電子が移動する。すると，もともと電気的に中性であった A は電子の不足分過剰な数の陽子をもつので，A は正の電気をもつ。一方，移動してきた分だけ過剰な数の電子をもつ B は，負の電気をもつのである。

このことから，原子核から電子が離れやすい物質ほど，こすり合わせたときに正に帯電しやすいことがわかる。このような帯電のしやすさは，物質の種類に依存する。図 1.3 のように，正に帯電しやすい物質(左)から負に帯電しやすい物質(右)を順に並べたものを**帯電列**とよぶ。例えば，ゴムと毛皮をこすり合わせると，毛皮は正，ゴムは負に帯電するが，両者は離れているので生じる静電気は強い。一方，絹と木材をこすり合わせると，絹は正，木材は負に帯電するが，両者は近いので生じる静電気は弱い。

図 1.3 帯電列

また，物質内を動き回る電子のことを，**自由電子**とよぶ。物質の中でも自由電子を多くもつ物質は，電気を通しやすい。このような物質を**導体**とよび，金属などはこれに該当する。一方で，ほとんどの電子が原子核に拘束されている物質では，自由電子の数が少ないために電気を通しにくい。このような物質のことを**絶縁体**とよび，ガラス，プラスチック，紙などが，これに該当する。さらに，金属よりも少ないが，絶縁体よりも多い数の自由電子をもつ，**半導体**とよばれる物質も存在する。シリコンやゲルマニウムなどの物質は半導体の例であり，これらは電気を流すか流さないかの中途半端な性質をもつために，パソコンやスマートフォンなどの集積回路に利用されている[8]。

1.1.2 クーロンの法則

すでに述べたように，帯電している物質は周囲のものを引き寄せたり遠ざけたりする力をもつ。この力の詳細を実験で明らかにしたのが，シャルル・ド・クーロン(Coulomb, C., 1736–1806)である。クーロンが導いた次の法則を，**クーロンの法則**とよぶ。

---

6)　電気素量が $e = 1.602 \times 10^{-19}$ C であることは，ロバート・ミリカン(Millikan, R., 1868–1953)の油滴実験で測定された。ミリカンは正と負の電極板の間に働くクーロン力のもとで帯電した油滴の運動を測定し，油滴がもつ電気量がいつでも e の整数倍になることを発見した。クーロン力については，1.1.2 で学ぶ。

7)　電子 1 個の質量は陽子，または中性子 1 個の質量の約 1840 分の 1 である。

8)　**集積回路**とは，例えばトランジスタの集合体のことであり，**トランジスタ**とは電気を流すか流さないかのスイッチングができる装置のことである。例えば，電気が流れる状態を「1」，流れない状態を「0」とすれば，2 進法で様々な情報を記憶・処理できるため，トランジスタは CPU，ハードディスク，USB メモリなどに使われている。

> **定理 1.1（クーロンの法則）**　2 つの帯電した小物体の間には，これらの物体がもつ電気量の積に比例し，これらの物体間の距離の 2 乗に反比例する力が働く。

ここで，図 1.4(a) のように，2 つの帯電した小物体[9]が位置 O と P にある場合を考えよう。O は原点であり，P は位置ベクトル $\vec{r}$ にあるものとする。位置 O，P にある小物体の電気量がそれぞれ，Q [C]，q [C] であるとき，O から P に向かう向きの単位ベクトル[10]を $\vec{n}(=\vec{r}/r)$ とおくと，クーロンの法則により 2 つの物体間に働く力のベクトル $\vec{F}(\vec{r})$ は，次式のように書ける。

公式 1.1（クーロンの法則 1） ─────────────────────────

$$\vec{F}(\vec{r}) = k\frac{Qq}{r^2}\vec{n}$$

───

このように，クーロンの法則に従う力のことを，**クーロン力**とよぶ。国際単位系(SI 単位系)で，クーロン力の単位は N(ニュートン)，距離 r の単位は m(メートル)である。

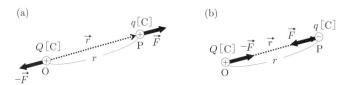

図 1.4　2 つの小物体の間に働くクーロン力

また，公式 1.1 の k は実験から得られた正の比例定数であるが，これを**クーロンの法則の比例定数**とよぶ。したがって，O と P の電荷がたがいに同じ符号のときは $\vec{F} > 0$ となり，図 1.4(a) のように 2 つの電荷の間には，たがいを遠ざける力(**反発力**)が働く。一方，O と P の電荷がたがいに異なる符号のときは $\vec{F} < 0$ となり，図 1.4(b) のように 2 つの電荷の間には，たがいを引き寄せる力(**引力**)が働く。

クーロンの法則の比例定数 k は，2 つの物体がどのような環境にあるかでその値が変わるが，真空中にあるときは次の値をもつ。

$$k = \frac{1}{4\pi\epsilon_0} = 8.988 \times 10^9 \text{ N} \cdot \text{m}^2/\text{C}^2$$

この式で，π は円周率($\pi = 3.141593\cdots$)であり，ϵ_0 は真空中で以下の値をもつ定数である。

$$\epsilon_0 = 8.854 \times 10^{-12} \text{ C}^2/(\text{N} \cdot \text{m}^2)$$

この ϵ_0 は，**真空の誘電率**，または**電気定数**とよばれる定数である。クーロン力は，k，または ϵ_0 のいずれかを用いて表される。ϵ_0 を用いた場合，クーロン力(公式 1.1)は次のように書くこともできる。

───────────────────────

9)　物理では**小物体**という言葉が使われるが，これは大きさが無視できるほど小さな物体(質点)という意味である。また，電荷をもつ小物体のことを，**点電荷**とよぶ。

10)　大きさ(矢印の長さ)が 1 のベクトルのことを，**単位ベクトル**とよぶ。

公式 1.2（クーロンの法則 2）

$$\vec{F}(\vec{r}) = \frac{Qq}{4\pi\epsilon_0 r^2}\vec{n}$$

例 1.1　xy 平面上で，点 A，B，C の座標をそれぞれ，$(0.0\ \text{m}, 0.10\ \text{m})$，$(0.0\ \text{m}, -0.10\ \text{m})$，$(0.10\ \text{m}, 0.0\ \text{m})$ とする。A，B，C にそれぞれ，電気量が $+7.0 \times 10^{-8}$ C，-7.0×10^{-8} C，$+1.0 \times 10^{-8}$ C の点電荷が固定されているとき，以下の問いに答えよ。ただし，クーロンの法則の比例定数を $k = 9.0 \times 10^9$ N·m^2/C^2 とし，$\sqrt{2} = 1.4$ とする。

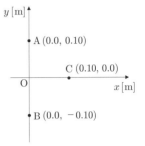

(1)　C の点電荷が受けるクーロン力の大きさを求めよ。

(2)　(1) で求めた力の向きを答えよ。

[解]　(1)　A，B，C の点電荷の電気量をそれぞれ，$q_\text{A} = +7.0 \times 10^{-8}$ C，$q_\text{B} = -7.0 \times 10^{-8}$ C，$q_\text{C} = +1.0 \times 10^{-8}$ C とおく。いま，AC 間の距離 r_AC [m] は

$$r_\text{AC} = \sqrt{0.10^2 + 0.10^2} = 0.10\sqrt{2} = 0.10 \times 1.4 = 0.14\ \text{m}$$

なので，C の点電荷が A の点電荷から受けるクーロン力 F_AC [N] は，

$$F_\text{AC} = k\frac{q_\text{A}q_\text{C}}{r_\text{AC}^2} = 9.0 \times 10^9 \times \frac{7.0 \times 10^{-8} \times 1.0 \times 10^{-8}}{0.14^2} = \frac{9.0 \times 10^{-7}}{2.8 \times 10^{-3}} = 3.2 \times 10^{-4}\ \text{N}$$

同様に，C の点電荷が B の点電荷から受けるクーロン力 F_BC [N] は，BC 間の距離も AC 間の距離と同様に $r_\text{BC} = 0.14$ m なので，

$$F_\text{BC} = k\frac{q_\text{B}q_\text{C}}{r_\text{BC}^2} = 9.0 \times 10^9 \times \frac{-7.0 \times 10^{-8} \times 1.0 \times 10^{-8}}{0.14^2} = -3.2 \times 10^{-4}\ \text{N}$$

ここで，C の点電荷が受けるクーロン力の大きさを F [N] とおくと，F は F_AC と F_BC の合力なので，下図より F は次のように求まる。

$$F = \sqrt{F_\text{AC}^2 + F_\text{BC}^2} = \sqrt{(3.2 \times 10^{-4})^2 + (-3.2 \times 10^{-4})^2}$$
$$= 3.2 \times 10^{-4} \times \sqrt{2} = 3.2 \times 10^{-4} \times 1.4 \fallingdotseq \underline{4.5 \times 10^{-4}\ \text{N}}$$

(2)　図より，(1) で求めた合力 F の向きは $\underline{-y\ 方向}$ である。

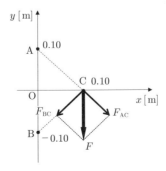

1.1.3 電場と電気力線

1.1.2 で学んだように，電荷はその周囲にクーロン力を生じさせる。これは，ある空間に電荷を置くと，その電荷のまわりには他の電荷に力を与えるような，空間の異常が生じることを意味する。このように，電荷が周囲に生じさせる電気的な空間の異常のことを，**電場**（または**電界**）とよぶ[11]。また，電場は一般に時間に依存して変化するが，時間によらない電場のことを**静電場**とよぶ。以降，しばらくは静電場について扱うことにしよう。

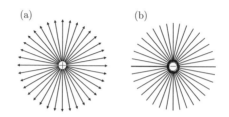

図 1.5　正と負の電荷のまわりに生じる電場

電場は大きさと向きをもつベクトルである。図 1.5(a) のように，1 個の正の点電荷のまわりで，電場はこの電荷を中心に等方的に放出されているものと考える。一方で，図 1.5(b) のように，1 個の負の点電荷のまわりで，電場はこの電荷を中心に等方的に吸収されているものと考える[12]。また，位置 $\vec{r}$ に生じる電場のベクトルを，$\vec{E}(\vec{r})$ と定義しよう。図 1.6 のように，電気量 q をもつ点電荷が電場 $\vec{E}(\vec{r})$ が生じる空間に置かれたとき，位置 $\vec{r}$ にある点電荷は次のクーロン力 $\vec{F}(\vec{r})$ を受けるものと定義する。

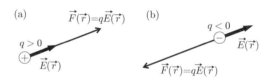

図 1.6　電場の定義

公式 1.3（電場の定義） ───────────────────────

$$\vec{F}(\vec{r}) = q\vec{E}(\vec{r})$$

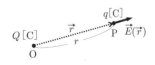

図 1.7　点電荷から離れた位置に生じる電場

すなわち，正の点電荷の電気量は $q > 0$ なので，電場 $\vec{E}$ と同じ向きのクーロン力 $\vec{F}$ を受けるが（図 1.6(a)），負の点電荷の電気量は $q < 0$ なので，電場 $\vec{E}$ と逆向きのクーロン力 $\vec{F}$ を受ける（図 1.6(b)）。

以上の定義から，電場 $\vec{E}(\vec{r})$ を求める式を導こう。図 1.7 のように，電気量 Q [C] をもつ点電荷を原点 O に固定して，電気量 q [C] をもつ点電荷を位置ベクトル $\vec{r}$ の点 P に置いたとき，P の点電荷が O の点電荷から

───────────────

11)　物理では，何もない空間に力を生じさせるような空間的異常のことを「場」とよぶ。例えば，磁石は周囲の金属を引き寄せる力を生じさせるが，このように磁石のまわりに生じる空間的異常のことを「磁場」とよぶ。

12)　ある点を中心として，全方向に均等で直線的な放出（または吸収）がなされることを，物理では**等方的な**放出（または吸収）とよぶ。

受けるクーロン力 $\vec{F}(\vec{r})$ は，公式 1.1（または公式 1.2）より求められる。したがって，P に生じる電場 $\vec{E}(\vec{r})$ は，$\vec{E}(\vec{r}) = \vec{F}(\vec{r})/q$ より次式のように書くことができる（$\vec{n} = \vec{r}/r$ は $\vec{r}$ の向きの単位ベクトルである）。

公式 1.4（電気量 Q の点電荷から受ける電場） ─────────

$$\vec{E}(\vec{r}) = k\frac{Q}{r^2}\vec{n} = \frac{Q}{4\pi\epsilon_0 r^2}\vec{n}$$

────────────────────────────────

また，電場の単位は「N/C」を用いる。

例 1.2 下図のように，距離 0.10 m 離れた位置 O，P に，電気量がそれぞれ $+2.0 \times 10^{-8}$ C，-2.0×10^{-8} C の 2 つの点電荷が固定されている。O を原点として，P へ向かう向きに x の正の軸を定義したとして，以下の問いに答えよ。ただし，クーロンの法則の比例定数を $k = 9.0 \times 10^9$ N·m^2/C^2 とする。

(1) O の点電荷が P に生じさせる電場の向きと大きさを求めよ。

(2) (1) の結果を用いて，P の点電荷が O の点電荷から受けるクーロン力の向きと大きさを求めよ。

$+2.0 \times 10^{-8}$ C   0.10 m -2.0×10^{-8} C

$\oplus$ ────────── $\ominus$ ──────→ x [m]

O   P

[解] (1) O の点電荷の電気量を $Q = +2.0 \times 10^{-8}$ C，OP 間の距離を $r = 0.10$ m とおくと，O の点電荷が P に生じさせる電場 E [N/C] は次のように求まる。

$$E = k\frac{Q}{r^2} = 9.0 \times 10^9 \times \frac{+2.0 \times 10^{-8}}{0.10^2} = 18 \times 10 \times 10^2 = 1.8 \times 10^4 \text{ N/C}$$

よって，$E > 0$ であるので，電場の向きは <u>x 軸の正の向き</u> であり，O の点電荷が P に生じさせる電場の大きさは $|E| = 1.8 \times 10^4$ N/C である。

(2) P の点電荷の電気量を $q = -2.0 \times 10^{-8}$ C とおく。(1) の結果より，O の点電荷が P に生じさせる電場は $E = 1.8 \times 10^4$ N/C なので，P の点電荷が O の点電荷から受けるクーロン力 F [N] は次のように求まる。

$$F = qE = -2.0 \times 10^{-8} \times 1.8 \times 10^4 = -3.6 \times 10^{-4} \text{ N}$$

よって，$F < 0$ なので，クーロン力の向きは <u>x 軸の負の向き</u> であり，P の点電荷が O の点電荷から受けるクーロン力の大きさは $|F| = \underline{3.6 \times 10^{-4} \text{ N}}$ である。

　次に，正と負の点電荷を，同じ空間で同時に固定した場合を考えよう。この空間でそれぞれの位置に生じる電場のベクトルを矢印で描き，これらの矢印が接線となるように曲線を引くと，図 1.8 のような図を描くことができる。このように，電場の向きを示す曲線のことを，**電気力線**とよぶ[13]。ここで，「電場の強さ」とは，「電気力線の密度」として定義される。例えば，図 1.8 の点 P は正の点電荷の近くにあるが，この付近を通る電気力線の数は多い。したがって，P の位置に生じる電場は強いといえる。一方で，正の電荷からも負の電荷からも離れた位置にある点 Q を考えると，この付近を通る電気力線の数は少な

────────────

13) いま，考えている空間に正か負の電荷が 1 個しかない場合，この電荷から生じる電場の矢印はそれぞれ，図 1.5(a)，(b) のように等方的に放出，または吸収する直線の矢印で描けることをすでに述べた。これらの場合は，電場のベクトルそのものが電気力線になることに注意する。

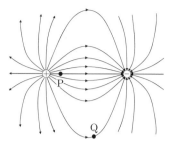

図 1.8 正と負の点電荷の間に
生じる電気力線

い。したがって，Q の位置に生じる電場は弱いといえる。

● 帯電した剛体から生じる電場

　ここまでは，帯電した物体が小物体(点電荷)の場合を考えてきた
が，現実の物体は大きさと形をもつ剛体である[14]。ここでは，帯電
した剛体がその周囲に生じさせる電場について議論しよう。例とし
て，図 1.9 のような適当な形をもつ，帯電した剛体を考える(図では
正に帯電しているが，電荷の符号はどちらでもよい)。この剛体が
もつ，剛体内での位置 $\vec{R}$ における単位体積(1 m^3)あたりの電気量を
$\rho(\vec{R})$ とおこう。この ρ [C/m^3] のことを，**電荷密度**とよぶ。

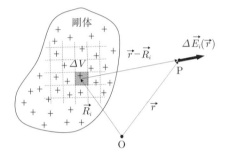

図 1.9 帯電した剛体が生じさせる電場

　図 1.9 のように，剛体を格子状に N 個に分割して，分割された 1 つの微小部分の体積
を ΔV [m^3] とおき，この微小部分の位置を $\vec{R}_i$ と定義する(添え字 i は分割された剛体の
i 番目の微小部分であることを示す)。はじめに，剛体の i 番目の微小部分の電荷が，位
置 $\vec{r}$ の点 P に生じさせる電場 $\Delta\vec{E}_i(\vec{r})$ を計算しよう。i 番目の微小部分がもつ電気量は
$q(\vec{R}_i) = \rho(\vec{R}_i)\Delta V$ [C] と書けるので，この微小部分の電荷が P に生じさせる電場は，公式
1.4 より次式のように書ける。

$$\Delta\vec{E}_i(\vec{r}) = \frac{q(\vec{R}_i)}{4\pi\epsilon_0}\frac{1}{\left|\vec{r}-\vec{R}_i\right|^2}\vec{n}_i(\vec{R}_i) = \frac{\rho(\vec{R}_i)\Delta V}{4\pi\epsilon_0}\frac{1}{\left|\vec{r}-\vec{R}_i\right|^2}\vec{n}_i(\vec{R}_i) \tag{1.1}$$

ここで，$\vec{n}(\vec{R}_i) = (\vec{r}-\vec{R}_i)/\left|\vec{r}-\vec{R}_i\right|$ は，剛体の i 番目の微小部分から P へ向かう向きの単
位ベクトルである。したがって，剛体全体が P に生じさせる電場 $\vec{E}(\vec{r})$ は，剛体のすべて
の微小部分が P に生じさせる電場を足し合わせればよいので，

$$\vec{E}(\vec{r}) = \sum_{i=1}^{N}\Delta\vec{E}_i(\vec{r}) = \sum_{i=1}^{N}\frac{\rho(\vec{R}_i)\Delta V}{4\pi\epsilon_0}\frac{1}{\left|\vec{r}-\vec{R}_i\right|^2}\vec{n}(\vec{R}_i) = \frac{1}{4\pi\epsilon_0}\sum_{i=1}^{N}\frac{1}{\left|\vec{r}-\vec{R}_i\right|^2}\rho(\vec{R}_i)\vec{n}(\vec{R}_i)\Delta V$$

となる。いま，剛体の分割数 N は十分に大きいものとみなすと，$\sum_{i=1}^{N}\Delta V$ は剛体内の全領
域についての積分(体積積分)$\int dV$ に置き換えられる。よって，電荷密度 ρ で帯電した剛
体が P に生じさせる電場 $\vec{E}(\vec{r})$ は，次式より求められる。

---

14)　物体を，大きさを無視した質量のみをもつ点とみなしたものを「質点」とよぶのに対して，大
きさと質量をもつ物体のことを「**剛体**」とよぶ。

公式 1.5（剛体が位置 $\vec{r}$ に生じさせる電場）

$$\vec{E}(\vec{r}) = \frac{1}{4\pi\epsilon_0} \int \frac{1}{\left|\vec{r} - \vec{R}\right|^2} \rho(\vec{R})\vec{n}(\vec{R}) \, dV$$

この式で、$\vec{R}$ は剛体内の位置を示すベクトルである。

例 1.3 真空中で単位面積（$1\,\mathrm{m}^2$）あたりに電気量 $\sigma\,[\mathrm{C/m}^2]$ の電荷が一様に分布した、十分に広い平面を考える[15]。真空の誘電率を $\epsilon_0\,[\mathrm{C}^2/(\mathrm{N\cdot m}^2)]$ とするとき、この平面から距離 $r\,[\mathrm{m}]$ 離れた点 P に生じる電場を求めよ。

[解] 下図のように、P から平面に下ろした垂線と平面との交点を原点 O とし、平面内に x, y 軸、平面と垂直な方向に z 軸を定義する。このとき、O を中心とした半径 $R\,[\mathrm{m}]$ の円周の微小な長さを $\Delta s\,[\mathrm{m}]$ とし、x 軸からの中心角を $\Delta\theta$ とおくと、Δs は近似的に $\Delta s \fallingdotseq R\sin\Delta\theta \fallingdotseq R\Delta\theta$ と書ける。

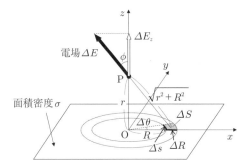

また、半径方向の微小な長さを $\Delta R\,[\mathrm{m}]$ とおいて、$\Delta\theta$ と ΔR がつくる微小部分（図で灰色に塗った部分）の面積を $\Delta S\,[\mathrm{m}^2]$ と定義すれば、$\Delta S \fallingdotseq \Delta s\Delta R \fallingdotseq R\Delta R\Delta\theta$ と近似できるので、この微小部分がもつ電気量 $q\,[\mathrm{C}]$ は $q = \sigma\Delta S \fallingdotseq \sigma R\Delta R\Delta\theta$ となる。

ここで、面積 ΔS の微小部分の電荷が P に生じさせる電場 $\Delta E\,[\mathrm{N/C}]$ について考えよう。いま、ΔE の x, y 成分はたがいに打ち消し合って 0 になるので、ΔE の z 成分 $\Delta E_z\,[\mathrm{N/C}]$ のみを考えればよい。このとき、ΔE_z は次式のように書ける（ϕ は ΔE と z 軸との間の角度である）。

$$\Delta E_z = \frac{1}{4\pi\epsilon_0}\frac{q}{r^2+R^2}\cos\phi = \frac{1}{4\pi\epsilon_0}\frac{\sigma R\Delta R\Delta\theta}{r^2+R^2}\cdot\frac{r}{\sqrt{r^2+R^2}} = \frac{\sigma r}{4\pi\epsilon_0}\frac{R\Delta R\Delta\theta}{(r^2+R^2)^{3/2}}$$

この電場 ΔE_z を、右辺の ΔR と $\Delta\theta$ について平面内の全領域で積分すれば、平面全体が P に生じさせる全電場の和 $E\,[\mathrm{N/C}]$ を得ることができる。

$$E = \int_0^{2\pi}\int_0^\infty \frac{\sigma r}{4\pi\epsilon_0}\frac{R\,dRd\theta}{(r^2+R^2)^{3/2}} = \frac{\sigma r}{4\pi\epsilon_0}\int_0^{2\pi}\int_0^\infty \frac{R}{(r^2+R^2)^{3/2}}\,dRd\theta$$

$$= \frac{\sigma r}{4\pi\epsilon_0}\int_0^\infty \frac{R}{(r^2+R^2)^{3/2}}\,dR\cdot 2\pi = \frac{\sigma r}{2\epsilon_0}\int_0^\infty \frac{R}{(r^2+R^2)^{3/2}}\,dR$$

この積分で、$X = r^2+R^2$ を定義すると、$\frac{dX}{dR} = 2R$ → $R\,dR = \frac{1}{2}\,dX$ より、積分変数 R を X に置換することができる。このとき、積分区間が $0 \leqq R \leqq \infty$ から $r^2 \leqq X \leqq \infty$ に変わるので、

$$E = \frac{\sigma r}{2\epsilon_0}\int_0^\infty \frac{1}{(r^2+R^2)^{3/2}}R\,dR = \frac{\sigma r}{2\epsilon_0}\int_{r^2}^\infty \frac{1}{X^{3/2}}\cdot\frac{1}{2}\,dX = \frac{\sigma r}{2\epsilon_0}\int_{r^2}^\infty \frac{1}{2}X^{-3/2}\,dX$$

---

15) 単位面積（$1\,\mathrm{m}^2$）あたりに電気量 $\sigma\,[\mathrm{C/m}^2]$ の電荷が分布しているとき、この σ のことを電荷の**面積密度**とよぶ。

$$= \frac{\sigma r}{4\epsilon_0}\left[\left(\frac{1}{-1/2}\right)X^{-\frac{1}{2}}\right]_{r^2}^{\infty} = -\frac{\sigma r}{2\epsilon_0}\left[\frac{1}{\infty^{1/2}}-\frac{1}{(r^2)^{1/2}}\right] = -\frac{\sigma r}{2\epsilon_0}\left(0-\frac{1}{r}\right) = \underline{\frac{\sigma}{2\epsilon_0}}$$

● 電場の中に置かれた導体

1.1.1 で述べたように，金属などの導体では多くの自由電子が動き回り，結果として電気を通しやすくなる。では，この導体を電場が生じている空間に置くと，何が起こるだろうか。

図 1.10 のように，右向きに一様な電場[16]が生じている空間に導体を置いた場合を考えよう。導体を置いた瞬間（図 1.10(a)）に，導体内には外から右向きの一様な電場（右向きで実線の矢印）が進入するため，負の電荷をもつ電子は左側に移動し，右側には電子の不足による正の電荷が移動する。すると，導体内では右側にたまった正の電荷から，左側にたまった負の電荷に向けて，新たな左向きの電場（左向きで破線の矢印）が生じるのである。そして，十分な時間が経過すると（図 1.10(b)），導体内には外部から進入した右向きの電場と，導体内で自発的に生じた左向きの電場がたがいに打ち消し合い，結果として導体内の電場は 0 になる。このとき，導体内の正と負の電荷はすべて導体の表面に移動しているので，導体内の電荷密度も 0 になる。この現象は，導体の形に関係なく引き起こされる。

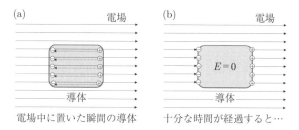

図 1.10 一様な電場の中に置かれた導体

1.1.4　電場に関するガウスの法則

はじめに，電場の強さを改めて定量的に[17]定義しておこう。1.1.3 で述べたように，電場の強さとはその位置における電気力線の密度を示す量である。そこで，「単位面積（1 m²）あたりの面を『垂直に』つらぬく電気力線の数が 1 本のとき，この面上で観測される電場の強さが 1 N/C である」と定義しよう。また，電場はベクトルなので，面の裏から表につらぬく向きの電場を正としよう。図 1.11(a) のように，電気量 q [C] をもつ点電荷が位置 O にある場合を考える。ここで，O を中心とした半径 r [m] の球面があった場合に，この球面を垂直につらぬく電気力線の数が何本あるかを計算しよう。いま，O から距離 r 離れた位置に生じる電場 $E(r)$ [N/C] は，公式 1.4 より，

$$E(r) = \frac{q}{4\pi\epsilon_0 r^2}$$

と書けるので，この $E(r)$ が半径 r の球面の単位面積（1 m²）あたりをつらぬく電気力線の

16)　物理では，ある物理量が場所によらず，どこでも同じ値をもつ（一定である）とき，その物理量は「一様である」という表現を使う。

17)　物理では，正確な数値で議論することを「定量的」，数値は正確でないがおおまかな振舞いとして議論することを「定性的」と表現する。

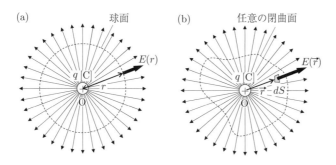

図 1.11 閉曲面をつらぬく電場

数である。したがって，球面全体をつらぬく電気力線の総数は，$E(r)$ に球の面積 $4\pi r^2$ をかければよいので，

$$[\text{球面全体をつらぬく電気力線の総数}] = E \times 4\pi r^2 = \frac{q}{4\pi r^2 \epsilon_0} \times 4\pi r^2 = \frac{q}{\epsilon_0}$$

と求まる。

　次に，図 1.11(b) のように，電気量 q をもつ点電荷が任意の形をした閉曲面の中の位置 O にある場合を考えよう[18]。もし，点電荷から放出された電気力線が閉曲面全体を「垂直に」つらぬいているのであれば，電気力線の総数は球面の場合と同じく q/ϵ_0 である。しかし，いまは任意の形の閉曲面なので，電気力線は必ずしも閉曲面を垂直につらぬくとは限らない。そこで，図 1.11(b) のように，閉曲面上の微小な面積 dS の面をつらぬく電場を $E(\vec{r})$ と定義する（$\vec{r}$ は閉曲面上の位置を示す）。一般に，dS の面と電場 $E(\vec{r})$ の向きはたがいに垂直とは限らないので，$E(\vec{r})$ がつらぬく面積 dS の，電場に垂直な成分を求める必要がある。

　例えば，図 1.12(a) のように，電場 $E(\vec{r})$ に垂直な面と dS の面との間の角度が θ であるとき，面積 dS の $E(\vec{r})$ に垂直な成分は $dS\cos\theta$ と書ける。したがって，dS の面を垂直につらぬく電気力線の数は $E(\vec{r})\,dS\cos\theta$ となる。ここで，$E_n(\vec{r}) = E(\vec{r})\cos\theta$ を定義しよう。図 1.12(b) のように，E_n は E の dS の面に対する法線成分[19]であることがわかる。この定義を用いると，dS をつらぬく電気力線の数は

$$E(\vec{r})\,dS\cos\theta = E(\vec{r})\cos\theta\,dS = E_n(\vec{r})\,dS$$

となるので，これを閉曲面の全領域で和をとれば（積分すれば），閉曲面全体を垂直につらぬく電気力線の総数が求まる。よって，閉曲面内に電気量 q の点電荷があるとき，次式が

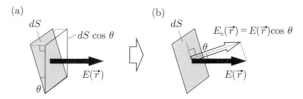

図 1.12 微小な面をつらぬく電場の法線成分

18）　内部と外部を完全に分離する閉じた曲面のことを，**閉曲面**とよぶ。

19）　曲面上の 1 点におけるすべての接線が通る平面（接平面）に垂直な成分のことを，**法線成分**とよぶ。

成り立つ。

$$\int E_\text{n}(\vec{r})\,dS = \frac{q}{\epsilon_0} \tag{1.2}$$

同様に，任意の形をした閉曲面の中にそれぞれ，q_1 [C]，q_2 [C]，$\cdots$，q_n [C] の電気量をもつ n 個の点電荷が分布している場合を考えよう。式 (1.2) から，これらの点電荷から発せられて閉曲面を垂直につらぬく電気力線の数はそれぞれ，q_1/ϵ_0，q_2/ϵ_0，$\cdots$，q_n/ϵ_0 本なので，閉曲面全体をつらぬく電気力線の総数はこれらを単純に足し合わせればよい。

以上のことから，次の**電場に関するガウスの法則**が成り立つ。

定理 1.2（電場に関するガウスの法則）　電荷が分布する空間に任意の形の閉曲面を考えるとき，次の関係が成り立つ。

[閉曲面から出ていく電気力線の正味の数[20)]]

$$= \frac{\text{閉曲面内にある全電荷の電気量の和}}{\epsilon_0}$$

この法則を定式化すると，次のように書くことができる。

公式 1.6（電場に関するガウスの法則 1） ─────────

$$\int E_\text{n}(\vec{r})\,dS = \frac{Q}{\epsilon_0}$$

─────────────────────────────

ここで，$\int E_\text{n}(\vec{r})\,dS$ は閉曲面をつらぬく電場の法線成分 E_n を，閉曲面上の位置 $\vec{r}$ について全領域で積分（面積分）することを示す。また，$Q = q_1 + q_2 + \cdots + q_n$ は閉曲面内にある全電荷の電気量の和である。

さらに，閉曲面内で複数の電荷が，位置 $\vec{r}'$ に依存した電荷密度 $\rho(\vec{r}')$ で分布している場合を考えよう。この場合，閉曲面内の全領域における積分（体積積分）を $\int dV$ とおけば，閉曲面内のすべての電荷がもつ電気量の和 Q は，

$$Q = \int \rho(\vec{r}')\,dV \tag{1.3}$$

と書くことができる。この式 (1.3) を公式 1.6 の右辺に代入すれば，電場に関するガウスの法則は次式のように表すこともできる。

公式 1.7（電場に関するガウスの法則 2） ─────────

$$\int E_\text{n}(\vec{r})\,dS = \frac{1}{\epsilon_0}\int \rho(\vec{r}')\,dV$$

─────────────────────────────

ここで，$\vec{r}$ は閉曲面上の位置，$\vec{r}'$ は閉曲面内の位置を示すベクトルである。

以上のことから，ガウスの法則は任意の閉曲面を設定したときに，その閉曲面の中に電

---

20)　ここで，「正味の数」とは，閉曲面から出ていく電気力線の数を正，閉曲面の中に入っていく電気力線の数を負としたときの，閉曲面全体をつらぬく電気力線の総数を意味する。例えば，閉曲面を出ていく電気力線の数が 5，閉曲面に入ってくる電気力線の数が 2 のとき，閉曲面全体をつらぬく電気力線の正味の数は $5 - 2 = 3$ である。

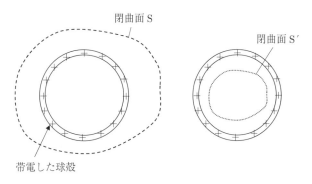

図 1.13 帯電した球殻による電場

荷がある場合にのみ，閉曲面上に電場が生じることを示している。例として，図 1.13 のように，表面に電荷が分布した薄い球殻について考えよう。球殻の外の電場を計算する際は，図のように球殻の外に閉曲面 S を設定してガウスの法則を適用するが，S の中には電荷が存在するので，この場合は S の面上に有限の電場が生じる。一方，球殻の中の電場を計算する際は，図のように球殻の中に閉曲面 S' を設定してガウスの法則を適用するのであるが，どのような形の S' を考えても，S' の中に電荷が入ることはない。したがって，球殻の内部に生じる電場は必ず 0 になる。このように，球殻にかかわらず，帯電した任意の形の閉曲面内に生じる電場は必ず 0 になる。

例 1.4　下図のように，半径 r [m] の球体が，電荷密度 ρ [C/m^3] で一様に帯電している。円周率を π，真空の誘電率を ϵ_0 [C^2/(N·m^2)] とおくとき，以下の問いに答えよ。
  (1)　球体の中心 O から $R(>r)$ [m] 離れた，球体外部の点 P に生じる電場の大きさを求めよ。
  (2)　球体の中心 O から $R(<r)$ [m] 離れた，球体内部の点 Q に生じる電場の大きさを求めよ。

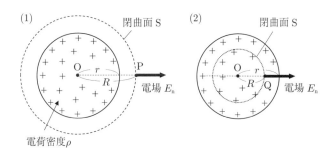

　[解]　(1)　図のように，O を中心とした P を通る半径 R の球面を破線で記述し，この球面を閉曲面 S とする。このとき，S 上の P をつらぬく電場 E_n [N/C] は，次のガウスの法則に従う。

$$\int_S E_n \, dS = \frac{1}{\epsilon_0} \int_V \rho \, dV$$

右辺の積分 $\int_V \rho \, dV$ は，S の中の球体がもつ全電気量の和なので，

$$\int_V \rho \, dV = \rho \int_V dV = \rho \cdot \frac{4}{3}\pi r^3 = \frac{4}{3}\pi r^3 \rho$$

一方，左辺の積分 $\int_S dS$ は，半径 R の球の面積についての積分なので，

$$\int_S E_n \, dS = E_n \int_S dS = E_n \cdot 4\pi R^2 = 4\pi R^2 E_n$$

よって，ガウスの法則の右辺と左辺に得られた式を代入すれば，P に生じる電場は，

$$4\pi R^2 E_n = \frac{1}{\epsilon_0} \frac{4}{3} \pi r^3 \rho \rightarrow \quad E_n = \frac{r^3 \rho}{3\epsilon_0 R^2}$$

（2）　図のように，O を中心とした Q を通る半径 R の球面を点線で記述し，この球面を閉曲面 S とする。このとき，S 上の Q をつらぬく電場 E_n [N/C] は，次のガウスの法則に従う。

$$\int_S E_n \, dS = \frac{1}{\epsilon_0} \int_{V'} \rho \, dV$$

この式の右辺の積分 $\int_{V'} \rho \, dV$ は，S の中にあるすべての電気量の和なので，いまの場合は球体の中の半径 R の部分のみがもつ全電気量の和になる。

$$\int_{V'} \rho \, dV = \rho \int_{V'} dV = \rho \cdot \frac{4}{3} \pi R^3 = \frac{4}{3} \pi R^3 \rho$$

一方，左辺の積分 $\int_S dS$ は，(1) と同様に半径 R の球の面積についての積分なので，

$$\int_S E_n \, dS = 4\pi R^2 E_n$$

よって，ガウスの法則の右辺と左辺に得られた式を代入すれば，Q に生じる電場は，

$$4\pi R^2 E_n = \frac{1}{\epsilon_0} \frac{4}{3} \pi R^3 \rho \rightarrow \quad E_n = \frac{R\rho}{3\epsilon_0}$$

1.1.5　電　位

本題に入る前に，力学に出てくる仕事と位置エネルギーについて復習しておこう。図 1.14(a) のように，ある物体に対して位置 $\vec{r}$ に依存した力 $\vec{F}(\vec{r})$ が働くとき，この力に逆らって物体を位置 A から位置 P まで経路に沿って移動させるのに必要な仕事 W [J] は次式より求まる。

$$W = -\int_A^P F_t(\vec{r}) \, ds \tag{1.4}$$

この式で，積分の前についている負符号は，物体を移動させるのに必要な力が $\vec{F}$ に逆らう力，すなわち $-\vec{F}$ であるために出てきたものである。また，$\int_A^P ds$ は A から P に向かう経路に沿った積分（線積分）を示しており，F_t は経路の接線方向を向く $\vec{F}$ の成分である。ここで，物体に働いている力 $\vec{F}$ が保存力[21]であるならば，式 (1.4) の仕事 W は，物体が

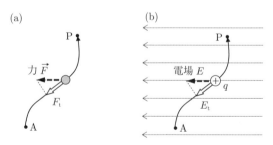

図 1.14　電場のもとで生じる位置エネルギー

---

21)　ある力に逆らって物体を移動させたとき，物体にした仕事が移動の経路によらず一定になる場合がある。このとき，物体に働いている力のことを**保存力**とよび，力学において「重力」と「ばねの弾性力」は保存力の代表的な例である。

もつ位置エネルギーの定義そのものとなる。よって，保存力に逆らって P にとどまる物体がもつ，A を基準とした位置エネルギー U [J] は，$\vec{F}$ を保存力として次式のように書ける[22]。

$$U = -\int_{A}^{P} F_t(\vec{r})\,ds \tag{1.5}$$

力学で学んだ保存力といえば「重力」や「ばねの弾性力」であったが，電磁気学では「クーロン力」が代表的な保存力の 1 つである。すなわち，クーロン力に逆らって物体が 1 つの位置にとどまるとき，この物体は「クーロン力による位置エネルギー」をもつ。このエネルギーを，**クーロンポテンシャル**とよぶ。図 1.14(b) のように，位置 $\vec{r}$ に依存した電場 $\vec{E}(\vec{r})$ が生じている空間を考えよう。この空間で，電気量 q [C] の点電荷を，クーロン力に逆らって A から P まで移動させる。このとき，公式 1.3 より物体にはクーロン力 $\vec{F}(\vec{r}) = q\vec{E}(\vec{r})$ が働くので，これに逆らう力 $-\vec{F}(\vec{r})$ で物体を A から P まで移動させるのに必要な仕事が，P の点電荷がもつ A を基準とした位置エネルギー（クーロンポテンシャル）U である。

$$U = W = -\int_{A}^{P} F_t(\vec{r})\,ds = -q\int_{A}^{P} E_t(\vec{r})\,ds \tag{1.6}$$

ここで，E_t は経路の接線方向を向く $\vec{E}$ の成分である。

　実は，この点電荷がもつ電気量 q が 1 C（単位電荷）のとき，式 (1.6) より求められるクーロンポテンシャル U のことを，**電位**とよぶ。すなわち，電位とは式 (1.6) に $q = 1$ C を代入することで求まるので，A を基準とした P における電位を ϕ_P [V] とおくと，ϕ_P は次式より求められる。

公式 1.8（位置 A を基準とした位置 P での電位）

$$\phi_P = -\int_{A}^{P} E_t(\vec{r})\,ds$$

　このように，電位とは 1 C の電荷がもつクーロンポテンシャルのことである。また，同じ電場が生じている空間で，2 つの異なる位置 P，Q における電位をそれぞれ，ϕ_P, ϕ_Q [V] とおくと，これらの差 $\Delta\phi = \phi_P - \phi_Q$ [V] のことを**電位差**，または**電圧**とよぶ。電位，電位差（電圧）の単位はいずれも，「V（ボルト）」，または「J/C」を用いる。

　ところで，電位の基準（公式 1.8 の位置 A）をどこにとるかは自由であるが，電荷から無限に離れた位置（無限遠）を基準にとることがよくある[23]。図 1.15 のように，原点 O に電

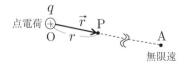

図 1.15　無限遠を基準とした電位

---

22)　物体に保存力が働いているとき，保存力に逆らって物体を位置 A から位置 P まで移動させると，物体は A を基準とした位置エネルギーをもつ。基準とは，「A での位置エネルギーを 0 とした」という意味であり，位置エネルギーを求める際は必ずどこかを基準として計算する必要がある。

23)　対象としている物体などから無限に離れた位置のことを，**無限遠**とよぶ。

気量 q [C] をもつ点電荷が固定されているとき，位置 $\vec{r}$ にある点 P での電位 ϕ_P [V] を求めてみよう。ただし，O から $\vec{r}$ の向きに無限遠の位置にある点 A を，電位の基準とする。公式 1.4 に従えば，O の点電荷が P に生じさせる電場 $E(\vec{r})$ は，次式から求まる。

$$E(\vec{r}) = \frac{q}{4\pi\epsilon_0 r^2} \tag{1.7}$$

いま，O, P, A はすべて直線経路上にあるので，電場 $\vec{E}$ の経路に沿う成分 E_t については，$E_t = E$ が成り立つ。したがって，公式 1.8 の右辺の E_t を式 (1.7) の E に置き換えて，A を無限遠(∞)に変えると，ϕ_P は次のように計算できる（積分変数を $\vec{r}'$ としていることに注意せよ）[24]。

$$\begin{aligned}
\phi_P &= -\int_\infty^P E(\vec{r}') \, ds = -\int_\infty^r \frac{q}{4\pi\epsilon_0 r'^2} \, dr' = -\frac{q}{4\pi\epsilon_0} \int_\infty^r r'^{-2} \, dr' \\
&= -\frac{q}{4\pi\epsilon_0} \left[\frac{r'^{-2+1}}{-2+1} \right]_\infty^r = -\frac{q}{4\pi\epsilon_0} \left[-\frac{1}{r'} \right]_\infty^r \\
&= -\frac{q}{4\pi\epsilon_0} \left(-\frac{1}{r} + \frac{1}{\infty} \right) = \frac{q}{4\pi\epsilon_0 r}
\end{aligned}$$

よって，電気量 q [C] の点電荷から距離 r [m] 離れた位置 P における電位 ϕ_P [V] は，無限遠を基準として次式より求められる[25]。

公式 1.9（無限遠を基準とした電位）

$$\phi_P = \frac{q}{4\pi\epsilon_0 r} = k\frac{q}{r}$$

また，同じ空間に電気量がそれぞれ，q_1 [C], q_2 [C], $\cdots$, q_n [C] の n 個の点電荷が固定されている場合もおさえておこう。位置 P からこれらの点電荷までの距離がそれぞれ，r_1 [m], r_2 [m], $\cdots$, r_n [m] であるとき，無限遠を基準とした P における電位 ϕ_P は，それぞれの点電荷から生じる電位を単純に足し合わせればよい。したがって，n 個の点電荷による無限遠を基準とした位置 P における電位 ϕ_P は，次式より求まる。

$$\phi_P = \sum_{i=1}^n \frac{q_i}{4\pi\epsilon_0 r_i} \tag{1.8}$$

例 1.5　位置 O に電気量 $+2.0 \times 10^{-8}$ C の点電荷が固定されている場合を考える。このとき，O から距離 0.50 m 離れた点 P に生じる電位を求めよ。ただし，電位の基準は O から無限遠にとり，クーロンの法則の比例定数を 9.0×10^9 N·m^2/C^2 とする。

[解]　O の点電荷の電気量を $Q = +2.0 \times 10^{-8}$ C，OP 間の距離を $r = 0.50$ m，クーロンの法則の比例定数を $k = 9.0 \times 10^9$ N·m^2/C^2 とおくと，無限遠を基準としたときに P に生じる電位 ϕ_P [V] は次のように求まる。

$$\phi_P = k\frac{Q}{r} = 9.0 \times 10^9 \times \frac{+2.0 \times 10^{-8}}{0.50} = 36 \times 10 = \underline{3.6 \times 10^2 \text{ V}}$$

● **帯電した剛体から生じる電位**

ここまでは，点電荷が周囲に生じさせる電位について議論したが，帯電した剛体が周囲

---

24)　ϕ_P の計算の中で，$\frac{1}{\infty} \to 0$ の極限をとっていることに注意せよ。

25)　公式 1.9 の最後の式は，クーロンの法則の比例定数の定義 $k = 1/4\pi\epsilon_0$ を用いて導出した。

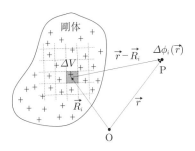

図 1.16 帯電した剛体から生じる電位

にどのような電位を生じさせるかについてもおさえておこう。

図 1.16 のように，任意の形をした剛体が，剛体内の位置 $\vec{R}$ に依存した電荷密度 $\rho(\vec{R})$ [C/m^3] で帯電している場合を考える。

1.1.3 で行った計算と同様に，剛体を格子状に N 個に分割し，分割した 1 つの微小部分の体積を ΔV [m^3] とおいて，i 番目の微小部分の位置を $\vec{R}_i$ とおく。まずは，この i 番目の微小部分が，位置 $\vec{r}$ の点 P に生じさせる電位 $\Delta\phi_i(\vec{r})$ [V] を求めよう。いま，i 番目の微小部分がもつ電気量は $q(\vec{R}_i) = \rho(\vec{R}_i)\Delta V$ [C] と書けるので，$\Delta\phi_i(\vec{r})$ は無限遠を基準として，公式 1.9 より次のように書ける。

$$\Delta\phi_i(\vec{r}) = \frac{q(\vec{R}_i)}{4\pi\epsilon_0}\frac{1}{|\vec{r}-\vec{R}_i|} = \frac{\rho(\vec{R}_i)\Delta V}{4\pi\epsilon_0}\frac{1}{|\vec{r}-\vec{R}_i|} \tag{1.9}$$

よって，P に生じる電位 $\phi(\vec{r})$ は，剛体のすべての微小部分が P に生じさせる電位を足し合わせればよいので，式 (1.9) を $i=1$ から N まで和をとると，

$$\phi(\vec{r}) = \sum_{i=1}^{N}\Delta\phi_i(\vec{r}) = \sum_{i=1}^{N}\frac{\rho(\vec{R}_i)\Delta V}{4\pi\epsilon_0}\frac{1}{|\vec{r}-\vec{R}_i|} = \frac{1}{4\pi\epsilon_0}\sum_{i=1}^{N}\frac{1}{|\vec{r}-\vec{R}_i|}\rho(\vec{R}_i)\Delta V$$

となる。ここで，分割数 N が十分大きいとみなせば，$\sum_{i=1}^{N}\Delta V$ は剛体内の全領域についての積分 (体積積分) $\int dV$ に置き換えられるので，電荷密度 $\rho(\vec{R})$ で帯電した剛体が位置 $\vec{r}$ の点 P に生じさせる電位 $\phi(\vec{r})$ は，次式より求まる。

公式 1.10（帯電した剛体による無限遠を基準とした電位）

$$\phi(\vec{r}) = \frac{1}{4\pi\epsilon_0}\int\frac{1}{|\vec{r}-\vec{R}|}\rho(\vec{R})\,dV$$

例 1.6 半径 r [m] の球体が，電荷密度 ρ [C/m^3] で一様に帯電している。円周率を π，真空の誘電率を ϵ_0 [C^2/(N·m^2)] とおくとき，無限遠を基準として以下の問いに答えよ。

(1) 球体の中心 O から $R(>r)$ [m] 離れた，球体外部の点 P における電位を求めよ。

(2) 球体の中心 O から $R(<r)$ [m] 離れた，球体内部の点 Q における電位を求めよ。

[解] (1) 例 1.4 より，O から距離 $R(>r)$ 離れた球体外部の位置に生じる電場 E_n [N/C] は，

$$E_n = \frac{r^3\rho}{3\epsilon_0 R^2}$$

と求められた。

いま，O を原点として，球体から遠ざかる向きに r' [m] の正の軸をとる．r' 軸上の $r' \to \infty$ となる無限遠の位置を基準にとると，公式 1.8 を用いて，球体外部の点 P における電位 ϕ_P [V] は次のように計算できる．

$$\phi_P = -\int_\infty^R E_n(\vec{r}') \, dr' = -\int_\infty^R \frac{r^3\rho}{3\epsilon_0 r'^2} \, dr' = -\frac{r^3\rho}{3\epsilon_0} \int_\infty^R r'^{-2} \, dr'$$

$$= -\frac{r^3\rho}{3\epsilon_0} \left[\frac{r'^{-2+1}}{-2+1}\right]_\infty^R = \frac{r^3\rho}{3\epsilon_0} \left(\frac{1}{R} - \frac{1}{\infty}\right) = \underline{\frac{r^3\rho}{3\epsilon_0 R}}$$

(2) 公式 1.8 を用いて，球体内部の点 Q における電位 ϕ_Q [V] は次式より計算できる．

$$\phi_Q = -\int_\infty^R E_n(\vec{r}') \, dr' = -\int_\infty^r E_n(\vec{r}') \, dr' - \int_r^R E_n(\vec{r}') \, dr'$$

ここで，1 項目の E_n は球体外部の電場なので，(1) と同様に $E_n(r') = r^3\rho/(3\epsilon_0 r'^2)$ を代入すればよいが，2 項目の E_n は球体内部の電場を代入する必要がある．例 1.4 で求めたように，O から距離 $R(< r)$ 離れた球体内部の位置に生じる電場は，

$$E_n = \frac{R\rho}{3\epsilon_0}$$

と求められたので，2 項目の E_n に $E_n(r') = r'\rho/(3\epsilon_0)$ を代入すると，ϕ_Q は次のように求まる．

$$\phi_Q = -\int_\infty^r \frac{r^3\rho}{3\epsilon_0 r'^2} \, dr' - \int_r^R \frac{r'\rho}{3\epsilon_0} \, dr' = -\frac{r^3\rho}{3\epsilon_0} \int_\infty^r r'^{-2} \, dr' - \frac{\rho}{3\epsilon_0} \int_r^R r' \, dr'$$

$$= \frac{r^3\rho}{3\epsilon_0} \left[\frac{1}{r'}\right]_\infty^r - \frac{\rho}{3\epsilon_0} \left[\frac{r'^2}{2}\right]_r^R = \frac{r^3\rho}{3\epsilon_0} \left(\frac{1}{r} - \frac{1}{\infty}\right) - \frac{\rho}{3\epsilon_0} \left(\frac{R^2}{2} - \frac{r^2}{2}\right)$$

$$= \underline{\frac{\rho}{6\epsilon_0}(3r^2 - R^2)}$$

1.1.6 コンデンサーの性質

2 個の導体を離した状態で向かい合わせに固定し，一方に正の電荷，他方に負の電荷を蓄える装置のことを**コンデンサー**とよぶ．コンデンサーは電気回路を作成するうえで欠かせない装置の 1 つであり，通常は 2 枚の平面板型の導体(導体板)からなる**平行板コンデンサー**がよく用いられる．ここではコンデンサーがもつ性質について学ぼう．

はじめに，図 1.17(a) のように，十分に広い面積をもつ薄い導体板が，一様に正に帯電している場合を考えよう．このとき，単位面積(1 m²)あたりの電荷の密度(面積密度)は σ [C/m²] であるとする．例 1.3 ですでに解いたように，正に帯電した十分に広い導体板が面の上側につくる電場 E_+ [N/C] は，導体板の端付近を除けば場所によらず上向きで，

$$E_+ = \frac{\sigma}{2\epsilon_0} \tag{1.10}$$

から求められる．いまは，上向きの電場を正としよう．一方，図 1.17(b) のように，十分に広い面積をもつ薄い導体板が，一様に負に帯電している場合を考えよう．電荷の面積密度は $-\sigma$ であるとする．この場合，負に帯電した導体板が面の上側につくる電場 E_- [N/C]

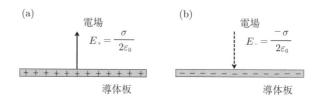

図 1.17 帯電した導体板から生じる電場

は，式 (1.10) の σ を $-\sigma$ に変えるだけでよい。したがって，

$$E_- = \frac{-\sigma}{2\epsilon_0} \tag{1.11}$$

となる。いまは上向きの電場を正としているので，負の値をもつ E_- は下向きの電場となることに注意しよう。

　以上の結果を用いて，図 1.18(a) のように，十分に広い面積をもつ正と負に帯電した 2 枚の導体板からなる，平行板コンデンサーを考える。このとき，2 枚の導体板の間に生じる電場 E [N/C] は，正に帯電した導体板から生じる電場 E_+（実線の矢印）と，負に帯電した導体板から生じる電場 E_-（破線の矢印）の重ね合わせであるのがわかるだろう。ただし，図 1.17(b) に描かれている電場 E_- の矢印は，図 1.18(a) では上下が逆になるため，E_- の前にマイナスがつくことに注意する。結果として，2 枚の導体板間に生じる電場 E は，上向きを正として次式のようになる。

$$E = E_+ + (-E_-) = \frac{\sigma}{2\epsilon_0} + \left(-\frac{-\sigma}{2\epsilon_0}\right) = \frac{\sigma}{2\epsilon_0} + \frac{\sigma}{2\epsilon_0} = \frac{\sigma}{\epsilon_0} \tag{1.12}$$

また，正と負に帯電した導体板がもつ電気量の和がそれぞれ Q [C]，$-Q$ [C] であり，導体板の面積がともに S [m^2] であるとしよう。このとき，2 枚の導体板がもつ電荷の面積密度の大きさはともに $\sigma = Q/S$ と書けるので，これを式 (1.12) に代入すれば，2 枚の導体板間に生じる電場 E は次式より求まる[26]。

$$E = \frac{Q}{\epsilon_0 S} \tag{1.13}$$

平行板コンデンサーをつくる導体板のことは**極板**とよばれるので，以降はこの言葉を使用する。

　次に，平行板コンデンサーの極板間の距離を d [m] として，極板間に生じる電位を計算しよう。図 1.18(a) を図 1.18(b) のように，平行板コンデンサーの向きを上下逆にする。ここで，負の極板の位置を原点 O として，上向きに y [m] の正の軸をとると，正の極板の y 座標は d となる。したがって，電位の公式 1.8 を用いると，負の極板の位置 $(y = 0)$ を基準としたときの，正の極板の位置 $(y = d)$ での電位 ϕ [V] は，次のように計算できる[27]。

$$\phi = -\int_0^d E_t \, dy = -\int_0^d (-E) \, dy = \int_0^d E \, dy = [Ey]_0^d = E \cdot d - E \cdot 0 = Ed$$

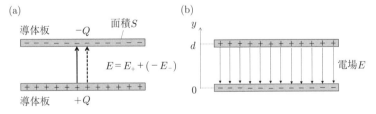

図 1.18　平行板コンデンサーの極板間に生じる電場

---

26)　厳密には，導体板（極板）の端付近で観測される電場は一様ではなくなる。ただし，導体板の面積が 2 枚の導体板間の距離に比べて十分に大きいものとすれば，近似的に導体板間の電場は一様であるとみなすことができる。

27)　いま，電場 E の向きは y 軸の正の向きに対して逆向きなので，$E_t = -E$ として計算する。また，線積分 $\int ds$ は，1 次元方向の y についての積分に置き換えればよい。

この式に式 (1.13) を代入すれば，平行板コンデンサーの極板間に生じる電位差(電圧)ϕ [V] は，次式より求まる。

$$\phi = Ed = \frac{d}{\epsilon_0 S} Q \tag{1.14}$$

例 1.7　平行板コンデンサーの正と負の極板に，大きさがそれぞれ 4.0×10^{-11} C の電気量の電荷が蓄えられている。2 枚の極板の面積はともに 1.0×10^{-3} m^2 であり，極板間の距離は 2.0×10^{-4} m とする。このとき，真空の誘電率は 8.9×10^{-12} C^2/(N·m^2) として，以下の問いに答えよ。

(1)　極板間に生じる電場の大きさを求めよ。

(2)　極板間の電位差(電圧)を求めよ。

[解]　(1)　極板に蓄えられている電気量の大きさを $Q = 4.0 \times 10^{-11}$ C，極板の面積を $S = 1.0 \times 10^{-3}$ m^2，真空の誘電率を $\epsilon_0 = 8.9 \times 10^{-12}$ C^2/(N·m^2) とおくと，極板間に生じる電場の大きさ E [N/C] は，

$$E = \frac{Q}{\epsilon_0 S} = \frac{4.0 \times 10^{-11}}{8.9 \times 10^{-12} \times 1.0 \times 10^{-3}} \fallingdotseq 0.45 \times 10^4 = \underline{4.5 \times 10^3 \text{ N/C}}$$

(2)　(1) の結果から，極板間に生じる電場は $E = 4.5 \times 10^3$ N/C である。また，極板間の距離を $d = 2.0 \times 10^{-4}$ m とおくと，極板間の電位差 ϕ [V] は次のように求まる。

$$\phi = Ed = 4.5 \times 10^3 \times 2.0 \times 10^{-4} = 9.0 \times 10^{-1} = \underline{0.90 \text{ V}}$$

●静電容量と静電エネルギー

平行板コンデンサーの正と負の極板がそれぞれ電気量 $+Q$ [C]，$-Q$ [C] の電荷を蓄えており，極板間の距離を d [m]，極板の面積を S [m^2] とおく。このとき，次式で定義される C のことを**静電容量**，または**電気容量**とよぶ。

公式 1.11 (コンデンサーの静電容量) ────────────────────

$$C = \epsilon_0 \frac{S}{d}$$

静電容量の単位は「F(ファラッド)」，または「C/V」を用いる。静電容量が大きいほど，そのコンデンサーは小さい電圧でたくさんの電荷を蓄えることができる。

また，式 (1.14) の Q の前の係数に公式 1.11 をあてはめると，$\phi = \frac{d}{\epsilon_0 S} Q = \frac{1}{C} Q = \frac{Q}{C}$ となり，コンデンサーが蓄える電気量 Q [C]，極板間の電圧 ϕ [V]，静電容量 C [F] について，次の関係式を得ることができる。

公式 1.12 (コンデンサーの電気量，電圧，静電容量の関係) ────────

$$Q = C\phi$$

これは，コンデンサーの極板間に加わる電圧 ϕ と，コンデンサーに蓄えられる電気量 Q が比例関係にあることを示している。

ところで，図 1.19 のように，電荷を蓄えたコンデンサーは，一方の極板(極板 A)に正の電荷，他方の極板(極板 B)に負の電荷を蓄えるが，正と負の電荷はクーロン力によりた

がいに引き付け合うので，極板を固定しなければ両者はくっついてしまう。すなわち，電荷を蓄えたコンデンサーは，一方の極板に対して他方の極板が「クーロン力という保存力に逆らって」距離 d [m] 離れた状態にあるので，このコンデンサーはクーロン力による位置エネルギーをもつのである。このように，電荷を蓄えたコンデンサーがもつエネルギーのことを，**静電エネルギー**とよぶ。

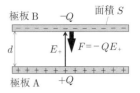

図 1.19 コンデンサーがもつ静電エネルギー

位置エネルギーの定義を用いて，静電エネルギーを計算しよう。例 1.3 ですでに解いたように，電荷の面積密度が σ [C/m²] で帯電した十分に広い導体板から生じる電場は，導体板からの距離によらず $\sigma/2\epsilon_0$ [N/C] である。ここで，図 1.19 の極板 A がもつ電荷の電気量は $+Q$ であり，極板の面積は S なので，極板 A がもつ電荷の面積密度 σ は $\sigma = Q/S$ と書ける。これより，極板 B が極板 A の電荷から受ける電場 E_+ [N/C] は，上向きを正として $E_+ = \frac{\sigma}{2\epsilon_0} = \frac{Q}{2\epsilon_0 S}$ であるので，極板 B がもつ電気量が $-Q$ であることを考えると，極板 B が極板 A から受けるクーロン力 F は下向きで，次式のようになる（E_+ と逆向きなのでマイナスがつく）。

$$F = -QE_+ = -Q\frac{Q}{2\epsilon_0 S} = -\frac{Q^2}{2\epsilon_0 S}$$

よって，極板 A に対して極板 B を距離 d だけ上に移動させた状態でとどめておくためには，クーロン力 F に逆らう力 $-F$ で，極板 B を上向きに距離 d だけ移動させる必要がある。このとき，必要となる仕事は $W = -Fd$ であり，これがコンデンサーがクーロン力に逆らって極板間の距離を保つためにもつ位置エネルギー，すなわち静電エネルギーとなる。

この静電エネルギーを U [J] とおくと，

$$U = W = -Fd = -\left(-\frac{Q^2}{2\epsilon_0 S}\right)d = \frac{Q^2 d}{2\epsilon_0 S} = \frac{Q^2}{2}\frac{d}{\epsilon_0 S}$$

となり，ここで公式 1.11 を用いると，電気量 Q [C] で帯電した静電容量 C [F] のコンデンサーがもつ静電エネルギー U [J] は，次式より求まる[28]。

公式 1.13（コンデンサーの静電エネルギー）

$$U = \frac{Q^2}{2C} = \frac{1}{2}C\phi^2$$

1.1.7 誘電体の性質

1.1.1 で述べたように，物質には電気を通しやすい「金属」と，電気を通しにくい「絶縁体」が存在する。しかし，実は絶縁体は「誘電体」ともよばれており，別の電気的な性質をもつ。

図 1.20(a) のように，通常の絶縁体中の各原子には同じ数の電子と陽子が割り当てられており，陽子をもつ原子核に電子が拘束されている（図 1.20 は原子 1 個あたりに電子と陽

---

28) 公式 1.13 の最後の式は，$U = \frac{Q^2}{2C}$ に $Q = C\phi$ を代入して求めたものである。

$$U = \frac{Q^2}{2C} = \frac{(C\phi)^2}{2C} = \frac{C^2\phi^2}{2C} = \frac{1}{2}C\phi^2$$

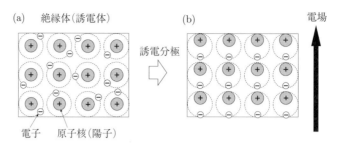

図 1.20 絶縁体(誘電体)の誘電分極

子が1個ずつある物質の例である)。この絶縁体に対して,図 1.20(b) のように上向きの
電場を加えた場合を考えよう。このとき,正の電荷をもつ陽子(原子核)は上向きに,負の
電荷をもつ電子は下向きにクーロン力を受けるので,それぞれの原子の中で可能な限り正
の電荷が上に,負の電荷が下に偏る。すると,絶縁体の上の表面には正の電荷が,下の表
面には負の電荷が生じるのである。この現象を**誘電分極**とよび,絶縁体は**誘電体**ともよば
れる。

図 1.21(a) のように,真空中に置かれた平行板コンデンサーを電池につないで,極板間
に電圧 ϕ [V] を加えた場合を考えよう[29]。十分な時間が経過すると,上の極板には電気量
$+Q$ [C] の正の電荷,下の極板には電気量 $-Q$ [C] の負の電荷が蓄えられる。ここで,極板
間の距離は d [m],極板の面積は S [m^2] であり,コンデンサーの静電容量は $C = \epsilon_0 \frac{S}{d}$ [F]
であるとする。このとき,式 (1.14) に従えば,コンデンサーの極板間に生じる電場の大き
さ E [N/C] は $E = \phi/d$ である。

次に,図 1.21(b) のようにコンデンサーから電池を切り離し,極板間の空間を誘電体(絶
縁体)で完全に満たした場合を考えよう。いま,極板間には下向きに一様な大きさ E の電
場(実線の矢印)が生じているので,誘電体の上面には負の電荷,下面には正の電荷が誘電
分極により誘起される。すると,誘電体の内部には,誘電分極により生じた下面の正の電
荷と上面の負の電荷による上向きの電場(破線の矢印)が生じることがわかるだろう。この

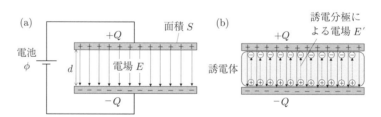

図 1.21 コンデンサーへの誘電体の挿入

---

29) 図 (a) が電気回路で電池を表す記号であり,上の長い線が正,下の短い線が負の極を示す。
図 (b) は直流電源を示す記号であり,この場合も同様に上が正,下が負の極を示す。図 (c) はスイッ
チを示す記号である。また,装置と装置の間をつなぐ実線と閉じたスイッチはすべて,電気抵抗が無
視できる導体(**導線**とよぶ)とみなす。

誘電分極により生じる上向きの電場の大きさを，E' [N/C] とおく。結果として，このコンデンサーの極板間に生じる電場の大きさを E_r [N/C] とおくと，E_r は極板の電荷による電場 E と，誘電体の誘電分極により生じた電場 E' の重ね合わせになるので，$E_r = E - E'$ となる。すなわち，誘電体が挿入されたコンデンサーの極板間に生じる電場の大きさは，誘電分極により小さくなる。また，コンデンサーの極板間に生じる電圧 ϕ_r [V] は，式 (1.14) より $\phi_r = E_r d$ と書けるので，極板間の電圧も誘電分極により小さくなることがわかる。さらに，誘電体を挿入したコンデンサーの静電容量を C' [F] とおくと，$C' = \frac{Q}{\phi_r}$ から求まるので，静電容量も誘電分極により変化する。そこで，極板間が真空であるときの静電容量 C と，極板間に誘電体を挿入したときの静電容量 C' の関係を次のように定義しよう。

公式 1.14（誘電体を挿入したコンデンサーの静電容量）

$$C' = \epsilon_r C = \epsilon_r \epsilon_0 \frac{S}{d}$$

ここで，ϵ_r は**比誘電率**とよばれる定数であり，単位をもたない無次元の量である。比誘電率は必ず $\epsilon_r > 1$ であり，誘電体を挿入する前のコンデンサーに比べて，挿入した後の極板間に生じる電場と電圧の大きさはともに，もとの $1/\epsilon_r$ 倍に減少する。代表的な物質がもつ比誘電率を表 1.1 にまとめる[30]。

表 1.1 いろいろな物質の比誘電率

物質	比誘電率
空気	1.00059
石英ガラス	3.5〜4.0
木材	2.5〜7.7
紙	2.0〜2.6
ポリエチレン	2.2〜2.4
水	〜80

また，$\epsilon = \epsilon_r \epsilon_0$ で定義される ϵ [C^2/(N·m^2)] のことを，一般的な物質における**誘電率**とよぶ。誘電率は電場を加えられたときに，その物質がどれだけ誘電分極しやすいかの度合いを示す。ここで，真空の比誘電率は $\epsilon_r = 1$ なので，ϵ_0 のことを真空の誘電率とよぶ。

例 1.8 真空中で静電容量 5.0×10^{-12} F の平行板コンデンサーが，電圧 2.0 V の電池とスイッチに接続されている。はじめスイッチは開いており，極板間には何も挿入されておらず，コンデンサーに電荷は蓄えられていなかったものとして，以下の問いに答えよ。

(1) はじめの状態からスイッチを閉じて，十分な時間が経過した後に，スイッチを開き，図のようにコンデンサーの極板間を比誘電率 3.0 の誘電体で完全に満たした。このとき，極板に蓄えられる電気量の大きさと，極板間の電圧を求めよ。

(2) はじめの状態からスイッチを閉じて，十分な時間が経過した後に，スイッチを閉じたま

---

30) 表 1.1 からわかるように，空気の比誘電率は 1.00059 であり，ほぼ 1 とみなしてよいので，近似的に空気の誘電率は真空の誘電率 ϵ_0 として扱う場合が多い。

まコンデンサーの極板間を比誘電率 3.0 の誘電体で完全に満たした。このとき，極板に蓄えられる電気量の大きさと，極板間の電圧を求めよ。

[解] (1) コンデンサーの静電容量を $C = 5.0 \times 10^{-12}$ F とおく。はじめの状態からスイッチを閉じて十分な時間が経過すると，コンデンサーの極板間の電圧は電池と同じ $\phi = 2.0$ V となるので，コンデンサーの極板に蓄えられる電気量 Q [C] は，

$$Q = C\phi = 5.0 \times 10^{-12} \times 2.0 = 1.0 \times 10^{-11} \text{ C}$$

となる。スイッチを開いて極板間を誘電体で満たしても，極板に蓄えられる電気量は変わらない。よって，誘電体を挿入したコンデンサーに蓄えられる電気量の大きさ Q_1 [C] は，$Q_1 = Q = \underline{1.0 \times 10^{-11} \text{ C}}$ である。また，誘電体の比誘電率を $\epsilon_\mathrm{r} = 3.0$ とおくと，誘電体を挿入したコンデンサーの静電容量 C' [F] は，

$$C' = \epsilon_\mathrm{r} C = 3.0 \times 5.0 \times 10^{-12} = 1.5 \times 10^{-11} \text{ F}$$

となるので，このコンデンサーの極板間に生じる電圧 ϕ_1 [V] は，

$$\phi_1 = \frac{Q}{C'} = \frac{1.0 \times 10^{-11}}{1.5 \times 10^{-11}} \fallingdotseq \underline{0.67 \text{ V}}$$

(2) はじめの状態からスイッチを閉じて十分な時間が経過すると，コンデンサーには電気量 Q の電荷が蓄えられ，極板間には電圧 ϕ が生じる。この状態から，スイッチを閉じたまま極板間を誘電体で満たしても，極板間の電圧は変わらない。よって，誘電体を挿入したコンデンサーの極板間に生じる電圧 ϕ_2 [V] は，$\phi_2 = \phi = \underline{2.0 \text{ V}}$ である。また，誘電体を挿入したコンデンサーの静電容量 $C' = 1.5 \times 10^{-11}$ F を用いると，このコンデンサーの極板に蓄えられる電気量の大きさ Q_2 [C] は，次のように求まる。

$$Q_2 = C'\phi = 1.5 \times 10^{-11} \times 2.0 = \underline{3.0 \times 10^{-11} \text{ C}}$$

● **コンデンサーの直列・並列接続**

2つのコンデンサーの静電容量をそれぞれ，C_1 [F]，C_2 [F] としよう。電気回路で2つのコンデンサーを接続するときは，2通りの接続の仕方がある。1つは，図 1.22(a) のように，一直線につなぐ方法であり，これを**直列接続**とよぶ[31]。直列接続された2つのコンデンサーは，1つのコンデンサーとみなすことができる。このとき，1つとみなされたコンデンサーがもつ静電容量のことを，**合成容量**とよぶ。直列接合した2つのコンデンサーの合成容量を C [F] とおくと，C は次の関係から得ることができる。

公式 1.15 （直列接続したコンデンサーの合成容量）
$$\frac{1}{C} = \frac{1}{C_1} + \frac{1}{C_2}, \quad C = \frac{C_1 C_2}{C_1 + C_2}$$

一方，図 1.22(b) のように，2つのコンデンサーを2股に分けてつなぐ方法を，**並列接**

---

31) 電気回路でコンデンサーは図のように表す。

コンデンサー

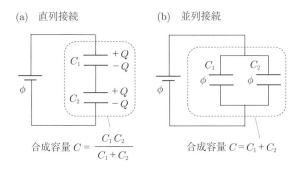

(a)　直列接続　　　　　　　　　(b)　並列接続

合成容量 $C = \dfrac{C_1 C_2}{C_1 + C_2}$　　　　　合成容量 $C = C_1 + C_2$

図 1.22　コンデンサーの直列・並列接続

続とよぶ。並列接続された 2 つのコンデンサーも 1 つのコンデンサーとみなすことができ，そのときの合成容量 C は次式から求まる。

公式 1.16（並列接続したコンデンサーの合成容量） ━━━━━━━━━━━━━━

$$C = C_1 + C_2$$

━━━━━━━━━━━━━━━━━━━━━━━━━━━━━━━━━━━━━━━

　ここで，直列接続（図 1.22(a)）の場合，2 つのコンデンサーのそれぞれの極板に蓄えられる電気量の大きさ Q [C] は，すべて同じになる。ただし，各コンデンサーの極板間に生じる電圧をそれぞれ ϕ_1 [V]，ϕ_2 [V] とおくと，これらの電圧の和がコンデンサー全体に加わる電池の電圧 ϕ に一致する（$\phi = \phi_1 + \phi_2$）。一方，並列接続（図 1.22(b)）の場合，2 つのコンデンサーのそれぞれの極板間に生じる電圧は，コンデンサー全体に加わる電池の電圧 ϕ と同じになる。ただし，各コンデンサーの極板に蓄えられる電気量の大きさをそれぞれ Q_1 [C]，Q_2 [C] とおくと，これらの電気量の和がコンデンサー全体に蓄えられる全電気量の大きさ Q に一致する（$Q = Q_1 + Q_2$）。

例 1.9　図のように，真空中で 3 つのコンデンサー C_1，C_2，C_3 が，電圧 5.0 V の直流電源に接続されている。C_1，C_2，C_3 の静電容量はすべて 3.0×10^{-12} F であり，C_1 と C_2 は並列，C_3 は直列につながっている。このとき，以下の問いに答えよ。

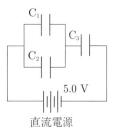

(1)　C_1，C_2，C_3 の合成容量を求めよ。

(2)　C_3 の極板に蓄えられる電気量の大きさを求めよ。

(3)　C_1 の極板に生じる電圧を求めよ。

[解]　(1)　C_1，C_2，C_3 の静電容量を $C_1 = C_2 = C_3 = 3.0 \times 10^{-12}$ F とおく。C_1 と C_2 の合成容量を C' [F] とおくと，これらは並列接続されているので，

$$C' = C_1 + C_2 = 3.0 \times 10^{-12} + 3.0 \times 10^{-12} = 6.0 \times 10^{-12} \text{ F}$$

となる。また，C' の合成したコンデンサーと C_3 は直列接続なので，3 つのコンデンサーの合成容量 C [F] は次のように求まる。

$$C = \frac{C' C_3}{C' + C_3} = \frac{6.0 \times 10^{-12} \times 3.0 \times 10^{-12}}{6.0 \times 10^{-12} + 3.0 \times 10^{-12}} = \frac{18 \times 10^{-24}}{9.0 \times 10^{-12}} = \underline{2.0 \times 10^{-12} \text{ F}}$$

(2)　(1) の結果から，3 つのコンデンサーの合成容量は $C = 2.0 \times 10^{-12}$ F である。また，3 つのコンデンサー全体に加わる電圧 ϕ [V] は，直流電源の電圧と同じ $\phi = 5.0$ V なので，コンデンサー全体に蓄えられる電気量の大きさ Q [C] は，$Q = C\phi$ より求まる。いま，C' と C_3 のコ

ンデンサーは直列接続とみなせるので，C_3 に蓄えられる電気量の大きさは Q となる。よって，

$$Q = C\phi = 2.0 \times 10^{-12} \times 5.0 \fallingdotseq \underline{1.0 \times 10^{-11}\ \text{C}}$$

(3) C_3 の極板間に生じる電圧 ϕ'' [V] は，

$$\phi'' = \frac{Q}{C_3} = \frac{1.0 \times 10^{-11}}{3.0 \times 10^{-12}} = 3.33 \fallingdotseq 3.3\ \text{V}$$

となる。また，C_1 と C_2 は並列接続されているので，それぞれの極板間に生じる電圧はたがいに等しい。この電圧を ϕ' [V] とおくと，

$$\phi' = \phi - \phi'' = 5.0 - 3.3 = 1.7\ \text{V}$$

となるので，C_1 の極板間に生じる電圧は $\underline{1.7\ \text{V}}$ である。

1.2　電流と静磁場

　日常生活で，電線などを流れる電気のことを私たちは「電流」とよんでいる。本節ではまず，これまで学んできた電気現象の原理を用いて，物理における電流の正しい定義を学ぼう。また，磁気現象について，この現象を理解するうえで重要な「磁場」とよばれる物理量について学び，電流と磁場の間に成り立つ相互関係を理解しよう。

1.2.1　電流の定義

　物理で電流を正しく定義するためには，電気現象の起源が自由電子であることを思い出す必要がある。図 1.23 のように，面積が S [m^2] の円形の断面をもつ，細くて長い一様な導体を考えよう。このように，十分に細くて長い一様な導体のことを，**導線**とよぶ。導線の中で，1 個あたり $-e$ [C] $(e = 1.602 \times 10^{-19})$ の電気量をもつ複数の自由電子が，全体として右向きに移動している場合を考えよう。このとき，導線の向きに垂直な断面を，単位時間$(1\,\text{s})$あたりに通過する正の電荷の電気量の和ことを，**電流**とよぶ。電流は向きと大きさをもつベクトルであり，いまは自由電子が全体として右向きに移動しているので，正の電荷は相対的に左向きに移動しているといえる。ここで，電流の単位は「A（アンペア）」，または「C/s」を用いる。

　次に，この導線を流れる電流を計算してみよう[32]。導線内を移動する自由電子 1 個あたりの右向きの平均速度を $\vec{v}$ とし，導線内に分布する自由電子の単位体積$(1\,\text{m}^3)$あたりの数を n とおく（この n を**電子密度**とよぶ）。図 1.23 のように，灰色で塗った導線の一部であ

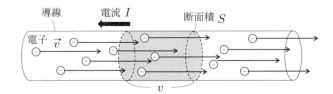

図 1.23　導線を流れる電子と電流の向き

---

32)　電流には，時間によらず一定の値の電流を流す**直流電流**と，時間とともに正弦関数に従って変化する**交流電流**がある。ここでは，直流電流を流す電源のみを考えており，このような電源を**直流電源**とよぶ。

る，高さ v [m/s]，断面積 S の円筒形の部分について考えると，この部分にあるすべての自由電子が 1 s 後に右の断面を通過し，灰色の部分の外に出ていくのがわかる。この円筒形の部分の体積は Sv [m^3] であり，この部分にある自由電子の数は，体積 Sv に密度 n をかけた nSv なので，1 s 間で灰色の部分の右の断面を通過する電気量の和は，nSv に電子 1 個あたりの電気量 $-e$ [C] をかけた，$-enSv$ [C] となる。この電気量が，相対的に導線を左向きに流れる正の電荷の電気量となるので，この導線を流れる電流 $\vec{I}$ は，

$$\vec{I} = -enS\vec{v} \tag{1.15}$$

と書ける。ここで，右辺のマイナスは，電流 $\vec{I}$ の向きが自由電子が進む向き $\vec{v}$ と逆向きのためである。

また，電流 $\vec{I}$ を導線の断面積 S [m^2] で割ったものを $\vec{i}$ とおくと，これは導線の断面積の単位面積(1 m^2)あたりを，単位時間(1 s)で通過する電気量になる。この $\vec{i}$ を**電流密度**とよび，次のように求められる。

$$\vec{i} = \frac{\vec{I}}{S} = -en\vec{v} \tag{1.16}$$

電流密度の単位は「A/m^2」を用いる。

例 1.10 図のように，断面積が 1.0×10^{-6} m^2 の導線を水平に置いた場合を考える。導線内を電子密度が 8.0×10^{22} の自由電子が全体として左向きに，1 個あたりの平均の速さが 5.0×10^2 [m/s] となるように運動した。電気素量を 1.6×10^{-19} C として，以下の問いに答えよ。

(1) 導線を流れる電流の向きと大きさを求めよ。

(2) 導線を流れる電流の電流密度の大きさを求めよ。

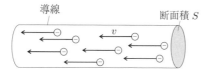

[解] (1) 断面積を $S = 1.0 \times 10^{-6}$ [m^2]，電子密度を $n = 8.0 \times 10^{22}$，左向きを正とした自由電子 1 個あたりの平均速度を $v = 5.0 \times 10^2$ [m/s]，電気素量を $e = 1.6 \times 10^{-19}$ [C] とおく。このとき，導線を流れる電流 I [A] は，

$$I = -envS = -1.6 \times 10^{-19} \times 8.0 \times 10^{22} \times 5.0 \times 10^2 \times 1.0 \times 10^{-6} = -64 \times 10^{-1} = -6.4 \text{ A}$$

となるが，いまは左向きが速度の正の向きで，I は負の値であるので，<u>電流は右向きに流れる</u>。また，電流の大きさは $|I| = |-6.4| = \underline{6.4 \text{ A}}$ となる。

(2) (1)の結果から，導線を流れる電流の大きさは $|I| = 6.4$ A なので，これを導線の断面積 S で割れば，電流密度の大きさ $|i|$ [A/m^2] が求まる。よって，

$$|i| = \frac{|I|}{S} = \frac{6.4}{1.0 \times 10^{-6}} = \underline{6.4 \times 10^6 \text{ A/m}^2}$$

1.2.2 オームの法則

導線に対してはるかに電気を通しにくく，電流をある程度抑える役割を担う部品のことを**抵抗器**とよぶ。図 1.24 のように，抵抗器と電池をつないだ，最も簡単な電気回路を考え

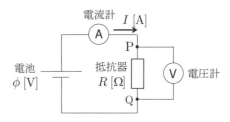

図 1.24　電池と抵抗器をつないだ電気回路

よう(電流計と電圧計はそれぞれ,電流と電圧の測定のために接続している)[33], [34]。電池は回路に対して,時間によらない一定の大きさの電流を流す。このような電流を,**直流電流**,または**定常電流**とよぶ。いま,電池によって抵抗器をはさんだ PQ 間の電圧(電圧計が測定する電圧)は一定に保たれており,このように回路内で電圧を一定に保つ働きのことを**起電力**とよぶ。そのため,起電力の単位は電位差と同じ「V(ボルト)」を用いるが,このように起電力を生じさせる電池などの装置のことを**電源**とよぶ。

1827 年に,ゲオルク・オーム(Ohm, G., 1789–1854)は,図 1.24 のような回路を用いて,抵抗器の両端(PQ 間)に生じる電位差 ϕ [V] と,抵抗器を流れる電流 I [A](電流計が測定する電流)が比例することを発見した。これを,**オームの法則**とよぶ。

定理 1.3(オームの法則)　抵抗器の両端に与えられた電圧(電位差)ϕ [V] と,同じ抵抗器を流れる電流 I [A] は比例関係にある。

この法則を定式化すると,以下のような式になる。

公式 1.17(オームの法則)

$$\phi = RI$$

ここで,R は比例定数であるが,この定数のことを**電気抵抗**,あるいは単に**抵抗**とよぶ。電気抵抗の単位は「Ω(オーム)」,または「V/A」を用いる。電気抵抗はその物質における,電気の通しにくさを示す量である[35]。

電気抵抗の起源は,物質中の原子である。自由電子が物質中を移動する過程で原子に衝

---

33)　電気回路で抵抗器は図 (a) のように表す。

34)　電流計と電圧計はそれぞれ,図 (b) のように表す。電流計は導線の途中に接続し,電圧計は電気回路の任意の 2 点の間に並列に接続する。通常,電流計と電圧計(2 点に結ばれた導線を含む)を流れる電流は気にしなくてよく,計算上はこれらがないものと思って差し支えない。

35)　すべての物質は,温度が 0 K(ケルビン)でない限り,物質中の原子は必ず熱振動をしている。私たちが物質を触ったときに熱を感じるのは,私たちの手が熱振動した原子の衝突を受けるからである。熱振動が激しい原子ほど自由電子の移動を妨げやすくなるため,物質の温度が高いほど電気抵抗は大きくなる。

突すると，運動エネルギーが原子に奪われる。この衝突の度合い（頻度）が，電気の流れにくさである電気抵抗を生じさせる。自由電子から運動エネルギーを奪った原子は，自由電子よりも重いためにその場からは動かないが，より激しく振動する。これを原子の**熱振動**とよび，物質が熱を帯びる原因となる。

電気抵抗は物質の大きさや形によっても，異なる値をもつ。図1.25のように，断面積 S [m²]，長さ l [m] の円筒形の物質を考える。いま，この物質の断面を垂直につらぬく向きに，電流が流れているとしよう。このとき，この物質の電気抵抗 R [Ω] は，長さ l に比例し，断面積 S に反比例する性質をもつ。これより，電気抵抗 R は次式のように表すことができる。

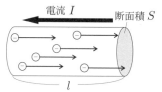

図 1.25 電気抵抗と電気抵抗率

公式 1.18（電気抵抗の公式）

$$R = \rho \frac{l}{S}$$

ここで，ρ は比例定数であるが，この比例定数のことを**電気抵抗率**，または単に**抵抗率**とよぶ。電気抵抗率の単位は，「Ω·m」を用いる。

電気抵抗は抵抗器において顕著な値をもつが，電気を通しやすい導体（導線）においても電気抵抗は存在する。また，電気抵抗率は温度によっても変化する。特に，室温下（20 C°）での電気抵抗率を ρ [Ω·m] とおくと，導体は $\rho \sim 10^{-8}$ Ω·m，絶縁体は $\rho \sim 10^7 \sim 10^{17}$ Ω·m 程度の値をもち，半導体の電気抵抗率はその中ほどの $\rho \sim 10^{-4} \sim 10^7$ 程度の値をもつ。表1.2に，代表的な導体と絶縁体の電気抵抗率を示す。

表 1.2 いろいろな物質の室温下（20℃）における電気抵抗率

導体	電気抵抗率 [Ω · m]	絶縁体	電気抵抗率 [Ω · m]
銅	1.72×10^{-8}	乾燥木材	$10^{10} \sim 10^{13}$
鉄（純度約 100%）	1.00×10^{-7}	石英ガラス	10^{15} 以上
アルミニウム	2.65×10^{-8}	ポリエステル	$10^{12} \sim 10^{14}$
ニクロム	1.09×10^{-6}	天然ゴム	$10^{12} \sim 10^{15}$
銀	1.62×10^{-8}	パラフィン	$10^{14} \sim 10^{17}$

さらに，電気抵抗率 ρ の逆数 σ [S/m] のことを，**電気伝導率**とよぶ。

$$\sigma = \frac{1}{\rho} \tag{1.17}$$

電気伝導率は電気の通りやすさを示す物理量であり，その単位は「S/m（ジーメンス毎メートル）」，または「1/(Ω·m)」を用いる。

例 1.11　図のように，長さが 0.20 m，断面積が 9.0×10^{-5} m² の一様な円筒形の金属棒と，電圧 4.0 V の直流電源をつないで回路をつくった。金属棒の抵抗率が 9.0×10^{-4} Ω·m であるとして，以下の問いに答えよ。

(1)　金属棒の電気抵抗を求めよ。

(2)　金属棒に流れる電流の大きさを求めよ。

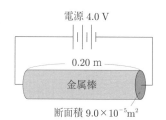

［解］　(1)　金属棒の長さを $l = 0.20$ m，断面積を $S = 9.0 \times 10^{-5}$ m²，抵

抗率を $\rho = 9.0 \times 10^{-4}$ Ω·m とおくと，電気抵抗 R [Ω] は次のように求まる。

$$R = \rho \frac{l}{S} = 9.0 \times 10^{-4} \cdot \frac{0.20}{9.0 \times 10^{-5}} = 0.20 \times 10 = \underline{2.0 \text{ Ω}}$$

（2）　金属棒の両端に生じる電圧は $\phi = 4.0$ V なので，オームの法則 $\phi = RI$ と (1) の結果から，金属棒に流れる電流の大きさ I [A] は次のように求まる。

$$I = \frac{\phi}{R} = \frac{4.0}{2.0} = \underline{2.0 \text{ A}}$$

1.2.3　電力とジュール熱

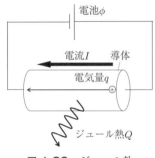

図 1.26　ジュール熱

　図 1.26 のように，電気抵抗が R [Ω] の円筒形の導体に，電圧が ϕ [V] の電池をつないだ回路を考えよう。導線の電気抵抗は R に比べて十分に小さく，無視できるものとする。オームの法則に従い，導体には $I = \phi/R$ [A] の電流が流れるが，これは導体の両端に加わる電圧 ϕ によるクーロン力が，導体中の電荷を移動させるために起こる。すなわち，「電池の電圧が導体中の電荷に対して仕事をしている」のである。

　ここで，電圧とは「1 C の電荷をクーロン力に逆らって移動させるのに必要な仕事」であることを思い出そう。いまの場合，導体の両端に加わる電圧は，「クーロン力が 1 C の電荷を導体の右端から左端まで移動させるのにする仕事」と同じになる。例えば，正の電荷の電気量 q [C] の電荷が導体の右端から左端まで移動したのであれば，それは電圧 ϕ によるクーロン力が電荷にした仕事 W [J] が，$q\phi$ であることを意味する。また，電流とは「1 s 間で導体の断面を通過する正の電荷の電気量」のことなので，時間 t [s] の間に導体を通過する電気量を q とすれば，$q = It$ となる。よって，導体を通過する電荷に対して，電圧 ϕ が時間 t の間にした仕事 W [J] は

$$W = q\phi = It\phi = I\phi t \tag{1.18}$$

となる。このように，ある時間で電圧が行う仕事 W のことを**電力量**とよび，その単位は仕事と同じ「J（ジュール）」を用いる。

　さらに，この仕事 W の仕事率 P [W] は，$P = \frac{W}{t} = \frac{I\phi t}{t} = I\phi$ となる。このように，電圧が行う仕事の仕事率のことを，**電力**とよぶ。

公式 1.19（電力） ──────────────────────────────

$$P = I\phi = \frac{\phi^2}{R}$$

──

　電力とは，電気が行う仕事の効率であり，その単位も仕事率と同じ「W（ワット）」である[36]。

　再び，図 1.26 の回路について考えよう。導体の両端に電圧 ϕ が加わると，導体内の電子はクーロン力に従って加速する。しかし，実際には電子は周囲の原子と衝突を繰り返し，結果としてほぼ一定の速度に落ち着く。このとき，電子に衝突された原子はより激

────────────────────

36)　電力会社から家庭に供給される電力の電圧は常に一定ではなく，その値が正弦関数に従って，ある振幅 V_0 [V] で振動する**交流電圧**である。ここで，$\frac{V_0}{\sqrt{2}}$ のことを交流電圧の実効値とよぶが，日本の家庭に供給される交流電圧の実効値は 100 V と定められている。

しく熱振動を行い，結果として電流を流された導体は熱を発する。ジェームズ・ジュール（Joule, J., 1818–1889）は実験により，電流を流した導体から発生する熱量が，電流の2乗に比例することを発見した。このように，導体から発生する熱のことを，**ジュール熱**とよぶ[37]。ジュールの実験は，電圧が電荷にした仕事 W [J] がすべて原子の熱振動のエネルギーに変換されたと考えれば，理論的に解釈することができる。すなわち，電流 I [A] を流した導体から発生した熱量 Q [J] が，式 (1.18) で得られる電気量 W から求まるとすれば，$Q = W = I\phi t = I(RI)t = RI^2 t$ が得られるので，熱量 Q は確かに電流 I の2乗に比例する。

公式 1.20（ジュール熱）

$$Q = RI^2 t = \frac{\phi^2}{R} t$$

ジュール熱がこの公式に従う法則を，**ジュールの法則**とよぶ。

例 1.12 電圧 100 V の直流電源が，電気抵抗 10 Ω の抵抗器の両端に接続されている。このとき，以下の問いに答えよ。

(1) 1時間で抵抗器から発生した熱量を求めよ[38]。

(2) 1時間で抵抗器から消費される電力（消費電力）を求めよ。

[解] (1) 直流電源の電圧を $\phi = 100$ V，抵抗器の電気抵抗を $R = 10$ Ω とする。1時間 (h) を秒 (s) の単位に変えて $t = 1\,\mathrm{h} = 60 \times 60\,\mathrm{s} = 3600\,\mathrm{s}$ とすると，抵抗器から1時間で発生する熱量 Q [J] は次のように求まる。

$$Q = \frac{\phi^2}{R} t = \frac{100^2}{10} \times 3600 = 1000 \times 3600 = \underline{3.6 \times 10^6}\ \mathrm{J}$$

(2) 1時間で抵抗器から消費される電力（消費電力）P [W] は，次のように求まる。

$$P = \frac{\phi^2}{R} = \frac{100^2}{10} = 1000 = \underline{1.0 \times 10^3}\ \mathrm{W}$$

1.2.4 直流電源を用いた電気回路

ここまでの知識で，コンデンサーと抵抗器に加わった電圧が，どのような電気現象をもたらすかを学んだ。本書では，電磁気現象の原理の理解に重点をおくが，コンデンサーと抵抗器を使った基本的な電気回路についてはおさえておこう。

● 抵抗器の直列・並列接続

2つの抵抗器の電気抵抗をそれぞれ，R_1 [Ω]，R_2 [Ω] としよう。コンデンサーのときと同様に，電気回路で2つの抵抗器を接続するときも，図 1.27(a) のような直列接続と，図 1.27(b) のような並列接続が存在する。直列接続または並列接続された2つの抵抗器は，1つの抵抗器とみなすことができ，その1つとみなされた抵抗器がもつ電気抵抗のことを，**合成抵抗**とよぶ。

---

37) 物質の熱さの原因となる，原子の熱振動による運動エネルギーのことを**熱エネルギー**とよび，熱エネルギーから発せられる熱を量として表したものが**熱量**である。熱量の単位は「J（ジュール）」，または「cal（カロリー）」が用いられる。

38) 例 1.12(1) で求めた熱量は，1 kW = 1000 W の電力が1時間で行う仕事（電力量）と同じである。これを **1 キロワット時**とよび，「kWh」という単位を用いる。すなわち，1 kWh = 3.6×10^6 J である。一般家庭に電力会社から送付される使用電力量は，通常この単位が用いられている。

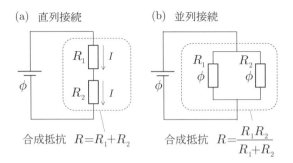

(a) 直列接続   (b) 並列接続

合成抵抗 $R = R_1 + R_2$ 合成抵抗 $R = \dfrac{R_1 R_2}{R_1 + R_2}$

図 1.27 抵抗器の直列・並列接続

直列接合した 2 つの抵抗器の合成抵抗を R [Ω] とおくと，R は次式から求まる。

公式 1.21（直列接続した抵抗器の合成抵抗）

$$R = R_1 + R_2$$

一方，並列接続された 2 つの抵抗器の合成抵抗 R は，次の関係から求められる。

公式 1.22（並列接続した抵抗器の合成抵抗）

$$\frac{1}{R} = \frac{1}{R_1} + \frac{1}{R_2}, \quad R = \frac{R_1 R_2}{R_1 + R_2}$$

　直列接続と並列接続で，コンデンサーの合成容量の式（公式 1.15 と 1.16）とは真逆の形であることに注意しよう。

　ここで，直列接続（図 1.27(a)）の場合，2 つの抵抗器を流れる電流の大きさ I [A] は，すべて同じになる。ただし，各抵抗器の両端に生じる電圧をそれぞれ ϕ_1 [V]，ϕ_2 [V] とおくと，これらの電圧の和が回路全体に加わる電池の電圧 ϕ に一致する（$\phi = \phi_1 + \phi_2$）。一方，並列接続（図 1.27(b)）の場合，2 つの抵抗器のそれぞれの両端に生じる電圧は，回路全体に加わる電池の電圧 ϕ と同じになる。ただし，各抵抗器を流れる電流の大きさをそれぞれ I_1 [A]，I_2 [A] とおくと，これらの和が回路全体を流れる全電流の大きさ I に一致する（$I = I_1 + I_2$）。

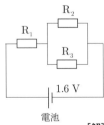

例 1.13 図のように，3 つの抵抗器 R_1，R_2，R_3 が，電圧 1.6 V の電池に接続されている。R_1，R_2，R_3 の電気抵抗はそれぞれ 2.0 Ω，2.0 Ω，3.0 Ω であり，R_1 は直列，R_2 と R_3 は並列につながっている。このとき，以下の問いに答えよ。

(1) R_1，R_2，R_3 の合成抵抗を求めよ。

(2) R_1 の両端に生じる電圧を求めよ。

(3) R_2 を流れる電流の大きさを求めよ。

[解] (1) R_1，R_2，R_3 の電気抵抗をそれぞれ，$R_1 = 2.0$ Ω，$R_2 = 2.0$ Ω，$R_3 = 3.0$ Ω とおく。R_2 と R_3 の合成抵抗を R' [F] とおくと，これらは並列接続されているので，

$$R' = \frac{R_2 R_3}{R_2 + R_3} = \frac{2.0 \times 3.0}{2.0 + 3.0} = \frac{6.0}{5.0} = 1.2 \ \Omega$$

となる。また，R_1 と R' の抵抗器は直列接続とみなせるので，3 つの抵抗器の合成抵抗 R [Ω]

は次のように求まる。

$$R = R_1 + R' = 2.0 + 1.2 = \underline{3.2\ \Omega}$$

(2) (1) の結果から，3つの抵抗器の合成抵抗は $R = 3.2\ \Omega$ である。また，3つの抵抗器全体に加わる電圧 ϕ [V] は，電池の電圧と同じ $\phi = 1.6$ V なので，回路全体を流れる電流の大きさ I [A] は，$I = \phi/R$ より求まる。

$$I = \frac{\phi}{R} = \frac{1.6}{3.2} = 0.50\ \text{A}$$

いま，R_1 と R' の抵抗器は直列接続とみなせるので，R_1 を流れる電流の大きさは I となる。よって，R_1 の両端に生じる電圧 ϕ_1 [V] は次のように求まる。

$$\phi_1 = IR_1 = 0.50 \times 2.0 = \underline{1.0\ \text{V}}$$

(3) R_2 と R_3 は並列接続なので，これらの両端に生じる電圧はたがいに同じである。この電圧を ϕ' [V] とおくと，$\phi' = \phi - \phi_1 = 1.6 - 1.0 = 0.60$ V となるので，R_2 を流れる電流の大きさ I_2 [A] は次のように求まる。

$$I_2 = \frac{\phi'}{R_2} = \frac{0.60}{2.0} = \underline{0.30\ \text{A}}$$

● **コンデンサーの充電と放電**

図 1.28(a) のように，直列につないだ抵抗器 R とコンデンサー C を，電池とスイッチに接続した電気回路を考える。R の電気抵抗を R [Ω]，C の静電容量を C [F]，電池の電圧を ϕ [V] とする。はじめスイッチは開いており，コンデンサーに電荷は蓄えられていなかったとする。

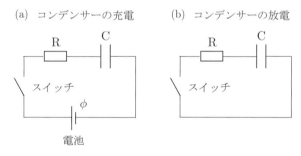

(a) コンデンサーの充電　　(b) コンデンサーの放電

図 1.28 コンデンサーの充電と放電

この状態からスイッチを閉じると，閉じた瞬間は電流が R を通過し，コンデンサーに正と負の電荷が蓄えられていく。これを，コンデンサーの**充電**とよぶ。コンデンサーの左の極板に正，右の極板に負の電荷が蓄えられている間は，コンデンサーは右向きに電流を流しているとみなすことができ，この時間のコンデンサーは導線とまったく同じであると考えてよい。したがって，スイッチを閉じた瞬間に回路(R)を流れる電流 I [A] は，$I = \phi/R$ より求まる。しかし，コンデンサーの充電が進むにつれて電流 I は急速に減少し，充電が完了した時点で $I = 0$ となる。また，スイッチを閉じた瞬間からコンデンサーの極板間の電圧 E [V] は 0 から急速に増加し，充電が完了した時点で $E = \phi$ となる。充電が完了した後は R に電流は流れないので，充電したコンデンサーが極板に蓄える電気量を Q [C] とすれば，コンデンサーの極板間の電圧 $E = Q/C$ が，電池の電圧 ϕ と一致する。図 1.29(a) は，充電するコンデンサーを流れる電流 I と，極板間に生じる電圧 E の時間 t [s] による変化をグラフにしたものである。

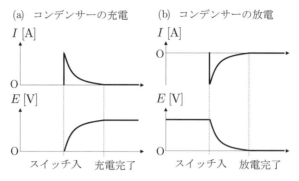

図 1.29　コンデンサーの充電・放電時の電流と電圧の時間変化

　次に，充電が完了した図 1.28(a) の状態からスイッチを開き，図 1.28(b) のように R と C はそのままにして，電池だけを導線と入れ替えた場合を考えよう。この状態でスイッチを閉じると，閉じた瞬間から C の正と負の電荷がそれぞれ，左と右の導線へと放出される。これをコンデンサーの**放電**とよぶ。スイッチを閉じた瞬間のコンデンサーは，もとの電圧 $E = Q/C$ を極板間にもち，放電が始まった直後のコンデンサーは電圧 E をもつ電池と同じ役割を果たすので，回路全体を流れる電流は $I = -E/R$ となり，C を流れる電流も I となる(電流の向きは左向きなのでマイナスがつく)。しかし，放電が進むにつれてコンデンサーに生じる電圧 E と電流 I の大きさはともに急速に減少し，放電が完了した($Q = 0$ となった)時点で $I = E = 0$ となる。図 1.29(b) は，放電するコンデンサーを流れる電流 I と，極板間に生じる電圧 E の時間 t [s] による変化をグラフにしたものである。

● キルヒホッフの法則

　図 1.30 のように，電気抵抗がそれぞれ R_1 [Ω]，R_2 [Ω]，R_3 [Ω] の 3 つの抵抗器と，電圧がそれぞれ ϕ_1 [V]，ϕ_2 [V] の電池をつないだ電気回路を考える。このように，複数の抵抗器と電源が複雑に接続された電気回路の電流を計算するためには，グスタフ・キルヒホッフ(Kirchhoff, G., 1824–1887)がまとめた**キルヒホッフの法則**を用いる必要がある。この法則は，以下の第 1 法則と第 2 法則に分けられる。

定理 1.4（キルヒホッフの第 1 法則）　電気回路の中の 1 つの接続点に流れ込む電流を正，流れ出す電流を負の量で表すと，この接続点における電流の和は常に 0 である。

　図 1.30 の電気回路で，R_1, R_2, R_3 の抵抗器を流れる電流をそれぞれ，下向きに I_1 [A]，

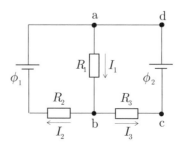

図 1.30　キルヒホッフの法則

左向きに I_2 [A]，右向きに I_3 [A] と定義しよう。このとき，接続点 b に流れ込む電流は I_1，b から流れ出す電流は I_2 と I_3 なので，キルヒホッフの第 1 法則に従えば次式が成り立つ。

$$I_1 + (-I_2) + (-I_3) = 0 \quad \rightarrow \quad I_1 = I_2 + I_3$$

定理 1.5（キルヒホッフの第 2 法則） 電気回路の中で任意の経路を選んで 1 周するとき，その経路に沿って電源と抵抗器による電圧の増加と減少を足し合わせると，その和は常に 0 である。

図 1.30 の電気回路で，abcda と 1 周する経路を選んだ場合を考えよう。はじめに a から b に向かうと，R_1 の抵抗器を I_1 の電流が同じ向きに流れているので，この抵抗器で $R_1 I_1$ [V] の電圧の減少がある。次に，b から c に向かうとやはり $R_3 I_3$ の電圧の減少があり，c から d に向かうと，ϕ_2 の電池が同じ向きに電流を流すように置かれているので，ここで ϕ_2 の電圧の増加がある。最後に，d から a の経路は何もないので，電圧の変化はない。キルヒホッフの第 2 法則に従えば，abcda の経路に沿ってこれらの電圧の増減の和が 0 となるので，次式が成り立つ。

$$(-R_1 I_1) + (-R_3 I_3) + \phi_2 = 0 \quad \rightarrow \quad \phi_2 = R_1 I_1 + R_3 I_3$$

例 1.14 図のように，電気抵抗がそれぞれ 10 Ω，20 Ω，30 Ω の 3 つの抵抗器と，電圧がそれぞれ 2.0 V，2.5 V の 2 つの電池を接続した電気回路がある。a, b, c, d, e, f は，電気回路の中の接続点，または位置を示している。このとき，以下の問いに答えよ。

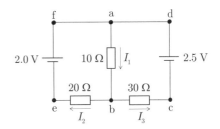

(1) ab 間を流れる電流の大きさと向きを求めよ。

(2) be 間を流れる電流の大きさと向きを求めよ。

[解] (1) 3 つの抵抗器の電気抵抗をそれぞれ，$R_1 = 10\ \Omega$，$R_2 = 20\ \Omega$，$R_3 = 30\ \Omega$ とし，2 つの電池の電圧をそれぞれ，$\phi_1 = 2.0$ V，$\phi_2 = 2.5$ V とする。また，a から b，b から e，b から c に向かう電流をそれぞれ，I_1 [A]，I_2 [A]，I_3 [A] とおく。キルヒホッフの第 1 法則より，接続点 b において次式が成り立つ。

$$I_1 + (-I_2) + (-I_3) = 0 \rightarrow \quad I_1 = I_2 + I_3 \ \cdots ①$$

また，キルヒホッフの第 2 法則より，abcda の経路において次式が成り立つ。

$$(-R_1 I_1) + (-R_3 I_3) + \phi_2 = 0 \rightarrow \quad \phi_2 = R_1 I_1 + R_3 I_3 \rightarrow \quad 10I_1 + 30I_3 = 2.5 \ \cdots ②$$

同様に，abefa の経路において次式が成り立つ。

$$(-R_1 I_1) + (-R_2 I_2) + \phi_1 = 0 \rightarrow \quad \phi_1 = R_1 I_1 + R_2 I_2 \rightarrow \quad 10I_1 + 20I_2 = 2.0 \ \cdots ③$$

式①より $I_2 = I_1 - I_3$ を式③に代入すると，

$$10I_1 + 20(I_1 - I_3) = 2.0 \rightarrow \quad 30I_1 - 20I_3 = 2.0 \ \cdots ④$$

となるので，式②の両辺を 2 倍，式④の両辺を 3 倍した方程式を足し合わせると，I_1 は次のように求まる。

$$110I_1 = 11 \quad \rightarrow \quad I_1 = 0.10 \text{ A}$$

よって，ab 間を流れる電流 I_1 は正なので，向きは <u>下向き</u> であり，大きさは <u>0.10 A</u> である。

(2)　(1) の結果 $I_1 = 0.10$ A を式④に代入すると，I_3 は次のように求まる。

$$30 \times 0.10 - 20 I_3 = 2.0 \rightarrow \quad -20 I_3 = -1.0 \quad \rightarrow \quad I_3 = 0.050 \text{ A}$$

よって，bc 間を流れる電流 I_3 は正なので，向きは <u>右向き</u> であり，大きさは <u>0.050 A</u> である。

1.2.5　磁石と磁気

　磁石について，紀元前にはすでに磁鉄鉱(Fe_3O_4)[39] が鉄を引き付けることが知られていたとされる。その性質は，13 世紀にペトルス・ペレグリヌス(Peregrinus, P.)によって詳しく調べられた。ペレグリヌスは，棒型の磁石を中央を支点として回転させたときに，いつも決まった一方のみが北を向くことを発見した。このことから，磁石には北と南を向く部分が存在することがわかり，北(North)を向く部分を N 極，南(South)を向く部分を S 極とよぶようになった。N 極，S 極のことをともに，**磁極** とよぶ。

　また，図 1.31 のように，磁石をいくつにも切断すると，それぞれの部分が N 極と S 極をもつ 1 つの磁石となる。さらに，磁石は他の金属を引き付けるだけでなく，2 つの磁石の同じ磁極どうし(N 極と N 極，または S 極と S 極)はたがいを遠ざけ合い，異なる磁極どうし(N 極と S 極，または S 極と N 極)はたがいに引き付け合うことがわかった。その後，ウィリアム・ギルバート(Gilbert, W., 1544–1603)は，磁石の N 極が北を向き，S 極が南を向くことから，地球そのものが北極付近に S 極，南極付近に N 極をもつ大きな磁石であることを発見した。このように，磁石が生じさせる力の原因となるもののことを**磁気**とよび，地球がもつ磁気のことを**地磁気**とよぶ。

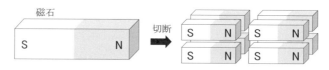

図 1.31　磁石の切断

● 磁気の起源

　磁石がなぜ磁気をもつのか，その起源を正しく理解するためには，「量子力学」とよばれる高度な分野に触れる必要がある。そのため，本書では可能な限り簡単な説明にとどめておくことにしよう。

　磁気のおもな起源は，物質の中に含まれる電子の 1 つ 1 つが，実は磁気をもつことにある[40]。言い換えれば，すべての物質が電子という小さな磁石をもっていると思ってよい。図 1.32(a) のように，電子 1 個がもつ磁気の向きを，矢先が N 極，矢尻が S 極を示す矢印で表すと，通常の物質では電子がもつ磁気の向きがたがいにばらばらであるため，物質は全体として磁気をもたない。ところが，図 1.32(b) のように，電子の磁気の向きが 1 方向にそろうと，物質は全体として磁気をもつのである。物質の中には，はじめからこれらの

---

39)　磁鉄鉱はマグネタイトともよばれる鉄の酸化鉱物の一種で，火成岩(マグマが固まってできた鉱物)の中から普通に採掘される。黒色で光沢をもち，強い磁性をもつことが知られている。

40)　少なくとも本書の範囲内では，電子というのは根本的に磁気をもつ粒子であるのだと覚えておけばよい。電子がもつ磁気のことを，量子力学では**スピン**とよぶ。

(a) 通常の物質（常磁性体）

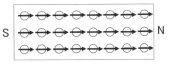
(b) 磁石（強磁性体）

電子　電子がもつ磁気（スピン）

図 1.32　磁気の起源

磁気がそろった状態のものが存在し，これを私たちは磁石とよぶ[41]。また，磁石を近づけたときに磁石でない金属が引き寄せられるのは，磁石の磁気を受けた金属内の電子の磁気がそろうためである。そのため，金属によっては磁石から離した後も，そもそも磁石でなかった金属が磁石のように他の金属を引き寄せることがある。

　磁気をもつ天然の磁石としては磁鉄鉱（Fe_3O_4）が有名だが，世の中で使われている多くの磁石は，鉄酸化物，鉄，コバルトなどを合成した人工的な化合物がほとんどである。一方で，実は磁石に引き寄せられる金属の種類はそれほど多くない。例えば，鉄，ニッケル，コバルトは磁石に引き寄せられるが，金，銀，銅，アルミニウムなど，身近にある多くの金属は磁石に反応しないのである。

　また，地磁気の原因については，現在まではっきりとは解明されていない。1つの説として，地球の内部（外核）に含まれる鉄などが流体化したものが対流[42]を生み，それにより生じる電流が生み出した磁気が，地磁気の起源であると考えられている。1.2.7で述べるように，電流の周囲には必ず磁気が生じるのである。

1.2.6　磁場と磁力線

　磁石などの磁気をもつ物体が周囲に生じさせる，他の物質に力を及ぼすような空間の異常のことを，**磁場**（または**磁界**）とよぶ。磁場は大きさと向きをもつベクトルである。例えば，図 1.33 のように，棒磁石のまわりに生じる磁場について考えよう。電気力線のときと同様に，磁石のまわりの各位置における磁場のベクトルが接線となるように曲線を引くと，N 極から放出されて S 極に吸収される何本もの曲線を描くことができる。このように，磁場の向きを示す曲線のことを，**磁力線**とよぶ。

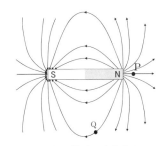
図 1.33　磁石のまわりに生じる磁力線

　電場の強さと同様に，磁場の強さもある位置における磁力線の密度として定義される。したがって，図 1.33 の N 極の近くにある点 P 付近は磁力線が密なので，P での磁場は強い。一方，N 極からも S 極からも離れた位置にある点 Q 付近は磁力線の数が少ないため，Q での磁場は弱い。このように，磁場の強さを磁力線の密度で表したものを**磁束密度**とよび，これは単位面積（$1\ m^2$）あたりを垂直につらぬく磁力線の正味の数に相当する。磁束密度の単位は，国際単位系（SI）で「T（テスラ）」，または「Wb/m^2（ウェーバー毎平方メートル）」を用いる。

---

41)　はじめから電子の磁気がそろっている磁石のような物質や，磁石を近づけたときに磁気をもって引き寄せられる物質のことを，**強磁性体**とよぶ。一方，磁石を近づけても引き寄せられるほどの磁気をもたない物質のことをを，**常磁性体**とよぶ。

42)　例えば，やかんの水を下から熱すると，暖かい水は上昇し，冷たい水は下降しながら水の流れを生む。このようにして温度差で生じる流体の流れのことを，**対流**とよぶ。

磁束密度はその大きさに加えて，単位面積をつらぬく磁力線の向きの情報を含むのでベクトルである。本書では，磁束密度のベクトルを $\vec{B}$ と表す。

1.2.7 電流から生じる磁場

電気と磁気の現象は紀元前から長い期間にわたり，まったく別の現象だと考えられていた。しかし，これらが実は非常に強い相互関係をもつことがわかったのは，それから 2000 年近くも後の話である。1800 年代に，多くの物理学者たちが実験と理論により，電流が磁場を生じさせることを明らかにした。以下で，その過程を順に説明しよう。

● 右ねじの法則

1820 年にハンス・エルステッド（Orsted, H., 1777–1851）は，電流を流した導線の近くに方位磁針を置いたところ，その針が北向きとは別の方角を指したことを発見した。さらに詳細な実験から，図 1.34(a) のように，まっすぐな導線に上向きの電流を流したとき，電流の向きに進む右ねじを回転させる向きに，円形の磁力線が生じることがわかったのである。この法則を，**右ねじの法則**とよぶ。これは，図 1.34(b) のように，右手の親指の向きに電流が流れているときに，他の丸まった指が向く方向に磁場が生じると覚えてもよい。

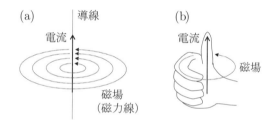

図 1.34 右ねじの法則

定理 1.6（右ねじの法則） 直線状の導線に電流を流したとき，電流の周囲には磁場が生じる。ただし，その磁場は電流の向きに進む右ねじが回転する方向をもち，その中心を電流がつらぬく円周に沿った磁力線をつくる。

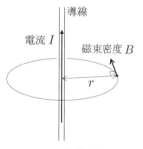

図 1.35 直線電流から生じる磁場

次に，図 1.35 のように，まっすぐな導線上を上向きに流れる電流の大きさを I [A] とし，導線から距離 r [m] の位置に生じる磁場の磁束密度の大きさを B [T] としよう。実験により，磁束密度の大きさ B は，電流 I に比例して，距離 r に反比例することが明らかとなった。これより，磁束密度の大きさ B は次式から求められることがわかった。

公式 1.23（右ねじの法則）

$$B = \frac{\mu_0}{2\pi}\frac{I}{r}$$

この式で，$\mu_0/2\pi$ は実験により決まる比例定数であるが，このような文字式を用いているのは後の計算の便宜上である。ここで，π は円周率であり，μ_0 は**真空の透磁率**とよばれ

る定数である。

$$\mu_0 = 4\pi \times 10^{-7} \text{ T} \cdot \text{m/A}$$

例 1.15 図のように，十分に長いまっすぐな導線を，下向きに大きさ 4.0 A の電流が流れている。このとき，導線から右に 0.20 m 離れた点 P に生じる磁場の，磁束密度の向きと大きさを求めよ。ただし，円周率を π，真空の透磁率を $4\pi \times 10^{-7}$ T·m/A とする。

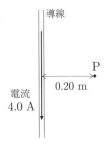

[解] 導線から P までの距離を $r = 0.20$ m，電流の大きさを $I = 4.0$ A，真空の透磁率を $\mu_0 = 4\pi \times 10^{-7}$ T·m/A とおく。右ねじの法則より，P に生じる磁束密度の大きさ B [T] は次のように求まる。

$$B = \frac{\mu_0}{2\pi}\frac{I}{r} = \frac{4\pi \times 10^{-7}}{2\pi} \times \frac{4.0}{0.20} = 2 \times 10^{-7} \times 20 = \underline{4.0 \times 10^{-6} \text{ T}}$$

また，いまは電流が下向きなので，下向きに右ねじが進むようにねじを回す向きが，導線のまわりに生じる磁場の向きである。よって，P に生じる磁束密度の向きは，<u>紙面を裏から表につらぬく向き</u> となる。

● ビオ-サバールの法則

エルステッドの発見後すぐに，ジャン＝バティスト・ビオ（Biot, J., 1774–1862）とフェリックス・サバール（Savart, F., 1791–1841）は，任意の形をした導線を流れる電流でも，その周囲に磁場を生じさせることを明らかにした。図 1.36 のように，任意の形をした導線に電流 $\vec{I}(\vec{r}')$ が流れている場合を考えよう[43]。

$\vec{r}'$ は導線上の任意の位置を示す。ビオとサバールは実験により，位置 $\vec{r}'$ にある導線の微小な長さ Δs の部分を流れる電流が，位置 $\vec{r}$ にある点 P に，次の磁束密度 $\Delta\vec{B}(\vec{r})$ の磁場を生じさせることを明らかにした。

$$\Delta\vec{B}(\vec{r}) = \frac{\mu_0}{4\pi}\frac{\vec{I}(\vec{r}') \times \vec{t}}{|\vec{r} - \vec{r}'|^2}\Delta s \tag{1.19}$$

この式中で，$\vec{t} = (\vec{r} - \vec{r}')/|\vec{r} - \vec{r}'|$ は，Δs の微小部分から P へ向かう向きの単位ベクトルである[44]。式 (1.19) は P に生じる磁束密度が電流 I に比例し，Δs の微小部分から P までの距離 $|\vec{r} - \vec{r}'|$ の 2 乗に反比例することを示している。このときの比例定数は $\mu_0/4\pi$ である。また，磁束密度 $\Delta\vec{B}$ は，電流 $\vec{I}$ と $\vec{r} - \vec{r}'$ の外積の方向を向くことも明らかにされ

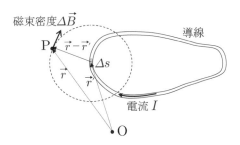

図 1.36 ビオ-サバールの法則

---

43) 図 1.36 の導線のように，任意の形をした端のない曲線のことを，**閉曲線**とよぶ。

44) $\vec{I}(\vec{r}') \times \vec{t}$ の「$\times$」は，2 つのベクトルの外積である。

た[45]。

ここで，導線を長さ Δs の N 個の微小部分に分割し，i 番目の微小部分の位置を $\vec{r}_i'$ と定義しよう（i は 1 から N までの整数である）。i 番目の微小部分を流れる電流 I が P に生じさせる磁場の磁束密度を $\Delta \vec{B}_i$ とおくと，導線のすべての部分が P に生じさせる磁束密度 $\vec{B}$ は，$\Delta \vec{B}_i$ を i から N まで足し合わせればよいので，

$$\vec{B}(\vec{r}) = \sum_{i=1}^{N} \Delta \vec{B}_i(\vec{r}) = \sum_{i=1}^{N} \frac{\mu_0}{4\pi} \frac{\vec{I}(\vec{r}_i') \times \vec{t}}{|\vec{r} - \vec{r}_i'|^2} \Delta s = \frac{\mu_0}{4\pi} \sum_{i=1}^{N} \frac{\vec{I}(\vec{r}_i') \times \vec{t}}{|\vec{r} - \vec{r}_i'|^2} \Delta s$$

となる。さらに，分割数 N が十分に大きいものとみなせば，$\sum_{i=1}^{N} \Delta s$ は導線の経路に沿う積分（線積分）$\int ds$ に置き換えられるので，$\vec{B}$ は次式より求まる。

公式 1.24（ビオ-サバールの法則）

$$\vec{B}(\vec{r}) = \frac{\mu_0}{4\pi} \int \frac{\vec{I}(\vec{r}') \times \vec{t}}{|\vec{r} - \vec{r}'|^2} \, ds$$

このように，電流 $\vec{I}$ が流れる任意の形の導線は，その周囲に公式 1.24 に従う磁束密度 $\vec{B}$ の磁場を生じさせるのである。この法則を，**ビオ-サバールの法則**とよぶ。

例 1.16 図のように，大きさ I [A] の電流が流れる，十分に長いまっすぐな導線から距離 r [m] 離れた位置に点 P がある。ビオ-サバールの法則を用いて，P に生じる磁場の磁束密度の大きさを求めよ。ただし，真空の透磁率を μ_0 [T·m/A] とする。

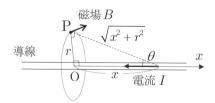

[解] ビオ-サバールの法則の式から，導線上の位置 $\vec{r}'$ を流れる電流 $\vec{I}(\vec{r}')$ が，位置 $\vec{r}$ に生じさせる磁束密度 $\vec{B}(\vec{r})$ は，次式から求められる。

$$\vec{B}(\vec{r}) = \frac{\mu_0}{4\pi} \int \frac{\vec{I}(\vec{r}') \times \vec{t}}{|\vec{r} - \vec{r}'|^2} \, ds$$

ここで，単位ベクトル $\vec{t}$ の向きと電流 $\vec{I}(\vec{r}')$ の向きの間の角度を θ とおくと，

$$\vec{B}(\vec{r}) = \frac{\mu_0}{4\pi} \int \frac{|\vec{I}(\vec{r}')| \, |\vec{t}| \sin\theta}{|\vec{r} - \vec{r}'|^2} \, ds = \frac{\mu_0}{4\pi} \int \frac{|\vec{I}(\vec{r}')| \sin\theta}{|\vec{r} - \vec{r}'|^2} \, ds \quad \cdots \textcircled{1}$$

となる。

次に，図のように，P から導線に下ろした垂線と導線との交点を原点 O にとり，導線に沿って右向きに x の正の軸をとる。このとき，$|\vec{r} - \vec{r}'| = \sqrt{x^2 + r^2}$，$\sin\theta = r/\sqrt{x^2 + r^2}$ となるので，式①を x についての積分に書き換えて，P に生じる磁束密度 $B(r)$ [T] は次式のように計算できる。

---

45) 式 (1.19) で，$\Delta \vec{B}$ は $\vec{I} \times (\vec{r} - \vec{r}')$ に比例するが，もし $\Delta \vec{B}$，$\vec{I}$，$\vec{r} - \vec{r}'$ がすべてたがいに直交していれば，$\vec{I}$ から $\vec{r} - \vec{r}'$ へ右ねじを回すときに右ねじが進む向きが，$\Delta \vec{B}$ の向きである。

$$B(r) = \frac{\mu_0}{4\pi} \int_{-\infty}^{\infty} \frac{I\sin\theta}{|\vec{r} - \vec{r}'|^2} \ dx = \frac{\mu_0}{4\pi} \int_{-\infty}^{\infty} \frac{Ir}{(x^2 + r^2)^{3/2}} \ dx = \frac{\mu_0 Ir}{4\pi} \int_{-\infty}^{\infty} \frac{1}{(x^2 + r^2)^{3/2}} \ dx$$

ここで，$x = r\tan\theta$ とおいて，積分変数を x から θ に置換すると，$dx/d\theta = r/\cos^2\theta$ より，P に生じる磁束密度の大きさ $B(r)$ は次のように求まる。

$$B(r) = \frac{\mu_0 Ir}{4\pi} \int_{-\pi/2}^{\pi/2} \frac{1}{(r^2\tan^2\theta + r^2)^{3/2}} \cdot \frac{dx}{d\theta} \cdot d\theta = \frac{\mu_0 Ir}{4\pi} \int_{-\pi/2}^{\pi/2} \frac{r/\cos^2\theta}{r^3(1 + \tan^2\theta)^{3/2}} \ d\theta$$

$$= \frac{\mu_0 Ir}{4\pi} \int_{-\pi/2}^{\pi/2} \frac{1/\cos^2\theta}{r^2(1/\cos^2\theta)^{3/2}} \ d\theta = \frac{\mu_0 I}{4\pi r} \int_{-\pi/2}^{\pi/2} \cos\theta \ d\theta$$

$$= \frac{\mu_0 I}{4\pi r} [\sin\theta]_{-\pi/2}^{\pi/2} = \frac{\mu_0 I}{4\pi r} [1 - (-1)] = \frac{\mu_0}{2\pi} \frac{I}{r}$$

この式は，右ねじの法則の式（公式 1.23）に一致する。

1.2.8 アンペールの法則

ここまで，電流が磁場を生じさせる「右ねじの法則」と「ビオ-サバールの法則」を説明してきたが，これらの法則をより一般化したもう 1 つの法則をおさえておこう。それが，1820 年にアンドレ＝マリ・アンペール（Ampère, A., 1775–1836）が実験とともに提唱した「アンペールの法則」である。

アンペールの法則を説明するために，改めて右ねじの法則（公式 1.23）を思い出そう。この式は図 1.37(a) のように，まっすぐな導線を流れる大きさ I [A] の電流が，導線から距離 r [m] 離れた位置に，大きさ B [T] の磁束密度を右ねじを回す向きに生じさせることを示す式であった。ここで，公式 1.23 の磁束密度 B を，導線を中心とした半径 r の円軌道（磁場の向きに沿う軌道）に沿って積分（線積分）しよう。この積分を $\int ds$ と書くと，B の積分は次のようになる[46]。

$$\int B \ ds = \int \frac{\mu_0}{2\pi} \frac{I}{r} \ ds = \frac{\mu_0 I}{2\pi r} \int ds = \frac{\mu_0 I}{2\pi r} \cdot 2\pi r = \mu_0 I \tag{1.20}$$

よって，B を円軌道に沿って積分しても，その結果である $\mu_0 I$ は円軌道の半径 r に依存しない。これは，式 (1.20) の左辺の積分経路に関係なく，右辺の結果は常に $\mu_0 I$ になることを示している。したがって，図 1.37(b) のように，I の電流が流れる導線のまわりを任意

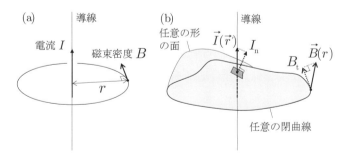

図 1.37 電流と閉曲線上に生じる磁場の関係

---

[46] 式 (1.20) を導出する際に，磁束密度 B の円軌道の半径である r は定数なので，積分の外に出して計算することができる。

の形をした閉曲線が囲んでいる場合でも，次式が成り立つのである[47]。

$$\int B_{\mathrm{t}}(\vec{r})\,ds = \mu_0 I_{\mathrm{n}}(\vec{r}') \tag{1.21}$$

この式で，$\vec{r}$ は閉曲線上の任意の位置を示しており，B_{t} は位置 $\vec{r}$ における磁束密度 $\vec{B}$ の閉曲線の接線に沿う成分，$\int ds$ は閉曲線上の右ねじの経路に沿った線積分である。また，閉曲線がつくる面は任意の形をしており，$\vec{r}'$ はこの面上の任意の位置を示す。このとき，I_{n} は電流 $\vec{I}$ の，位置 $\vec{r}'$ にある微小な面（近似的に平面とみなせる）に垂直な成分である。

次に，図 1.38 のように，閉曲線がつくる任意の形の面を格子状の N 個の微小な部分に分割して，これらの微小部分の位置をそれぞれ，$\vec{r}_1,\ \vec{r}_2,\ \cdots,\ \vec{r}_n$ とおく。ここで，これら N 個の微小部分をそれぞれ，N 本の電流がつらぬいている場合を考えよう。例えば，i 番目の微小部分をつらぬく電流の電流密度を $\Delta\vec{i}(\vec{r}_i')$，この電流密度の面に垂直な成分を $\Delta i_{\mathrm{n}}(\vec{r}_i')$ と定義する。微小部分 1 個あたりの面積を $\Delta S\ [\mathrm{m}^2]$ とおくと，i 番目の微小部分をつらぬく電流 $\Delta\vec{I}(\vec{r}_i')$ の面に垂直な成分 $\Delta I_{\mathrm{n}}(\vec{r}_i')$ は，$\Delta I_{\mathrm{n}}(\vec{r}_i') = \Delta i_{\mathrm{n}}(\vec{r}_i')\Delta S$ と書くことができる。したがって，i 番目の微小部分を通る電流が，閉曲線上の位置 $\vec{r}$ に生じさせる磁束密度を $\Delta\vec{B}_i(\vec{r})$，この磁束密度の閉曲線の軌道に沿う成分を $\Delta B_{it}(\vec{r})$ とおくと，式 (1.21) より

$$\int \Delta B_{it}(\vec{r})\,ds = \mu_0 \Delta I_{\mathrm{n}}(\vec{r}_i') = \mu_0 \Delta i_{\mathrm{n}}(\vec{r}_i')\Delta S \tag{1.22}$$

と書くことができる。

いま，すべての微小部分の面をつらぬく N 本の電流が閉曲線上の位置 $\vec{r}$ に磁場を生じさせるので，位置 $\vec{r}$ に生じる磁束密度の閉曲線の軌道に沿う成分 $B_{\mathrm{t}}(\vec{r})$ は，$B_{\mathrm{t}}(\vec{r}) = \sum_{i=1}^{N} \Delta B_{it}(\vec{r})$ より求まる。よって，式 (1.22) の両辺を $i = 1, 2, \cdots, N$ で和をとると，

$$\int \sum_{i=1}^{N} \Delta B_{it}(\vec{r})\,ds = \int B_{\mathrm{t}}(\vec{r})\,ds = \mu_0 \sum_{i=1}^{N} \Delta i_{\mathrm{n}}(\vec{r}_i')\Delta S \tag{1.23}$$

と変形できる。さらに，分割数 N が十分に大きいものだとみなせば，$\sum_{i=1}^{N} \Delta S$ は閉曲線がつくる任意の形の面の全領域についての積分（面積分）$\int dS$ に置き換えられるので，次式を導くことができる。

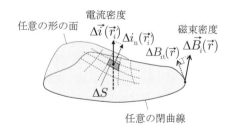

図 1.38 アンペールの法則

---

47) 式 (1.21) で，位置 $\vec{r}'$ の微小な面をつらぬく電流が $\vec{I}(\vec{r}')$ であるならば，一般にこの微小な面と電流 $\vec{I}(\vec{r}')$ はたがいに垂直ではない。しかし，そもそもの電流の定義が，物質の断面を単位時間あたりに「垂直に」つらぬく電気量であるので，微小な面をつらぬく電流 $\vec{I}(\vec{r}')$ は，面に垂直な成分 $I_{\mathrm{n}}(\vec{r}')$ に直す必要がある。

公式 1.25（アンペールの法則）

$$\int B_{\mathrm t}(\vec r)\,ds = \mu_0 \int i_{\mathrm n}(\vec r')\,dS$$

このように，任意の形をした閉曲線上に生じる磁束密度と，その閉曲線がつくる任意の形をした面をつらぬく電流密度との間に成り立つ関係を，**アンペールの法則**とよぶ。

例 1.17　図のように，導線を単位長さ（1 m）あたり n 回の割合で巻いた，十分に長い円筒形のコイルがある[48]。このコイルの導線に電流 I [A] を流したとき，アンペールの法則を用いて，コイル内に生じる磁場の磁束密度 B [T] の向きと大きさを求めよ。ただし，コイル内に生じる磁場は一様であるとし，コイルの外に生じる磁場は無視できるものとする。

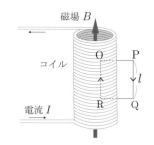

［解］　図のように，コイルの中と外を通る OPQRO の長方形に沿う経路を考える。ここで，PQ 間の距離を l [m] とし，PQ と RO はともにコイルに対して平行であり，RO はコイルの中にあるものとする。いま，磁場は RO と平行な向きにコイルの中をつらぬいており，コイルの外の磁場は無視できる。また，OP，QR に沿う磁場はたがいに対称な向きに生じ，これらの位置に生じる磁束密度はたがいに打ち消し合うので 0 としてよい。したがって，磁束密度 B を OPQRO の経路について積分（$\int ds$ と表す）すると，RO 上のみに生じる B を積分すればよいので，

$$\int B\,ds = \int_{\mathrm P}^{\mathrm O} B\,ds = Bl$$

となる（いまは R から O に向かう向きの B を正としている）。

また，OPQR の長方形の面をつらぬく導線の数は，長さ l の部分にある導線の数 nl [本] なので，OPQR をつらぬく全電流の和は nlI [A] となる。すなわち，OPQR をつらぬく電流密度を i [A/m²] とすると，i を OPQR の面の全領域について積分（$\int dS$ と表す）した結果は，

$$\int i\,dS = nlI$$

となる。

以上の結果から，OPQRO の経路を閉曲線とした場合に成り立つアンペールの法則から，コイル内に生じる磁束密度 B は次のように求まる。

$$\int B\,ds = \mu_0 \int i\,dS \;\to\; Bl = \mu_0 nlI \;\to\; B = \mu_0 nI$$

いま，得られた結果は $B > 0$ であり，B は R から O に向かう向き（上向き）を正としているので，B の向きは 上向き であり，B の大きさは $\underline{\mu_0 nI}$ [T] となる。

1.2.9　磁場に関するガウスの法則

1.2.6 で述べたように，磁場の強さである磁束密度は，単位面積（1 m²）あたりを垂直につらぬく磁力線の数として定義されている。例えば，図 1.39(a) のように，面積 S [m²] の面を垂直につらぬく磁場の磁束密度が B [T] で一様なとき，この面をつらぬく磁力線の数を Φ とおくと，$\Phi = BS$ と書ける。このように，ある大きさの面を垂直につらぬく磁力線の数 Φ のことを**磁束**とよび，その単位は「Wb（ウェーバー）」，または「T·m²」を用いる。

---

48)　導線を巻いて回路にしたものを**コイル**とよぶ。導線を 1 回巻き（閉曲線）にしたものも，複数回巻いたものもコイルとよばれるが，例 1.17 のように導線をたくさん巻いて円筒形にしたものは，**ソレノイド**とよばれることもある。

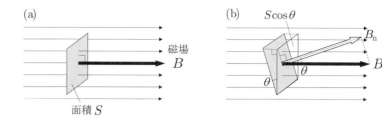

図 1.39 磁束の定義

次に，図 1.39(b) のように，面積 S の面と垂直な直線が，磁場の向きに対して角度 θ だけ傾いている場合を考えよう。磁束とは面を「垂直に」つらぬく磁力線の数のことなので，この場合は面積 S の磁場に垂直な成分である $S\cos\theta$ の面を，磁力線が何本つらぬくかが磁束 Φ となる。したがって，磁束 Φ は $\Phi = BS\cos\theta = B\cos\theta S = B_\mathrm{n}S$ と書くことができる。ここで，$B_\mathrm{n} = B\cos\theta$ であり，これは磁束密度 B の面積 S の面に垂直な成分である。また，電気力線の場合と同様に磁束とは磁力線の正味の数であり，面を裏から表に向かってつらぬく磁力線の数を正としたとき，表から裏に向かってつらぬく磁力線の数は負として数える。さらに，磁束密度 $\vec{B}$ が一様でない磁場が任意の形をした面をつらぬくとき，この面をつらぬく磁束 Φ の一般式は次式のようになる。

公式 1.26（磁束の定義） ────────────────────

$$\Phi = \int B_\mathrm{n}(\vec{r})\, dS$$

──

ここで，$\int dS$ は任意の形をした面の全領域についての面積分である。

ところで，1.1.4 で述べたように，電場については次のガウスの法則（公式 1.6）が成立していた。

$$\int E_\mathrm{n}(\vec{r})\, dS = \frac{Q}{\epsilon_0} \tag{1.24}$$

これは，任意の形をした閉曲面の中に電荷が存在するとき，その電荷から生じる電場の面に垂直な成分 E_n が，上記の関係を満たす法則である。ここで，$\int E_\mathrm{n}(\vec{r})\, dS$ は閉曲面を通る電気力線の数，$\int B_\mathrm{n}(\vec{r})\, dS$ も閉曲面を通る磁力線の数であると考えると，両者は物理量の種類が違うだけで，計算しているものは同じである。したがって，式 (1.24) の左辺を E_n から B_n に置き換えるだけで，「磁場に関するガウスの法則」を導くことができる。

ただし，問題となるのは，式 (1.24) の右辺の電気量 Q が，磁場に対して存在するか否かである。電場の場合は，電気量の起源が正と負の電荷であり，それぞれの電荷は独立して存在することができた。一方で，1.2.5 で述べたように，磁場の起源となるものは電子 1 つ 1 つがもつ磁気である。すなわち，電子 1 個が N 極と S 極を同時にもつ磁石であるため，正と負の電荷のように，N 極と S 極が独立に存在することはできない。したがって，磁場の場合の電荷に相当するものを仮に**磁荷**とよぶならば，正の磁荷（N 極）と負の磁荷（S 極）は必ずペアで存在するため，式 (1.24) の右辺の Q に相当する量は必ず 0 になる。

以上のことから，**磁場に関するガウスの法則**は，次のように表すことができる。

公式 1.27（磁場に関するガウスの法則）

$$\int B_{\mathrm{n}}(\vec{r})\,dS = 0$$

このように，磁場 $\vec{B}$ が生じている空間で，任意の形の閉曲面の全領域について $\vec{B}$ の面に垂直な成分 B_{n} を積分（面積分）すると，その値は必ず 0 になる。

1.2.10　磁場中を流れる電流に働く力

電流がその周囲に磁場を発生させることがわかってからすぐに，多くの物理学者により電場と磁場が力を生じさせることが発見された。すなわち，電流が流れている導線を磁場中に置いたとき，この導線に対して力が働くことがわかった。これは，自動車や電化製品の動力源である，電気モーターの最初の発見である[49]。

この実験は，図 1.40(a) のような装置を用いて行われた。磁石でつくった磁束密度 $\vec{B}$ の磁場が生じている空間に，任意の形をした導線を設置する。この導線に $\vec{I}$ の電流を流したところ，導線の微小な長さ Δs [m] の部分に，次のような力 $\Delta \vec{F}$ が生じた。

$$\Delta \vec{F}(\vec{r}) = (\vec{I}(\vec{r}) \times \vec{B}(\vec{r}))\Delta s \tag{1.25}$$

この式で，$\vec{r}$ は導線の微小部分 Δs の位置を示している。すなわち，磁場中の導線に電流を流すと，その導線には電流 $\vec{I}$ と磁束密度 $\vec{B}$ の外積に比例する力が働き，導線がその外積の向きに動く現象を観測できる。

また，簡単のために図 1.40(b) のように，磁場の磁束密度 $\vec{B}$ が一様な空間で，直線状の導線に一様な電流 $\vec{I}$ が流れている場合を考えよう。この場合，導線の任意の長さ L [m] の部分に働く力を $\vec{F}$ とおくと，式 (1.25) を拡張して $\vec{F}$ は次式のように書くことができる。

$$\vec{F} = (\vec{I} \times \vec{B})L \tag{1.26}$$

特に，図 1.40(b) のように，磁束密度 $\vec{B}$ の向き（下向き）と電流 $\vec{I}$ の向き（右向き）がたがいに垂直のとき，導線に働く力の大きさ F [N] は $F = (\vec{I} \times \vec{B})L = (IB\sin 90°)L = IBL$ と

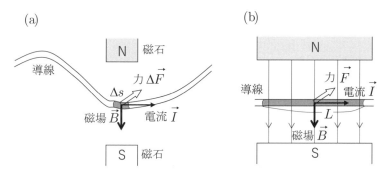

(a)　　　　　　　　　　　(b)

図 1.40　電流と磁場により生じる力

---

49)　電気モーターの原理を最初に発見したのは，1821 年に行われたファラデーによる実験だといわれている。しかし，当時ファラデーの実験は世間で重要なものだと認められておらず，ファラデー自身も磁場が電場を引き起こすかどうかをみるために行った実験だったため，結果の重要性に気づいていなかったとされる。

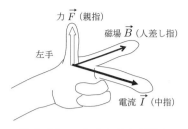

図 1.41 フレミングの左手の法則

なる。このとき，導線に働く力 $\vec{F}$ の向きは，磁場(磁束密度) $\vec{B}$ の向きと電流 $\vec{I}$ の向きの両方に対して垂直であり，紙面の表から裏へ向かう向きとなる[50]。このときの，磁場 $\vec{B}$，電流 $\vec{I}$，力 $\vec{F}$ の向きを，始点を一致させて矢印で描いたものが図 1.41 である。このように，左手で電流の向きを中指，磁場の向きを人差し指としたときに，親指の向きが力の向きとなる。これは，ジョン・フレミング(Fleming, J., 1849–1945)によって考案された，電流と磁場により生じる力の向きを明示する方法であり，この法則を**フレミングの左手の法則**とよぶ。

定理 1.7（フレミングの左手の法則） 一様な大きさ B [T] の磁束密度の磁場中で，磁場と垂直な向きの導線に大きさ I [A] の一様な電流を流したとき，導線の長さ L [m] の部分に働く力の大きさ F [N] は，次式より求まる。

$$F = IBL$$

すなわち，左手で中指を電流の向き，人差し指を磁場の向きとしたとき，親指の向きが導線に働く力の向きとなる。

例 1.18 図のように，鉛直下向きに磁束密度 0.020 T の一様な磁場が生じている空間で，長さ 0.40 m の一様な円筒形の導体棒が電池と接続されて水平に設置されている。導体棒に大きさ 3.0 A の左向きの電流が流れているとき，導体棒に働く力の大きさと向きを求めよ。ただし，導体棒はその全体が一様な磁場中にあるものとする。

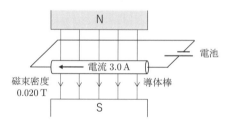

[解] 磁束密度を $B = 0.020$ T，導体棒の長さを $L = 0.40$ m，導体棒を流れる電流の大きさを $I = 3.0$ A とおく。いまは磁場と電流の向きがたがいに垂直なので，導体棒に働く力の大きさ F [N] は次のように求まる。

$$F = IBL = 3.0 \times 0.020 \times 0.40 = \underline{0.024 \text{ N}}$$

また，フレミングの左手の法則により，左手で磁場の向き(下向き)を人差し指，電流の向き(左向き)を中指とすると，力の向きは親指が向く方向となり，これは紙面の裏から表に向かう向きとなる。

1.2.11 平行電流間に働く力

1.2.10 で述べたように，磁場中に置かれた導線に電流が流れると，この導線には力が働

---

50) $\vec{A}$ と $\vec{B}$ の間の角度が θ のとき，2つのベクトルの外積は $\vec{A} \times \vec{B} = AB\sin\theta$ より求まる。さらに，$\vec{C} = \vec{A} \times \vec{B}$ のとき，$\vec{A}$ から $\vec{B}$ に向かって右ねじを回したときに，右ねじが進む向きが $\vec{C}$ の向きである。

く。また，1.2.7 で述べたように，電流はその周囲に磁場を生じさせる。これらの 2 つの現象が組み合わさると，ある導線 1 を流れる電流が周囲に磁場を生じさせ，別の場所で電流を流している導線 2 がその磁場により力を受ける。逆に，導線 2 を流れる電流が周囲に生じさせる磁場により，導線 1 自身も力を受けるのである。このように，電流と電流の間には，磁場を介してたがいに力が働く[51]。

図 1.42 のように，たがいに平行に並んでいる無限に長い直線状の導線 1 と導線 2 を考えよう。導線 1 と導線 2 の間は，距離 d [m] だけ離れているものとする。はじめに，図 1.42(a) のように，導線 1 には上向きに大きさ I_1 [A] の電流が，導線 2 にも上向きに大きさ I_2 [A] の電流が流れている場合を考える。右ねじの法則の公式 1.23 より，導線 1 を流れる電流が導線 2 の位置に生じさせる磁束密度の大きさ B_{12} [T] は，

$$B_{12} = \frac{\mu_0}{2\pi} \frac{I_1}{d} \tag{1.27}$$

であるので，B_{12} の磁場が導線 2 の長さ L_2 [m] の部分に生じさせる力の大きさ F_{12} [N] は，フレミングの左手の法則（定理 1.7 の式）より，

$$F_{12} = I_2 B_{12} L_2 = I_2 \cdot \frac{\mu_0}{2\pi} \frac{I_1}{d} \cdot L_2 = \frac{\mu_0}{2\pi} \frac{I_1 I_2}{d} L_2 \tag{1.28}$$

となる。ここで，この式に $L_2 = 1$ m を代入すれば，導線 1 の電流から生じる磁場が導線 2 の単位長さ（1 m）あたりに生じさせる力の大きさ F [N] は，

$$F = \frac{\mu_0}{2\pi} \frac{I_1 I_2}{d} \tag{1.29}$$

と求められる。いま，導線 2 の位置に生じる大きさ B_{12} の磁場の向きは，右ねじの法則（定理 1.6）より紙面を表から裏へつらぬく向きであり，導線 2 を流れる電流は上向きなので，フレミングの左手の法則（定理 1.7）より導線 2 に働く F の力の向きは左向き（導線 1 へ近づく向き）である。また，導線 2 を流れる電流が磁場を介して，導線 1 の単位長さあたりに生じさせる力の大きさも，式 (1.29) と同じ F であることは同様に求めることができる。このとき，導線 1 が受ける力の向きは，フレミングの左手の法則より右向き（導線 2 へ近づく向き）となる[52]。

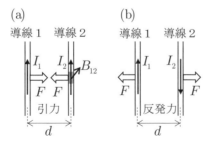

図 1.42 平行電流間に働く力

---

51) もともと電荷と電荷の間には，その符号によって反発力か引力となるクーロン力が働くが，ここで述べている電流と電流の間に働く力とは磁場を介した力のことであって，クーロン力とはまったく別の力であることに注意する。

52) ニュートンの運動の第 3 法則（作用・反作用の法則）より，2 つの物体がたがいに力を及ぼし合うとき，外部から別の力を与えなければ，2 つの物体が受ける力は必ず同じ大きさで逆向きになる。したがって，導線 1 と導線 2 がたがいに及ぼし合う力も，同じ大きさ F で逆向きである。

　次に，図 1.42(b) のように，導線 1 には上向きに大きさ I_1 [A] の電流が，導線 2 には下向きに大きさ I_2 [A] の電流が流れている場合を考えよう。導線 1 に流れる電流から生じる磁場が，導線 2 の単位長さ (1 m) あたりに及ぼす力の大きさ F は，式 (1.29) と同じ式である。しかし，導線 2 を流れる電流の向きがいまは下向きなので，導線 2 に働く力の向きも右向き（導線 1 から遠ざかる向き）に変わる。同様に，導線 2 を流れる電流から生じる磁場が，導線 1 に及ぼす力の大きさも F で同じであるが，その向きは左向き（導線 2 から遠ざかる向き）である。

　以上をまとめると，次の定理が成り立つ。

定理 1.8（平行電流間に働く力の定理）　たがいに平行な導線 1 と導線 2 を流れる直線電流が距離 d [m] だけ離れており，導線 1 を流れる電流の大きさが I_1 [A]，導線 2 を流れる電流の大きさが I_2 [A] であるとき，2 つの導線の単位長さ (1 m) あたりに働く力の大きさ F [N] は，次式より求まる。

$$F = \frac{\mu_0}{2\pi} \frac{I_1 I_2}{d}$$

ただし，導線 1 と導線 2 の間に働く力の向きは，2 つの電流がたがいに同じ向き（平行）であれば引力，たがいに逆向き（反平行）であれば反発力となる。

1.2.12　ローレンツ力

　1.2.10 で，磁場中に設置された電流が流れる導線には，その電流と磁場（磁束密度）の外積に比例する力が働くことを学んだ。そもそも電流とは，導線の断面を単位時間 (1 s) あたりに通過する電荷の，電気量の和であることを思い出そう。つまり，磁場中を流れる電流に力が働くとは，言い換えれば導線の中を移動する荷電粒子（電子）に力が働くということである[53]。

　図 1.43 のように，磁束密度 $\vec{B}$ の一様な磁場が下向きに生じている空間で，直線状の導線を一様な電流 $\vec{I}$ が右向きに流れている場合を考えよう。導線の断面積を S [m²] とする。いま，電流をもたらしている荷電粒子が正の電荷をもつとし，この荷電粒子 1 個あたりが

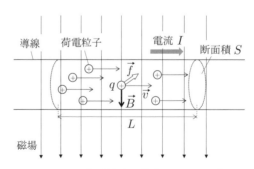

図 1.43　荷電粒子に働くローレンツ力

---

53)　正や負の電荷をもつ粒子のことを，**荷電粒子**とよぶ。自由電子は電気量 $-e$ ($e = 1.602 \times 10^{-19}$ C) の電荷をもつ荷電粒子であり，自由電子の移動が電流の起源であるが，電流の向きは正の荷電粒子が移動する向き（自由電子が移動する向きとは逆向き）として定義されていることに注意する。

もつ電気量を q [C] $(q > 0)$，荷電粒子 1 個あたりの平均速度を $\vec{v}$ とおく[54]。また，導線内における荷電粒子の密度を n [個/m³] とおくと，この導線の断面を単位時間 (1 s) あたりに通過する荷電粒子の数は nSv となり，導線を流れる電流 I はこれらの荷電粒子がもつ電気量の和なので，$I = qnSv$ と書くことができる。よって，

$$\vec{I} = qnS\vec{v} \tag{1.30}$$

が成り立つ。ここで，式 (1.26) の $\vec{I}$ に式 (1.30) を代入すると，導線の長さ L の部分に働く力 $\vec{F}$ は次のように計算することができる。

$$\vec{F} = (\vec{I} \times \vec{B})L = (qnS\vec{v} \times \vec{B})L = qnSL(\vec{v} \times \vec{B}) \tag{1.31}$$

この式で，SL [m³] は導線の長さ L の部分の体積なので，nSL はこの部分に存在する荷電粒子の数である。そこで，導線の長さ L の部分に存在する荷電粒子の数を N とおくと，

$$N = nSL \tag{1.32}$$

と書ける。さらに，導線内の荷電粒子 1 個あたりが受ける力 $\vec{f}$ は，$\vec{f} = \vec{F}/N$ より求まるので，式 (1.31) に式 (1.32) を代入して，$\vec{f}$ を次のように求めることができる。

$$\vec{F} = qnSL(\vec{v} \times \vec{B}) = qN(\vec{v} \times \vec{B}) \quad \rightarrow \quad \vec{f} = \frac{\vec{F}}{N} = q(\vec{v} \times \vec{B})$$

この式は，導線を流れる電流 $\vec{I}$ と導線に働く磁場 $\vec{B}$ が，ともに一様な場合に導出されたものであるが，$\vec{f}$ とは 1 個の荷電粒子に働く力なので，その荷電粒子の位置を $\vec{r}$ とすれば，電流と磁場が一様でなくても次式が普遍的に成り立つ。

公式 1.28（ローレンツ力） ━━━━━━━━━━━━━━━━━━━━━━━━━━━━

$$\vec{f}(\vec{r}) = q[\vec{v}(\vec{r}) \times \vec{B}(\vec{r})]$$

━━

このように，位置 $\vec{r}$ にいる電気量 q をもつ荷電粒子が，磁束密度 $\vec{B}(\vec{r})$ の磁場を受けながら速度 $\vec{v}(\vec{r})$ で運動するとき，公式 1.28 の力 $\vec{f}(\vec{r})$ を受ける。この力を，**ローレンツ力**とよぶ。1.2.10 で学んだ磁場中で電流を流す導線が受ける力や，1.2.11 で学んだ平行電流間に働く力の起源は，すべてローレンツ力に由来しているといえる。

例 1.19 図のように，磁束密度 1.0×10^{-3} T の一様な磁場が生じている空間に，磁場の向きとの間の角度が 45°，速さが 2.8×10^5 m/s の電子が外部から進入した。このとき，電子 1 個がもつ電気量を -1.6×10^{-19} C とし，$\sqrt{2} = 1.4$ として，以下の問いに答えよ。

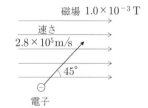

(1) 磁場中に進入した電子に働くローレンツの力の大きさを求めよ。

(2) (1) で求めたローレンツの力の向きを求めよ。

[解] (1) 磁束密度を $B = 1.0 \times 10^{-3}$ T，電子の電気量を $q = -1.6 \times 10^{-19}$ C，電子の速さを $v = 2.8 \times 10^5$ m/s とおく。いま，電子の速度と磁束密度の間の角度が $\theta = 45°$ なので，電子

---

54) 電流をもたらす荷電粒子は，実際には電気量 $-e$ ($e = 1.602 \times 10^{-19}$ C) の電子であるが，電流の向きは電子が移動する向きと逆向きで定義されているので，ここでは話を簡単にするために，仮想上の正の電気量 q [C] をもつ荷電粒子を，電流の起源として考えている。この電気量は，$q = +e$ であると考えてよい。

が受けるローレンツ力 f [N] は

$$f = q(\vec{v} \times \vec{B}) = q(vB\sin\theta) = -1.6 \times 10^{-19} \times (2.8 \times 10^5 \times 1.0 \times 10^{-3} \times \sin 45°)$$
$$= -1.6 \times 2.8 \times 10^{-17} \times \frac{1}{\sqrt{2}} = -1.6 \times 2.8 \times 10^{-17} \times \frac{1}{1.4} = -3.2 \times 10^{-17} \text{ N}$$

となる。よって，ローレンツ力 f の大きさは，

$$|f| = |-3.2 \times 10^{-17}| = \underline{3.2 \times 10^{-17} \text{ N}}$$

（2） いま，$q < 0$ なので，$q(\vec{v} \times \vec{B})$ は $\vec{v}$ から $\vec{B}$ に向けて右ねじを回したときに，右ねじが進む向きと逆向きになる。よって，ローレンツ力の向きは，<u>紙面と垂直で裏から表に向かう向き</u>である。

1.3 電磁誘導と電磁波

前節まではおもに，電場と磁場が時間によらず一定の場合を考えてきた。本節では，電場と磁場の時間依存性に焦点をあて，時間に依存する電磁気現象の物理法則について学ぼう。また，これまで学んできた電場と磁場の法則は，マクスウェル方程式とよばれる重要な 4 つの方程式としてまとめられる。これらの方程式を用いて，現在のテクノロジーに欠かせない電磁波の起源を理解しよう。

1.3.1 変位電流

はじめに，電場の時間変化から引き起こされる，変位電流について説明する。図 1.44(a) のような平行板コンデンサーが，真空中にある場合を考えよう。この図で，上の極板を極板 1，下の極板を極板 2 とよぶことにする。また，コンデンサーには極板 1 に $+Q_0$ [C]，極板 2 に $-Q_0$ [C] の電気量の電荷が，はじめから充電されているものとする。

このコンデンサーがスイッチと抵抗器 R につながっており，はじめスイッチは開いているため，電気回路に電流は流れていない。しかし，図 1.44(b) のように時刻 $t = 0$ s でスイッチを閉じると，その直後から短い時間でコンデンサーに蓄えられていた電荷が放電し，電気回路に電流が流れる。$t = 0$ s から，極板 1 の電気量 $+Q_0$ と極板 2 の電気量 $-Q_0$ は時刻 t とともに変化するので，それぞれの電気量を $+Q(t)$ [C]，$-Q(t)$ [C] と表そう。ここで，現実には極板 1 の正の電荷と極板 2 の負の電荷がともに R に向かって移動していくのであるが，これは見方を変えれば，図 1.44(b) のように，極板 2 から極板 1 に向かって上向きに仮想的な電流が流れていると考えることもできる。この仮想的な電流のことを**変位電流**とよび，$I_D(t)$ [A] と表す[55]。当然，十分に時間がたてば極板 1 と 2 からすべて

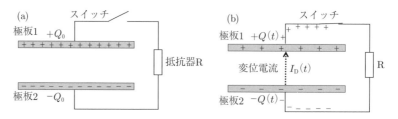

図 1.44 コンデンサーの極板間に生じる変位電流

55） 変位電流 $I_D(t)$ はコンデンサーの極板間では仮想的な電流であるが，回路の導線や抵抗器 R には実際にこの大きさの電流が流れている。

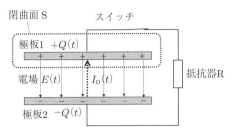

図 1.45 変位電流の計算

の電荷が失われるので，$I_\mathrm{D}(t) = 0$ となる。

　この変位電流 $I_\mathrm{D}(t)$ を計算しよう。図 1.45 のように，スイッチを閉じた瞬間（$t = 0\,\mathrm{s}$）か
らコンデンサーの極板間には下向きに，時間に依存する電場 $E(t)$ が生じているものとす
る。まずは，この電場をガウスの法則を用いて計算しよう。図 1.45 のように，極板 1 の
みを覆う閉曲面 S を考える。いま，S をつらぬく電場は極板間に生じる電場 $E(t)$ のみで
あり，$E(t)$ は S に対して垂直であるとみなせるので[56]，電場に関するガウスの法則（公式
1.6）より，

$$\int E(t)\,dS = -\frac{Q(t)}{\epsilon_0}$$

が成り立つ。右辺のマイナスは，変位電流 I_D の向きを正としたときに，電場 E の向きが
逆向きであるためにつけている。これより，電気量 $Q(t)$ は，

$$Q(t) = -\epsilon_0 \int E(t)\,dS \tag{1.33}$$

と書ける。

　また，変位電流 I_D は，単位時間（$1\,\mathrm{s}$）あたりに極板 1 から極板 2 に移る電気量 Q の変化
量に相当するので，

$$I_\mathrm{D}(t) = -\frac{dQ(t)}{dt} \tag{1.34}$$

と書くことができる。右辺のマイナスは，いまは正の電荷が極板 1 から極板 2 へ下向きに
移動していると考えているので，その向きが I_D の向き（上向き）と逆だからついたもので
ある。よって，式 (1.34) の右辺に式 (1.33) を代入すると I_D は次のように求まる。

$$I_\mathrm{D}(t) = -\frac{d}{dt}Q(t) = -\frac{d}{dt}\left[-\epsilon_0 \int E(t)\,dS\right] = \epsilon_0 \int \frac{dE(t)}{dt}\,dS \tag{1.35}$$

　ところで，式 (1.35) の右辺の $\int dS$ はもともと，図 1.45 で極板 1 を覆う S についての面
積分であった。しかし，図 1.45 で電場 $E(t)$ がつらぬく面は，実際のところ S の中でも極
板間に入っている一部分のみであり，これ以外の S の部分は計算にまったく関与していな
い。したがって，式 (1.35) の右辺の $\int dS$ は閉曲面についての積分でなくてよく，閉じて
いない一般的な任意の形の面についての積分としてよい。すなわち，式 (1.35) は，コンデ
ンサーなどの環境に関係なく，任意の形をした面をつらぬく電場が時間とともに変化する
ときに，その面を直接電荷が通過しなくても，変位電流とよばれる仮想的な電流 I_D が流
れることを示している。そこで，改めて電場 E は時間 t と場所 $\vec{r}$ の両方に依存するものと

56）　厳密には極板間の領域以外にも電場は生じるが，いまは極板間以外の空間や，極板の端付近
の電場については，E に比べて十分に小さいものとして無視する。

し，一般には面と垂直ではないので $E_n(\vec{r}, t)$ と書き直すと，変位電流 I_D は次式のように書ける[57]。

公式 1.29（変位電流）

$$I_D(t) = \epsilon_0 \int \frac{\partial E_n(\vec{r}, t)}{\partial t} \, dS$$

ここで，右辺の $\int dS$ は任意の形の面についての積分を表す。

1.3.2 アンペール-マクスウェルの法則

1.2.8 では，任意の形をした閉曲線に沿った方向に生じる磁場の磁束密度 $\vec{B}$ と，その閉曲線がつくる任意の形の面をつらぬく電流の電流密度 $\vec{i}$ が，次のアンペールの法則を満たすことを学んだ（公式 1.25）。

$$\int B_t(\vec{r}) \, ds = \mu_0 \int i_n(\vec{r}') \, dS \tag{1.36}$$

しかし，これは電流と磁場がともに，時間によらない場合に成り立つ。1.3.1 で学んだように，電場が時間とともに変化する場合には，通常の電流とは別に電荷の直接移動によらない変位電流が生じる。したがって，時間依存性を考慮する場合には，変位電流 I_D の電流密度の項を，式 (1.36) の右辺の i_n の後に加える必要がある。

ジェームズ・マクスウェル（Maxwell, J., 1831–1879）は，式 (1.36) の右辺に変位電流の項を加えて，時間依存性を考慮したアンペールの法則を以下のように再構築した。公式 1.29 より，変位電流 I_D は

$$I_D(t) = \epsilon_0 \int \frac{\partial E_n(\vec{r}, t)}{\partial t} \, dS \tag{1.37}$$

と書ける。ところで，任意の形の面を位置 $\vec{r}$ に依存した電流密度 $\vec{i}(\vec{r})$ の電流がつらぬいている場合を考えよう。このとき，面全体をつらぬく電流 I は，面上のすべての位置をつらぬく電流密度の面に垂直な成分 i_n を，面の全領域で足し合わせることで求まる。よって，I は次式のように書ける。

$$I(t) = \int i_n(\vec{r}, t) \, dS \tag{1.38}$$

ここで，$\int dS$ は I がつらぬく面の，全領域についての面積分である。式 (1.37) の右辺と式 (1.38) の右辺の被積分関数を比較すると，変位電流 I_D の電流密度の面に垂直な成分 i_{Dn} は，次式のようになることがわかる。

$$i_{Dn}(\vec{r}, t) = \epsilon_0 \frac{\partial E_n(\vec{r}, t)}{\partial t} \tag{1.39}$$

よって，時間に依存した電場と磁場が存在する空間で成り立つアンペールの法則は，式 (1.36) の右辺の i_n を $i_n + i_{Dn}$ に置き換えればよいので，

$$\int B_t(\vec{r}, t) \, ds = \mu_0 \int [i_n(\vec{r}', t) + i_{Dn}(\vec{r}', t)] \, dS = \mu_0 \int \left[i_n(\vec{r}', t) + \epsilon_0 \frac{\partial E_n(\vec{r}', t)}{\partial t} \right] dS$$

---

57) いま，電場 $E_n(\vec{r}, t)$ は位置 $\vec{r}$ だけでなく，時間 t による関数として定義しているので，E_n の t による微分は通常の微分（d/dt）ではなく，複数ある変数のうち 1 つの変数のみについての微分（偏微分 $\partial/\partial t$）に直さなければならない。

となり，これが時間依存性を含むように拡張したアンペールの法則である。

公式 1.30（アンペール-マクスウェルの法則）

$$\int B_{\mathrm{t}}(\vec{r}, t)\, ds = \mu_0 \int \left[i_{\mathrm{n}}(\vec{r}', t) + \epsilon_0 \frac{\partial E_{\mathrm{n}}(\vec{r}', t)}{\partial t} \right] dS$$

マクスウェルによって再構築されたこの式を，**アンペール-マクスウェルの法則**とよぶ。

1.3.3 電磁誘導

エルステッドが電流のまわりに磁場が生じることを発見してから約 10 年後，マイケル・ファラデー（Faraday, M., 1791–1867）は磁場の変化が電流を生じさせることを発見した。ファラデーは，図 1.46 のように，コイルの面に垂直に磁石を近づける実験を行った。その結果，図 1.46(a) のように磁石の N 極を近づけるとコイルには右回りに電流が流れ，図 1.46(b) のように N 極を遠ざけると左回りに電流が流れることがわかった。一方，図 1.46(c), (d) のように，磁石の S 極をそれぞれ近づけたり遠ざけたりすると，コイルには N 極の場合と逆向きに電流が流れた。また，磁極に関係なく，コイルに対して磁石が静止していれば，コイルに電流は流れなかった。以上のことからファラデーは，コイルをつらぬく磁束が時間とともに変わるとき，コイルに起電力が生じることを明らかにした。この現象を**電磁誘導**とよび，コイルに生じる起電力を**誘電起電力**とよぶ。

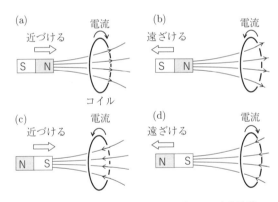

図 1.46 磁石によりコイルに生じる電磁誘導

ファラデーの実験を整理したのが，ハインリッヒ・レンツ（Lenz, H., 1804–1865）である。レンツがまとめた次の法則を，**レンツの法則**とよぶ。

> **定理 1.9（レンツの法則）** 電磁誘導によりコイルに生じる誘電起電力は，コイルをつらぬく磁束の変化を抑える方向に生じる。

例えば，図 1.47(a) のように，コイルに対して上向きに磁石の N 極を近づける場合を考えよう。このとき，コイルをつらぬく磁束 Φ [Wb] は時間 t [s] とともに増加するので，$d\Phi/dt > 0$ となる。ここで，Φ の増加を抑えるためには，磁石による上向きの磁力線を打ち消す向き，すなわち下向きに磁場を発生させる必要がある。右ねじの法則に従えば，下向きの磁場を発生させるためにはコイルに右回りの電流を流す必要があるので，コイルにはそのような電流を流す向きに誘導起電力が生じる。この誘電起電力を ϕ_1 [V] としよう。

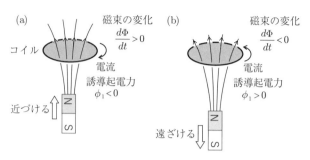

図 1.47 磁束の変化と誘導起電力

図 1.48 n 回巻き
コイル

いま，ϕ_1 による電流は，磁石の磁場とは逆向きの磁場を生じさせる向きに生じるので，$\phi_1 < 0$ と定義する。同様に，図 1.47(b) のように，コイルに対して下向きに磁石の N 極を遠ざける場合を考えよう。このとき，コイルをつらぬく磁束 Φ は時間とともに減少するので，$d\Phi/dt < 0$ となる。ここで，Φ の減少を抑えるためには，磁石による上向きの磁力線を増やす向き，すなわち上向きの磁場を発生させる必要があるので，右ねじの法則に従いコイルには左回りの電流を流す誘導起電力が生じる。すなわち，$\phi_1 > 0$ となる。

以上の実験から，1 回巻きのコイルをつらぬく磁束 Φ がコイルに生じさせる誘導起電力 ϕ_1 は，次式で与えられることがわかった。

$$\phi_1 = -\frac{d\Phi(t)}{dt} \tag{1.40}$$

また，図 1.48 のように，導線を n 回巻いたコイルは，1 回巻きのコイルが n 枚重なったものと同じであると考えることができる。したがって，n 回巻きのコイルに生じる誘導起電力 ϕ_n [V] は，次式より求められる。

公式 1.31（n 回巻きのコイルに生じる誘導起電力）

$$\phi_n = -n\frac{d\Phi(t)}{dt}$$

例 1.20 図のように，水平に設置した 2 本の平行な導線間を別の導線 AB でつなぎ，2 点 P，Q 上に導体棒を導線と垂直に置いて回路をつくった。この回路を，鉛直方向に一様に生じる磁束密度 3.0×10^{-2} T の磁場中に置き，導体棒を磁場と垂直な向きで静止させた。PQ 間の距離が 0.10 m であるとき，以下の問いに答えよ。

(1) はじめ距離 AP は 0.15 m であった。このとき，回路をつらぬく磁束を求めよ。

(2) 導体棒を一定の速さ 0.20 m/s で図中の矢印の向きにすべらせたとき，回路に生じる誘導起電力の大きさを求めよ。

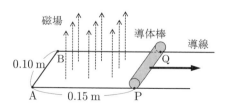

[解]　(1)　回路 APQB の面積は $S = (\text{AP の長さ}) \times (\text{PQ の長さ}) = 0.15 \times 0.10 = 0.015 \text{ m}^2$ であり，磁場の向きは面 APQB と垂直なので，磁束密度を $B = 3.0 \times 10^{-2}$ T とおくと，回路をつらぬく磁束 Φ [Wb] は次のように求まる。

$$\Phi = BS = 3.0 \times 10^{-2} \times 0.015 = \underline{4.5 \times 10^{-4} \text{ Wb}}$$

(2)　PQ 間の距離を $l = 0.10$ m，導体棒をすべらせる速さを $v = 0.20$ m/s とおくと，回路の面積は単位時間 (1 s) あたり lv 増加する。よって，回路をつらぬく磁束の時間による変化率は $d\Phi/dt = Blv$ となるので，回路に生じる誘導起電力の大きさ $|\phi_1|$ [V] は，

$$|\phi_1| = \left| -\frac{d\Phi}{dt} \right| = |-Blv| = Blv = 3.0 \times 10^{-2} \times 0.10 \times 0.20 = \underline{6.0 \times 10^{-4} \text{ V}}$$

1.3.4　交流電源を用いた電気回路

1.2.4 では，直流電源に抵抗器をつないだ電気回路について学んだ。ここではコイルをつないだ電気回路について学ぶが，コイルの場合は直流電源よりも，交流電源につないだ方が，その性質が顕著に表れる。そこで，交流電源とコイルを用いた電気回路について学ぼう。

● 相互誘導

図 1.49 のように，円筒形に複数回巻いたコイル (ソレノイド) を 2 つ用意して，電池とスイッチを接続した方をコイル 1，電圧計を接続した方をコイル 2 とする。スイッチを入れてコイル 1 に大きさ I_1 [A] の電流を流すと，コイル 1 をつらぬく向きに磁束密度 $\vec{B}$ の磁場が生じるが，この磁場はコイル 2 をつらぬくので，コイル 2 をつらぬく磁束 Φ_2 [Wb] が変化する。よって，コイル 2 に接続した電圧計は，誘導起電力 $\phi_2 = -d\Phi_2/dt$ [V] を測定するだろう。

また，例 1.17 で解いたように，コイル 1 をつらぬく磁束密度の大きさ B [T] はコイル 1 を流れる電流 I_1 に比例するので $(B = \mu_0 n I_1)$，磁束 Φ_2 と電流 I_1 も比例する。よって，誘導起電力 ϕ_2 は，M_{21} を比例定数として次のように書くことができる。

$$\phi_2 = -\frac{d\Phi_2}{dt} = -M_{21}\frac{dI_1}{dt}$$

このように，1 つのコイルを流れる電流の変化が，他のコイルに誘導起電力を生じさせる現象を**相互誘導**とよび，M_{21} を**相互インダクタンス**とよぶ。相互インダクタンスの単位は「H (ヘンリー)」，または「Wb/A」を用いる。

逆に，コイル 2 に電流 I_2 [A] を流した場合も，コイル 1 に生じる誘導起電力 ϕ_1 [V] は，

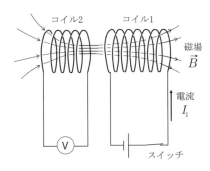

図 1.49　相互誘導

比例定数 M_{12} を用いて，$\phi_1 = -M_{12}(dI_2/dt)$ と書くことができる。このとき，$M_{12} = M_{21}$ が成り立っており，これを**相互インダクタンスの相反定理**とよぶ。

● 自己誘導

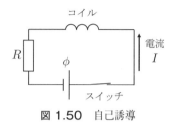

図 1.50 自己誘導

図 1.50 のように，コイル，電気抵抗 R [Ω] の抵抗器，電圧 ϕ [V] の電池，スイッチをつないだ電気回路を考えよう[58]。通常であれば，コイルは導線を巻いただけの装置なので，スイッチを入れれば電気回路を流れる電流は $I = \phi/R$ になる。ところが，コイルに電流が流れると，コイルをつらぬく向きに磁場が発生し，その磁束の変化を抑えるためにコイルには誘導起電力が生じる。このような現象を，**自己誘導**とよぶ。

コイルをつらぬく磁束を Φ [Wb] とおくと，自己誘導によりコイルに生じる誘導起電力は $\phi_i = -d\Phi/dt$ [V] より求まる。また，コイルをつらぬく磁束 Φ と，コイルを流れる電流 I [A] は比例関係にあるので $(\Phi = \mu_0 n I)$，自己誘導により生じる誘導起電力 ϕ_i は比例定数 L を用いて，次のように書ける。

$$\phi_i = -L\frac{dI}{dt}$$

ここで，比例定数 L のことを**自己インダクタンス**とよび，その単位は「H（ヘンリー）」，または「Wb/A」を用いる。よって，図 1.50 の電気回路で，抵抗器の両端に加わる電圧 ϕ_R は，$\phi_R = \phi - L(dI/dt)$ となる。また，自己誘導で生じる誘導起電力は，必ずもとの電流の変化を妨げる向きに生じるので，自己インダクタンス L は常に正 $(L > 0)$ である。

● 磁気エネルギー

図 1.50 の電気回路を再び考えよう。コイルに大きさ I [A] の電流が流れると，コイルには自己誘導により誘導起電力 $\phi_i = -L(dI/dt)$ が生じる。これは，電気量 q [C] の正の電荷がコイルを通過するためには，クーロン力に逆らう仕事 $-q\phi_i$ [J] が必要になることを意味する。例えば，時間 dt [s] の間に，大きさ I [A] の電流がコイルを通過したとすれば，電気量 q は $q = I\,dt$ と書けるので，この電気量の電荷がクーロン力に逆らってコイルを通過するのに必要な仕事 dW [J] は，

$$dW = -q\phi_i = -I\phi_i\,dt = -I \cdot \left(-L\frac{dI}{dt}\right) \cdot dt = LI\frac{dI}{dt}\,dt = LI\,dI$$

と書ける。よって，電流が流れていなかったコイルに大きさ I の電流が流れるまで，正の電荷が必要とする仕事 W [J] は，dW を電流について 0 から I まで積分すればよいので，

$$W = \int_0^I dW = \int_0^I LI'dI' = L\int_0^I I'dI' = L\left[\frac{I'^2}{2}\right]_0^I = \frac{LI^2}{2}$$

となる。結果として，大きさ I の電流を流すコイルは，この仕事 W をエネルギーとして蓄える。このエネルギー U [J] を，**磁気エネルギー**とよぶ。

---

58) 図 1.50 で，コイル（またはソレノイド）は電気回路の記号で以下のように表す。

コイル（ソレノイド）

公式 1.32 (磁気エネルギー) ───────────────────────

$$U = \frac{1}{2} L I^2$$

───────────────────────────────────

● **交流**

電池から流れる電流のように，その大きさと向きが時間に依存せずに一定の電流のことを**直流**という。その一方で，電源の電圧 ϕ [V] が正弦関数に従い，大きさと向きを絶えず交替しつづけるような電流を流すとき，この電流のことを**交流**とよび，そのような電流を流す電源のことを**交流電源**とよぶ。

例として，時間 t [s] に依存する電圧

$$\phi = \phi_0 \sin \omega t \tag{1.41}$$

の交流電源を用いた，電気回路について考えよう。式 (1.41) は $t = t + 2\pi/\omega$ を代入しても変わらないので，この電圧 ϕ は $T = 2\pi/\omega$ を周期として変動しているのがわかる。このとき，ω [rad/s] のことを**角周波数**とよび，次式で定義された f のことを**周波数**とよぶ。

$$f = \frac{1}{T} = \frac{\omega}{2\pi}$$

周波数の単位は「Hz (ヘルツ)」を用いる。また，式 (1.41) のサインの中の角度 (ωt) のことを，**位相**とよぶ。

交流電源から発せられる電圧や電流は振動するが，これらの強さを表すために**実効値**とよばれるものが用いられる。実効値とは，「電圧，または電流の 2 乗を，1 周期にわたって平均した値の平方根」のことである。例えば，交流電源の電圧 $\phi = \phi_0 \sin \omega t$ の実効値 ϕ_e [V] は，次のように計算できる[59]。

$$\phi_e = \sqrt{\langle \phi^2 \rangle} = \sqrt{\langle \phi_0^2 \sin^2 \omega t \rangle} = \phi_0 \sqrt{\langle \sin^2 \omega t \rangle}$$
$$= \phi_0 \sqrt{\left\langle \frac{1}{2}(1 - \cos 2\omega t \right\rangle} = \frac{\phi_0}{\sqrt{2}} \sqrt{\langle 1 - \cos 2\omega t \rangle}$$

ここで，$\cos 2\omega t$ の 1 周期にわたる平均は 0 なので，$\sqrt{\langle 1 - \cos 2\omega t \rangle} = \sqrt{\langle 1 \rangle} = 1$ より，交流電源の電圧の実効値は

$$\phi_e = \frac{\phi_0}{\sqrt{2}}$$

となる。また，この電圧 $\phi = \phi_0 \sin \omega t$ を加えられた電気回路に流れる電流が $I = I_0 \sin \omega t$ と書けるならば，この電流の実効値 I_e [A] も同様の計算により，次式より求められることがわかる。

$$I_e = \frac{I_0}{\sqrt{2}}$$

交流電源をもつ電気回路がコンデンサーやコイルに接続されているとき，電気回路に流れる電流 I [A] は一般に φ を定数として，

$$I = I_0 \sin (\omega t - \varphi) \tag{1.42}$$

に従う。このとき，$Z = \phi_0/I_0$ のことを**インピーダンス**とよび，単位は「Ω (オーム)」を

───────────────────

59) ⟨ ⟩ は，その物理量の 1 周期における平均であることを示す記号である。

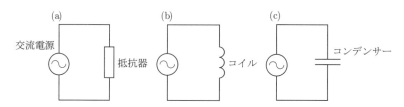

図 1.51 交流電源を用いた電気回路

用いる。また，φ は「電圧の位相に対して電流の位相がどれだけ遅れているか」を表す，**位相のずれ**とよばれる量である。最も簡単な例として，図 1.51(a) のように，式 (1.41) の電圧 $\phi(t)$ をもつ交流電源と，電気抵抗 R [Ω] の抵抗器をつないだ電気回路を考えよう[60]。この場合，抵抗器を流れる電流は

$$I(t) = \frac{\phi(t)}{R} = \frac{\phi_0 \sin \omega t}{R} \tag{1.43}$$

となり，これを式 (1.42) と比較すると $I_0 = \phi_0/R$，$\varphi = 0$ となるので，この電気回路のインピーダンスは $Z = \phi_0/I_0 = \phi_0/(\phi_0/R) = R$ となり，電圧に対する電流の位相のずれは 0 となる。

次に，図 1.51(b) のように，電圧 $\phi(t) = \phi_0 \sin \omega t$ の交流電源と，自己インダクタンス L [H] のコイルをつないだ電気回路を考えよう。電気回路を流れる電流を $I(t)$ とおくと，コイルには自己誘導により，電流を妨げる向きに $-L\, dI(t)/dt$ の誘導起電力が生じる。したがって，交流電源の電圧が $\phi(t) = L\, dI(t)/dt$ を満たさなければ，電気回路に電流は流れないので，

$$\phi(t) = \phi_0 \sin \omega t = L\frac{dI(t)}{dt} \quad \rightarrow \quad \frac{dI(t)}{dt} = \frac{\phi_0}{L}\sin \omega t$$

が成り立つ。ここで両辺を t について不定積分すると，

$$I(t) = -\frac{\phi_0}{\omega L}\cos \omega t + C \tag{1.44}$$

となる。この式で C は積分定数であるが，いま図 1.51(b) の電気回路は右回りと左回りで対称性をもつため，$C = 0$ でなければならない[61]。したがって，

$$I(t) = -\frac{\phi_0}{\omega L}\cos \omega t = \frac{\phi_0}{\omega L}\sin\left(\omega t - \frac{\pi}{2}\right) \tag{1.45}$$

となる。これを式 (1.42) と比較すると，$I_0 = \phi_0/(\omega L)$，$\varphi = \pi/2$ となるので，インピーダンスは $Z = \phi_0/I_0 = \omega L$ となり，電圧に対して電流の位相は $\pi/2$ 遅れている。

最後に，図 1.51(c) のように，電圧 $\phi(t) = \phi_0 \sin \omega t$ の交流電源と，極板間が真空で静電容量 C [F] のコンデンサーをつないだ電気回路を考えよう。いまは，コンデンサーの極板間に加わる電圧が時間とともに変化しているので，2 枚の極板に蓄えられる電気量も時間

---

[60] 図 1.51 で，交流電源は電気回路の記号で以下のように表す。

交流電源

[61] 図 1.51(b) の電気回路は交流電源にコイルを取り付けただけのものなので，右回りにも左回りにも同じ条件で電流が流れる対称性をもつ。しかし，もし式 (1.44) で積分定数 C が有限な値をもってしまうと，電気回路には右回りか左回りに過剰な電流が流れることになる。これは電気回路の対称性をやぶることになるので，C は 0 でなくてはならない。

とともに変化する。これらをそれぞれ，$+Q(t)$ [C]，$-Q(t)$ [C] としよう。極板に蓄えられる電荷が変化すれば，導線にはその変化に伴う電流 $I(t)$ が流れる。さらに，$Q(t) = C\phi(t)$ が成り立つので，$I(t)$ は次式のように計算できる。

$$I(t) = \frac{dQ(t)}{dt} = C\frac{d\phi(t)}{dt} = C\frac{d}{dt}(\phi_0 \sin \omega t)$$
$$= \omega C\phi_0 \cos \omega t = \omega C\phi_0 \sin\left(\omega t + \frac{\pi}{2}\right) \tag{1.46}$$

これを式 (1.42) と比較すると，$I_0 = \omega C\phi_0$，$\varphi = -\pi/2$ となるので，この電気回路のインピーダンスは $Z = \phi_0/I_0 = 1/(\omega C)$ となり，電圧に対して電流の位相は $\pi/2$ 進んでいる。

1.3.5 ファラデーの法則

1.3.4 では，コイルをつらぬく磁束が時間に依存するとき，コイルには誘導起電力が生じることを述べた。ここでは，この誘電起電力を求めるための式である「ファラデーの法則」を導出しよう。

図 1.52 のように，任意の形をした閉曲線状のコイルを，磁束密度 $\vec{B}$ の磁場がつらぬいている場合を考える。例えば，$\vec{B}$ が増加すればコイルをつらぬく磁束も増加するので，レンツの法則に従ってコイルには磁束の増加を抑えるように，右回りに電流が生じる。このとき，コイルに生じる電場 $\vec{E}$ のコイルに沿う成分を E_t とおく。1.1.5 で学んだように，ある位置 A を基準としたときの位置 P における電位 ϕ_P は，A から P に向かう経路に沿った電場 $-\vec{E}$ の線積分から求められたことを思い出そう（公式 1.8）。い

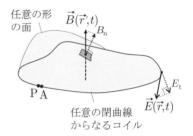

図 1.52 ファラデーの法則

まは閉曲線に沿って生じる電圧（誘導起電力）が知りたいので，閉曲線上の基準となる任意の位置 A に負の極，A と無限に近い位置 P に正の極ができたとする。このとき，コイルに生じる誘導起電力 ϕ_1 は，積分経路を A から左回りに P に到達する経路として，

$$\phi_1 = -\int_\mathrm{A}^\mathrm{P} E_\mathrm{t}(\vec{r}, t)\, ds \tag{1.47}$$

から求められる。

ところで，いま $\int_\mathrm{A}^\mathrm{P} ds$ はコイルを左回りに沿う経路であるが，電場 E_t はコイルを右回りに沿う成分である。このままだと式が見づらいので，$\int_\mathrm{A}^\mathrm{P} ds$ の積分経路を左回りから右回りに直そう。コイルを右回りに 1 周する線積分を $\int ds$ と書くことにすると，$\int ds = -\int_\mathrm{A}^\mathrm{P} ds$ より式 (1.47) は次のように書き直される。

$$\phi_1 = \int E_\mathrm{t}(\vec{r}, t)\, ds \tag{1.48}$$

また，誘導起電力 ϕ_1 は式 (1.40) からも求めることができるので，これを式 (1.48) の左辺に代入すると，

$$-\frac{d\Phi(t)}{dt} = \int E_\mathrm{t}(\vec{r}, t)\, ds \quad \rightarrow \quad \int E_\mathrm{t}(\vec{r}, t)\, ds = -\frac{d\Phi(t)}{dt} \tag{1.49}$$

となる。よって，式 (1.49) の右辺に磁束 Φ の定義式（公式 1.26）を代入すれば，次式を得ることができる。

公式 1.33（ファラデーの法則） ———————————————————

$$\int E_{\mathrm{t}}(\vec{r}, t)\ ds = -\frac{d}{dt}\left[\int B_{\mathrm{n}}(\vec{r}', t)\ dS\right]$$

ここで，B_{n} は閉曲線がつくる任意の形の面をつらぬく磁束密度 $\vec{B}$ の，面に垂直な成分である．また，$\vec{r}$ は閉曲線上の位置，$\vec{r}'$ は閉曲線がつくる面上の位置を示す．これは，閉曲線がつくる面をつらぬく磁場の時間変化が，閉曲線上に電場を生じさせることを説明する式であり，これを**ファラデーの法則**とよぶ．

1.3.6 マクスウェル方程式

マクスウェルはこれまで得られた電場と磁場の法則を，以下の 4 つの基本法則としてまとめた[62]．

- 電場に関するガウスの法則（公式 1.7）

$$\int E_{\mathrm{n}}(\vec{r}, t)\ dS = \frac{1}{\epsilon_0}\int \rho(\vec{r}', t)\ dV \tag{1.50}$$

- 磁場に関するガウスの法則（公式 1.27）

$$\int B_{\mathrm{n}}(\vec{r}, t)\ dS = 0 \tag{1.51}$$

- ファラデーの法則（公式 1.33）

$$\int E_{\mathrm{t}}(\vec{r}, t)\ ds = -\frac{d}{dt}\left[\int B_{\mathrm{n}}(\vec{r}', t)\ dS\right] \tag{1.52}$$

- アンペール-マクスウェルの法則（公式 1.30）

$$\int B_{\mathrm{t}}(\vec{r}, t)\ ds = \mu_0 \int\left[i_{\mathrm{n}}(\vec{r}', t) + \epsilon_0\frac{\partial E_{\mathrm{n}}(\vec{r}', t)}{\partial t}\right] dS \tag{1.53}$$

マクスウェルによってまとめられた以上の 4 つの基本法則のことをまとめて，**マクスウェル方程式**とよぶ．特に，式 (1.52) と式 (1.53) はそれぞれ，磁場が時間とともに変化するときに電場が生じ，電場が時間とともに変化するときに磁場が生じることを説明している．例えば，ある場所で電場を発生させたとしよう．このとき，式 (1.53) により，電場の変化による磁場が発生する．すると，式 (1.52) により，磁場の変化による電場が発生する．以降は電場と磁場の生成が交互に繰り返され，これが電磁波の起源となる．

1.3.7 電磁波と光

1861 年にマクスウェルは，マクスウェル方程式である 4 つの方程式（式 (1.50)–(1.53)）を電場 $\vec{E}$ と磁束密度 $\vec{B}$ を解とした方程式として，その式の形を導き出した[63]．このとき，

---

[62]　式 (1.50) と式 (1.51) で，電場と磁場がそれぞれ，位置 $\vec{r}$ と時間 t の関数 $E_{\mathrm{n}}(\vec{r}, t)$ と $B_{\mathrm{n}}(\vec{r}, t)$ に修正されていることに注意する．

[63]　式 (1.50)–(1.53) は**マクスウェル方程式の積分型**であり，実はそれぞれの式に対して物理的に同じ意味をもつ**マクスウェル方程式の微分型**とよばれる別の表し方がある．電磁波の波動方程式を導くためには，実は微分型の方を計算する必要がある（ウェブコンテンツを参照）．

考えている空間は電荷や磁気をもつ物体などは存在しない真空であるとして，式 (1.50) の右辺の電荷密度は $\rho = 0$，式 (1.53) の右辺の電流密度も $i_n = 0$ として計算した。

マクスウェルは，電場と磁場が以下の 2 つの方程式を満たすことを導いた。

$$\frac{\partial^2 E_x(z,t)}{\partial t^2} = c^2 \frac{\partial^2 E_x(z,t)}{\partial z^2} \tag{1.54}$$

$$\frac{\partial^2 B_y(z,t)}{\partial t^2} = c^2 \frac{\partial^2 B_y(z,t)}{\partial z^2} \tag{1.55}$$

式 (1.54) と式 (1.55) はそれぞれ，電場の x 成分 E_x と磁束密度の y 成分 B_y を変位とした波動方程式である[64]。すなわち，電場の x 成分 E_x と，磁場（磁束密度）の y 成分 B_y の特殊解は正弦波となり，たがいに直角に振動しながら横波として z 軸方向に進む。

マクスウェル方程式の解として得られた電場と磁場の時間変化をグラフにすると，図 1.53 のようになる。これは，電場の時間変化が磁場を，磁場の時間変化が電場を繰り返し生成することで生じる，電場と磁場がつくる正弦波であり，これを**電磁波**とよぶ。さらに，式 (1.54) と式 (1.55) が波動方程式ならば，c [m/s] は電磁波が真空中を進む速度となる。この c は，次式のように定義される。

$$c = \frac{1}{\sqrt{\epsilon_0 \mu_0}} \tag{1.56}$$

ここで，$\epsilon_0 = 8.854 \times 10^{-12}$ C^2/(N·m^2) は真空の誘電率，$\mu_0 = 4\pi \times 10^{-7}$ N/A^2 は真空の透磁率なので，これらの値を式 (1.56) に代入すれば，c は次のような値になる。

$$c = 2.9979 \times 10^8 \text{ m/s}$$

これは，真空中を進む電磁波の速度である[65]。

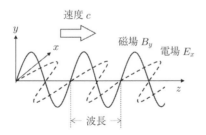

図 1.53 真空中を進む電磁波

---

64) z 軸方向に進む波の波動方程式は，位置 z，時刻 t における波の変位を $F(z,t)$ と表すと，次式のようになる。

$$\frac{\partial^2 F(z,t)}{\partial t^2} = v^2 \frac{\partial^2 F(z,t)}{\partial z^2}$$

この特殊解は正弦波となり，A は波の振幅，v は z 軸方向を進む波の速度となる。波動方程式については，3.1.3 で詳しく述べる。

65) 空気の屈折率は真空の屈折率に極めて近くほぼ 1 なので，真空中の電磁波の速度は空気中の電磁波の速度とみなしても，ほぼ差し支えない。

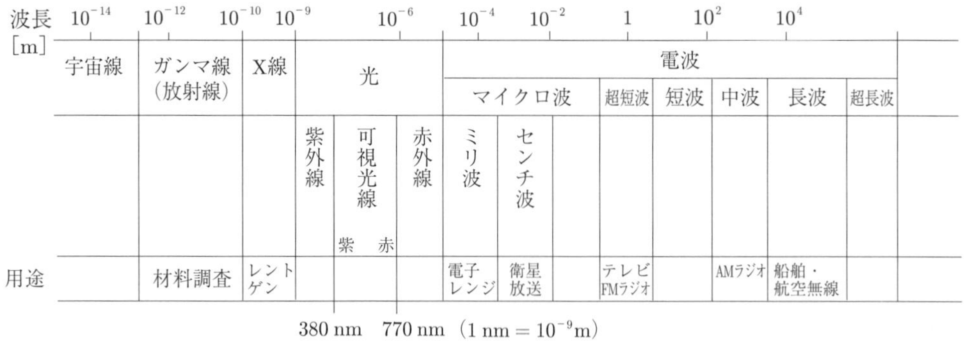

波長 [m] 10^{-14} 10^{-12} 10^{-10} 10^{-9} 10^{-6} 10^{-4} 10^{-2} 1 10^{2} 10^{4}

宇宙線	ガンマ線(放射線)	X線	光			電波						
						マイクロ波		超短波	短波	中波	長波	超長波
			紫外線	可視光線 紫　赤	赤外線	ミリ波	センチ波					
用途	材料調査	レントゲン				電子レンジ	衛星放送	テレビFMラジオ		AMラジオ	船舶・航空無線	

380 nm　770 nm　（1 nm ＝ 10^{-9}m）

図 1.54　いろいろな電磁波の呼び方

マクスウェルは真空中を伝わる電磁波の速度 c を理論的に導いた後で，この速度が空気中を伝わる光の速度と一致することに気づいた。光の速度は 1849 年に，アルマン・フィゾー(Fizeau, A., 1819–1896)の実験ですでに測定されていた[66]。このことから，マクスウェルは光が電磁波であると結論づけたのである。したがって，真空中における電磁波の速度 c は，**光速**ともよばれる。現在では，スマートフォンやテレビなどで使われている電波や，太陽から降りそそぐ紫外線，ストーブやコタツで使われる赤外線，レントゲンで使われる X 線なども，電磁波であることがわかっている。ただし，図 1.54 で示されているように，これらの名称の違いは電磁波の波長の違いによるものである。特に，電磁波の中でも波長が 380 〜 770 nm のものは色として視認することができ，この波長領域にある電磁波のことを**光**，または**可視光線**とよぶ。

---

66)　フィゾーは回転する滑車の歯と歯の間に光を通し，離れた位置にある鏡に反射して戻ってきた光が最初に通った隙間の隣の歯に遮られる装置を作製した。これにより，滑車と鏡との間の距離や，滑車の回転数と歯の数から，光の速度を逆算することができる。

1.1 電荷が線密度(単位長さ 1 m あたりの電気量)λ [C/m] で一様に分布した,無限に長いまっすぐな導線がある。導線から距離 r [m] 離れた位置に点 P があるとき,以下の問いに答えよ。ただし,真空の誘電率を ϵ_0 [C^2/(N·m^2)] とする。

(1) P に生じる電場の大きさを求めよ。

(2) 導線から距離 1 m 離れた位置を基準とした,P における電位を求めよ。

1.2 図のように,ともに面積 1.0×10^{-2} m^2 の 2 枚の極板からなる平行板コンデンサーが,電圧 10 V の直流電源とスイッチにつながった回路を考える。はじめ,2 枚の極板間隔は 1.0×10^{-4} m であり,スイッチを閉じてから十分な時間が経過した。極板間は真空であり,真空の誘電率を 8.9×10^{-12} C^2/(N·m^2) として,以下の問いに答えよ。

(1) コンデンサーの静電容量を求めよ。

(2) コンデンサーの一方の極板に蓄えられた電気量の大きさを求めよ。

次に,右図のようにスイッチを開いてからコンデンサーの極板間隔をもとの 2 倍(2.0×10^{-4} m)に広げた。極板間隔を広げる際に電荷は逃げないものとして,以下の問いに答えよ。

(3) コンデンサーの一方の極板に蓄えられた電気量の大きさを求めよ。

(4) コンデンサーの極板間に生じる電圧の大きさを求めよ。

1.3 距離 4.0×10^{-2} m 離れた,たがいに平行な 2 本の十分に長いまっすぐな導線 1 と 2 がある。導線 1 には大きさ 2.0 A,導線 2 には大きさ 3.0 A の電流が,どちらも上向きに流れている場合を考える。円周率を π,真空の透磁率を $4\pi \times 10^{-7}$ N/A^2 として,以下の問いに答えよ。

(1) 導線 1 に流れる電流が,導線 2 の任意の位置に生じさせる磁場の磁束密度の大きさを求めよ。

(2) 導線 1 と導線 2 の間に働く,単位長さあたりの力の大きさを求めよ。

(3) 導線 1 と導線 2 の間に働く力は,引力か反発力のどちらか。

1.4 図のように,導線を一様に 100 回巻いた,長さ 0.20 m の円筒形のコイルがある。このコイルに,図の矢印の向きに大きさ 1.0 A の電流を流した。真空の透磁率を $4\pi \times 10^{-7}$ N/A^2,円周率を $\pi = 3.1$ とする。このとき,コイル内に生じる磁場の磁束密度の大きさと,その向きを答えよ。

0.20 m

電流 1.0 A

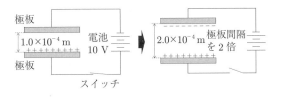

極板

1.0×10^{-4} m

電池 10 V

2.0×10^{-4} m

極板間隔を 2 倍

極板

スイッチ

2

熱学・熱力学

　私たちが日常生活で経験する熱現象の多くは，物質を構成する原子や分子の運動により起こる。物体を触ったときに熱を感じるのは，物体の中の原子や分子の振動による衝突を指が受けるためである。また，氷が熱で融けるのは水分子の運動によるものであり，気圧の上がり下がりも気体分子の運動が原因で起こる。このように，熱現象とは原子や分子のような微粒子が集団運動を行うために起こる現象であり，これを理解するためには微粒子1つ1つに対して運動方程式を立てる必要がある。しかし，微粒子の数はあまりにも膨大で，これは現実的でない。そこで，微粒子の個々の運動には目をつぶり，その集団運動を可能な限り簡単化することで，熱現象を理解しようとする学問が生まれた。これを，**熱力学**，または**熱学**とよぶ。本章では，熱力学の基礎を学び，日常で目にする熱現象がどのように起こるのかを理解しよう。

2.1　温度と熱

　物質を構成する原子や分子は，絶えず不規則に運動している。気体や液体の中で，原子や分子はその1つ1つが自由に動き回っており，静止している固体の中でも，原子や分子は束縛された領域の中で振動する。固体における原子や分子の振動のことを**熱振動**とよび，固体に限らず物質中を動き回る原子や分子の運動のことを**熱運動**とよぶ。物質の温度が高いとは，その物質を構成する原子や分子の熱運動が激しいことを意味しており，物体を触ったときに感じる「熱」とは，熱運動する原子や分子が私たちの指に衝突したときに指が受ける運動エネルギーそのものである。本節では，熱現象を記述するうえで欠かせない，温度や比熱などの物理量について学ぼう。

2.1.1　温度の種類

　温度とは，物質の熱さ，冷たさの度合いを表す物理量である。温度には大きく分けて，**経験温度**と**絶対温度**とよばれる2種類が存在する。

●経験温度

　経験温度とは，ある物質の状態変化や熱さを基準として定められた温度のことである。特に，経験温度には**セルシウス温度（セ氏温度）**，**ファーレンハイト温度（華氏温度）**とよばれる代表的な2つの温度が存在するが，日本でよく使用する温度は「セルシウス温度」である。セルシウス温度は，アンデルス・セルシウス（Celsius, A., 1701–1744）が考案した温度計をもとに定義された温度であり，その単位は「℃（度シー）」を用いる。セルシウス温度は，1気圧下で水が水蒸気になる温度（**沸点**とよぶ）を 100 ℃，水が氷になる温度（**融点**と

よぶ)を 0 °C と定義しており，水の状態変化を基準に設定されている[1]。

一方で，ファーレンハイト温度は，ガブリエル・ファーレンハイト(Fahrenheit, G., 1686–1736)が考案した温度であり，その単位は「°F(度エフ)」を用いる。ファーレンハイト温度は，人間(または血液)の平均の体温を 100 °F，寒剤(氷と食塩の混合物)の温度を 0 °F と定義しており，イギリスやアメリカの一部の地域では日常的に使用されている。

● 絶対温度

経験温度が特定の物質を基準に定義したものであるのに対して，絶対温度とは「物質に関係なくこの世で最も低い温度を 0 と定義した温度」のことである。絶対温度の単位は「K(ケルビン)」を用いるので，絶対温度の定義によれば，世の中で最も低い温度は「0 K」となる。

例えば，気体の温度について考えると，私たちが日ごろ熱を感じるのは，気体分子が私たちの体にどれだけ激しく衝突するかによる。図 2.1(a) のように気体分子の数が多く，その運動が激しければ，私たちは気体分子からたくさんの衝突を受けて大きな運動エネルギーを受け取るので，その分の熱さを感じる。一方で，図 2.1(b) のように気体分子の数が少なく，その運動がゆるやかならば，私たちが気体分子から受け取る運動エネルギーは小さいので，熱さを感じなくなる(寒さを感じる)。すなわち，気体分子が静止しているかまったく存在しない空間(または，人間の体を構成する分子を振動させるような電磁波が存在しない空間)であれば，私たちに熱を与えるものがないので，このような空間で感じる温度こそが，この世で最も低い温度「0 K」である。

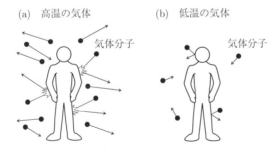

図 2.1 高温の気体と低温の気体

液体や固体の場合は，物質中のすべての原子や分子が熱運動(熱振動)しなければ，その物質の温度は「0 K」となる。世の中で最も低い温度「0 K」のことを，**絶対零度**とよぶ。絶対零度(0 K)はセルシウス温度で表すと，−273.15 °C となることがわかっている。したがって，セルシウス温度 t [°C] と絶対温度 T [K] の関係は，以下の式で与えられる。

公式 2.1（絶対温度とセルシウス温度の換算式） ─────────

$$T \, [\text{K}] = t \, [°\text{C}] + 273.15$$

─────────────────────────────────

一方で，ファーレンハイト温度 t' [°F] とセルシウス温度 t [°C] の関係は，次式で与えら

---

1) 2.2.1 で説明するように，1 気圧とは国際度量衡総会(CGPM)によって海水面(パリと同緯度の平均海水面)で平均的に観測される気圧として定義されたものであり，1 気圧 = 101325 Pa である。現在では，国際的にこの値が，地球上における平均的な大気圧として使用されている。

れる。

$$t'\,[^\circ\mathrm{F}] = \frac{9}{5}t\,[^\circ\mathrm{C}] + 32$$

この式から，セルシウス温度の $0\,^\circ\mathrm{C}$ と $100\,^\circ\mathrm{C}$ はそれぞれ，ファーレンハイト温度では

$$0\,^\circ\mathrm{C} = 32\,^\circ\mathrm{F}, \quad 100\,^\circ\mathrm{C} = 212\,^\circ\mathrm{F}$$

となることがわかる。しかし，日本においてはセルシウス温度を日常的に使用するので，ここでは公式 2.1 のみを覚えておけば十分であろう。

2.1.2　熱力学の第 0 法則

　図 2.2(a) のように，高温の物体と低温の物体を接触させると，高温の物体の温度は下がり，低温の物体の温度は上がる。そして，図 2.2(b) のように，やがて 2 つの物体の温度は同じになる。これは，接触面を通じて高温の物体から低温の物体に向かって，熱運動による原子と分子の運動エネルギーが移動したためである。このときのエネルギーの流れを**熱**とよび，移動した熱の量を**熱量**，または**熱エネルギー**とよぶ。図 2.2(a) のように，2 つの物体がたがいに仕事をせず，両者の間で熱エネルギーの移動が起こるとき，2 つの物体は**熱接触**しているという。また，図 2.2(b) のように，熱接触している 2 つの物体の温度が同じになることを，**熱平衡**とよぶ。このように，熱接触している 2 つの物体間に温度差があると熱エネルギーの移動が起こり，温度差がなくなって熱エネルギーの移動が起こらなくなると，2 つの物体は熱平衡に達する。

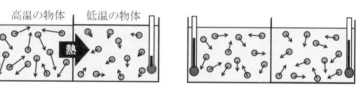

(a)　熱接触させた 2 つの物体　　　　　　(b)　熱平衡に達した 2 つの物体

図 2.2　熱接触と熱平衡

　熱平衡の過程をわかりやすく説明するために，図 2.3 のように，高温の熱湯と低温の冷水を壁を介して熱接触させた場合を考えよう。はじめ，図 2.3(a) のように，高温の熱湯の中で水分子は激しく運動しており，低温の冷水の中で水分子はゆるやかに運動している。熱接触させてから時間が経過するにつれて，熱湯の中を激しく動き回る水分子が，壁を構成する分子に衝突して運動エネルギーを与える。さらに，運動エネルギーを得た壁を構成する分子は，これまでよりも激しく熱振動するため，図 2.3(b) のように冷水の中をゆるや

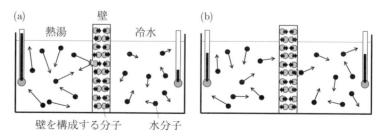

図 2.3　熱湯と冷水の間の熱平衡

かに動き回る水分子に衝突し，運動エネルギーを与えるのである。このように，運動エネルギーが熱湯から壁を通して次々に冷水へと移動していき，やがて 2 つの水槽の水分子の運動エネルギーが同等になると，図 2.3(b) のように，両者の温度は一致して，運動エネルギーの移動が止まる。この状態が熱平衡である。

熱平衡を法則として表したものが，次の**熱力学の第 0 法則**（**熱平衡の法則**）である。

定理 2.1（**熱力学の第 0 法則**）　図 2.4 のように，3 つの物質 A，B，C を考えたとき，A と B が熱平衡にあり，B と C が熱平衡にあるならば，A と C も熱平衡にある。

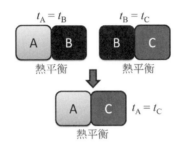

図 2.4　熱力学の第 0 法則

これは実験から得られる経験則である。そもそも温度とは，2 つの物質が熱平衡であればたがいに等しくなる量として定義されているが，物質 A，B，C がまったく異なる原子や分子から構成されていて，たがいの大きさ，形，質量も異なる場合に，これらの物質の状態を温度という 1 つの物理量で表せるかどうかは保証されていない。すなわち，A と B が熱平衡であれば，A の温度 t_A [°C] と B の温度 t_B [°C] はたがいに等しいだろうと仮定したときに，B と C が熱平衡ならば，B の温度 t_B と C の温度 t_C [°C] もたがいに等しいので，$t_A = t_B = t_C$ が自然に成り立つことになる。

しかし，t_A，t_B，t_C がそもそも各物質の状態を表す物理量として適切なのかどうかさえわからないので，A と B，B と C がそれぞれ熱平衡であったからといって，すべての物質の状態が温度で定義できるかはわからないのである。しかし，A と C が熱平衡ならば，仮定に基づけば $t_A = t_C$ が成り立つので，$t_A = t_B = t_C$ が保証される。このように，熱力学の第 0 法則は温度が熱平衡で等しくなる物理量であることを保証しており，私たちが日ごろ物質の温度を測定できるのは，熱力学の第 0 法則があるおかげだといえる。

● 熱量の単位

すでに述べたように，熱量（熱エネルギー）とは物質内を熱運動する原子や分子の運動エネルギーそのものである。したがって，熱量の単位はエネルギーや仕事の単位と同じく，「J（ジュール）」を用いる。また，熱量の単位として，「cal（カロリー）」もよく用いられる。1 cal とは「1 気圧下で 1 g の水の温度を 14.5 °C から 15.5 °C に 1°C だけ上昇させるのに必要な熱量」のことであり，これを J（ジュール）で表すと次のようになる。

$$1 \text{ cal} = 4.18605 \text{ J}$$

これは，1 cal の熱量に相当する仕事の大きさが 4.18605 J であることを示しており，これを**熱の仕事当量**とよぶ。熱の仕事当量は J という文字を使って表される場合が多く，その

単位は「J/cal」を用いる。

$$J = 4.18605 \text{ J/cal}$$

2.1.3 比熱と熱容量

1 g の物質の温度を 1 K（1 °C）上げるのに必要な熱量を**比熱**とよび，その単位は「J/(g·K)」を用いる。比熱が大きいほどその物質 1 g を熱するのにたくさんの熱量を必要とするので，比熱とはその物質の熱しにくさ（冷めにくさ）を示す量である。表 2.1 に，いろいろな物質の比熱を示す。一般に，液体の比熱は固体に比べて大きい傾向がある。例えば，25°C での水の比熱 4.15 J/(g·K) は，25°C での鉄の比熱 0.438 J/(g·K) に比べて大きいので，水は鉄に比べて熱しにくい（冷めにくい）といえる。

表 2.1　いろいろな物質の比熱

物質	温度 [°C]	比熱 [J/(g·K)]
アルミニウム	25	0.901
金	25	0.129
銀	25	0.236
銅	25	0.386
鉄	25	0.438
ガラス	10〜50	〜0.7
水	25	4.15
エチルアルコール	25	2.41
空気	80	1.010（定圧）

また，気体の比熱についてはやや複雑である。物質に加える圧力を一定に保ったまま測定した比熱のことを**定圧比熱**，物質の体積を一定に保ったまま測定した比熱のことを**定積比熱**とよぶが，一般に気体の定圧比熱と定積比熱は顕著に異なる値をもつ。一方で，液体や固体の定圧比熱と定積比熱はほぼ等しいので，これらを区別することはほとんどない。また，気体の場合は比熱よりも，後で述べるように「モル比熱」とよばれる別の比熱がよく使用される。

ここではまず，比熱の式を導いてみよう。質量 m [g] で比熱 c [J/(g·K)] の物質の温度を ΔT [K(°C)] 上げようとすると，このとき必要となる熱量 ΔQ [J] は，次式から求められる。

$$\Delta Q = mc\Delta T$$

この式を変形すれば，比熱 c が次式より求まることがわかる。

公式 2.2（比熱）

$$c = \frac{1}{m}\left(\frac{\Delta Q}{\Delta T}\right)$$

次に，「モル比熱」とよばれる別の定義の比熱について説明する。まずは，「モル」が何なのかを説明しておこう。世の中の物質を構成する原子や分子はその数が膨大過ぎるために，そのまま計算しようとすると凄まじいケタ数を扱うことになる。例えば，1 辺の長さ

が 1 cm の金属の立方体の中には，原子の数が約 10^{23} 個も含まれている。そこで，ビール瓶 12 本を 1 ダースとよぶのと同様に，6.022×10^{23} 個の原子や分子の個数を「1 mol(モル)」と表す手法が考案された。

$$1 \text{ mol} = 6.022 \times 10^{23} \text{ 個}$$

この個数は，炭素 12 g に含まれる炭素原子の数であり，気体分子の研究で功績があったアメデオ・アボガドロ(Avogadro, A., 1776–1856)の名をとって，**アボガドロ数**とよばれている。アボガドロ数を用いて，原子や分子の個数を「mol(モル)」の単位で表した量のことを，**物質量**とよぶ[2]。

本題に戻ると，「1 g の物質」の温度を 1 K($^\circ$C)上昇させるのに必要な熱量を比熱とよぶのに対して，「原子や分子の個数が 1 mol (6.02×10^{23} 個)の物質」の温度を 1 K($^\circ$C)上昇させるのに必要な熱量を**モル比熱**(モル熱容量)とよび，その単位は「J/(mol·K)」を用いる。ここで，モル比熱を導出する式も導いておこう。n [mol] の物質の温度を ΔT [K($^\circ$C)]上昇させるのに必要な熱量 ΔQ [J] は，気体のモル比熱が c_m [J/(mol·K)] であるならば，

$$\Delta Q = n c_\mathrm{m} \Delta T$$

より求まる。この式から，モル比熱 c_m は次式より求められる。

公式 2.3（モル比熱）

$$c_\mathrm{m} = \frac{1}{n} \left(\frac{\Delta Q}{\Delta T} \right)$$

気体の量を表す場合は，g（グラム）よりも mol（モル）で扱う方が計算しやすいので，気体に対してはモル比熱を使うことが多い。ただし，気体の場合は定圧比熱と定積比熱が顕著に異なるので，同じ事情がモル比熱に対しても起こる。物質に加える圧力を一定に保ったまま測定したモル比熱のことを**定圧モル比熱**（定圧モル熱容量），物質の体積を一定に保ったまま測定したモル比熱のことを**定積モル比熱**（定積モル熱容量）とよび，これらのモル比熱は気体に対して異なる値をもつ。

例 2.1 質量 1.50×10^4 g のアルミニウムの温度を，30.0 $^\circ$C から 70.0 $^\circ$C に上げる場合を考える。アルミニウムの比熱を $c = 0.900$ J/(g·K) $= 0.215$ cal/(g·K) として，このとき必要な熱量を J（ジュール）の単位で求めよ。

[解] 上昇したアルミニウムの温度 ΔT [K($^\circ$C)] は

$$\Delta T = 70.0^\circ\text{C} - 30.0^\circ\text{C} = 40.0 \text{ K}(^\circ\text{C})$$

である。また，アルミニウムの質量を $m = 1.50 \times 10^4$ g とおくと，比熱 $c = 0.900$ J/(g·K) を用いて，温度を上げるのに必要な熱量 ΔQ は，J（ジュール）の単位で次のように求まる。

$$\Delta Q = mc\Delta T = 1.50 \times 10^4 \times 0.900 \times 40.0 = \underline{5.40 \times 10^5 \text{ J}}$$

---

2) 質量数が 12 の炭素原子 1 mol(6.022×10^{23} 個)の質量を 12 として，ある原子が 1 mol 集まったときの質量の和のことを**原子量**とよぶ。例えば，水素原子 1 mol の原子量は 1，酸素原子 1 mol の原子量は 6 となる。同様に，分子の質量を，その分子を構成するすべての原子の原子量の和として表したものを**分子量**とよぶ。原子量と分子量はともに，単位がないことに注意する。

　また，物質の質量に関係なく，その物質の温度を 1 K(°C) 上昇させるのに必要な熱量の
ことを，**熱容量**とよぶ。熱容量の単位は「J/K」を用いる。したがって，質量 m [g]，比熱
c [J/(g·K)] の物質があるとき，この物質の熱容量 C [J/K] は次式から求められる。

公式 2.4（熱容量）

$$C = mc$$

　熱容量の定義に基づけば，熱容量 C [J/K] の物質の温度を ΔT [K(°C)] 上昇させるのに
必要な熱量 ΔQ [J] は，

$$\Delta Q = C\Delta T$$

より求まるので，熱容量 C は次式からも求められる。

$$C = \frac{\Delta Q}{\Delta T}$$

また，公式 2.4 より，熱容量 C は比熱 c に比例するので，熱容量も比熱と同様に，その物
質の熱しにくさ（冷めにくさ）の度合いを表す。

例 2.2　ある金属に 1200 J の熱を加えたところ，金属の温度が 7.50 °C だけ上昇した。このと
き，以下の問いに答えよ。
　(1)　この金属の熱容量を求めよ。
　(2)　金属の質量が 200 g であったとき，金属の比熱 c を求めよ。

　[解]　(1)　金属に加えた熱量を $\Delta Q = 1200$ J，上昇した温度を $\Delta T = 7.50$ °C とおくと，金
属の熱容量 C [J/K] は次のように求まる。

$$C = \frac{\Delta Q}{\Delta T} = \frac{1200}{7.50} = \underline{160 \text{ J/K}}$$

　(2)　金属の質量を $m = 200$ [g] とおく。(1) の結果から，金属の熱容量は $C = 160$ J/K なの
で，金属の比熱 c [J/(g·K)] と熱容量 C の関係式 $C = mc$ から，c は次のように求まる。

$$c = \frac{C}{m} = \frac{160}{200} = \underline{0.800 \text{ J/(g·K)}}$$

● **熱量の保存則**

　高温の物体 A と低温の物体 B を熱接触させると，高温側から低温側へと熱量（熱エネル
ギー）が移動することはすでに述べた。すなわち，A と B のみが存在する空間と外部との
間で熱の移動がなければ，熱量の受け渡しは A と B の間でのみ行われるので，

　　　　　（高温の物体が失った熱量）＝（低温の物体が受け取った熱量）

という関係が成り立つ。これを，**熱量の保存則**とよぶ。この関係は，熱の受け渡しをする
物体が 2 体以上の場合でも成立し，孤立した空間の中で熱エネルギーの和が保存すること
を示している。

例 2.3　100 °C に熱した 400 g の鉄製の容器に，15.0 °C の水 100 g を入れた。鉄の比熱を
0.440 J/(g·K)，水の比熱を 4.20 J/(g·K) として，以下の問いに答えよ。
　(1)　熱平衡になったときの水の温度を求めよ。
　(2)　容器から水に移った熱量を求めよ。

[解]　(1)　熱平衡になった水と鉄製の容器の温度が t [℃] であったとすると，容器の温度の変化量は $\Delta T = 100 - t$ [℃] と書くことができる。これより，容器の質量を $m = 400$ g，鉄の比熱を $c = 0.440$ J/(g·K) とおくと，容器が失った熱量 ΔQ [J] は次式のようになる。

$$\Delta Q = mc\Delta T = 400 \times 0.440 \times (100 - t) = 176(100 - t)\ [\text{J}]$$

また，水の温度の変化量は $\Delta T' = t - 15.0$ [℃] と書くことができるので，水の質量を $m' = 100$ g，水の比熱を $c' = 4.20$ J/(g·K) とおくと，水が得た熱量 $\Delta Q'$ [J] は次式のようになる。

$$\Delta Q' = m'c'\Delta T' = 100 \times 4.20 \times (t - 15.0) = 420(t - 15.0)\ [\text{J}]$$

ここで，熱量の保存則により $\Delta Q = \Delta Q'$ が成り立つので，熱平衡になったときの水の温度 t [℃] は次のように求まる。

$$176(100 - t) = 420(t - 15.0) \rightarrow \quad 596t = 23900 \rightarrow \quad t \fallingdotseq \underline{40.1\ ^\circ\text{C}}$$

(2)　容器から水に移った熱量は，水が得た熱量 $\Delta Q'$ [J] である。(1) の結果から $t = 40.1\ ^\circ$C なので，これを $\Delta Q' = 420(t - 15.0)$ に代入すればよい。よって，容器から水に移った熱量は，次のように求まる。

$$\Delta Q' = 420(40.1 - 15.0) = 420 \times 25.1 \fallingdotseq \underline{1.05 \times 10^4\ \text{J}}$$

2.1.4　物質の三態

　物質には固体，液体，気体という 3 つの状態があり，これを物質の**三態**，または物質の**三相**とよぶ。固体，液体，気体はそれぞれ，**固相**，**液相**，**気相**ともよばれるが，各相を構成する原子や分子の運動状態を図 2.5 に示す。

　固体(固相)は原子や分子が密に詰まった状態であり，これらはある定まった位置を中心に熱振動している。液体(液相)も原子や分子が密に詰まった状態であるが，固体と違ってこれらは定まった位置にとどまることなく，自由に動き回る。ただし，原子や分子のそれぞれの間の距離は，ほとんど変化することができない。気体(気相)は原子や分子が密でなく好きな方向に飛び回っている状態であり，それぞれの間の距離は固体や液体の場合に比べて十分に大きい。したがって，熱運動は固体 → 液体 → 気体の順に激しくなるため，温度の増加とともに物質は固体 → 液体 → 気体へと状態を変化させるのである。

　ここで，固体，液体，気体の間で状態が変わることを，物質の**状態変化**とよぶ。中でも，固体から液体への状態変化を**融解**，液体から固体への状態変化を**凝固(固化)**とよぶ。また，液体から気体への状態変化を**気化**[3]，気体から液体への状態変化を**凝縮(液化)**とよぶ。さ

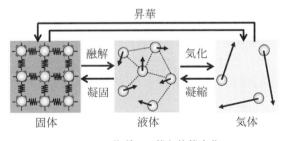

図 2.5　物質の三態と状態変化

---

　3)　気化には，**蒸発**と**沸騰**の 2 種類がある。蒸発とは，液体の表面の原子や分子がエネルギーを得て気化することであり，これは沸点よりも低い温度で起こる。一方，沸騰とは液体を加熱したときに，液体内部の蒸気圧が液体の表面に加わる圧力よりも大きくなったときに，液体内部から気化が起こる現象であり，これは沸点で起こる。

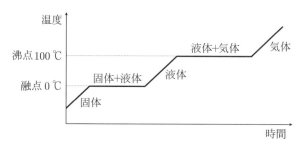

図 2.6 水の状態変化における時間と温度の関係

らに，物質によっては液体を介さずに，固体が直接気体に，気体が直接固体になる状態変化もあるが，これらはいずれも**昇華**とよぶ[4)]。また，気化した液体や固体のことを**蒸気**(水の場合は水蒸気)とよび，蒸気がもたらす圧力のことを**蒸気圧**とよぶ。物質によって蒸気圧の大きさには上限があり，これを**飽和蒸気圧**とよぶ。

例えば，水を低い温度から高い温度へと時間をかけて熱すると，氷(固体)→ 水(液体)→ 水蒸気(気体)へと状態変化が起こる。図 2.6 は，このときの時間と温度の関係を示している。固体から液体へと融解が起こる過程で，水の温度は 0°C で一定に保たれる。この温度を水の**融点**とよび，1 kg の物質を融解するのに必要な熱量のことを**融解熱**とよぶ。また，液体から気体へと気化が起こる過程で，今度は水の温度が 100°C で一定となる。この温度を水の**沸点**とよび，物質 1 kg を気化するのに必要な熱量のことを**気化熱**とよぶ。融解熱や気化熱のように，状態変化に伴う熱のことは**潜熱**とよばれる。

2.1.5 熱の伝達

2.1.2 で述べたように，熱接触させた 2 つの物質の間に温度差があるときは，熱平衡に達するまで高温側から低温側へと熱の移動が起こる。熱の移動には，「熱伝導」，「対流」，「熱放射(熱輻射)」とよばれる 3 種類の方法がある。以下で，これらを順に説明しよう。

● 熱伝導

図 2.7 熱伝導率

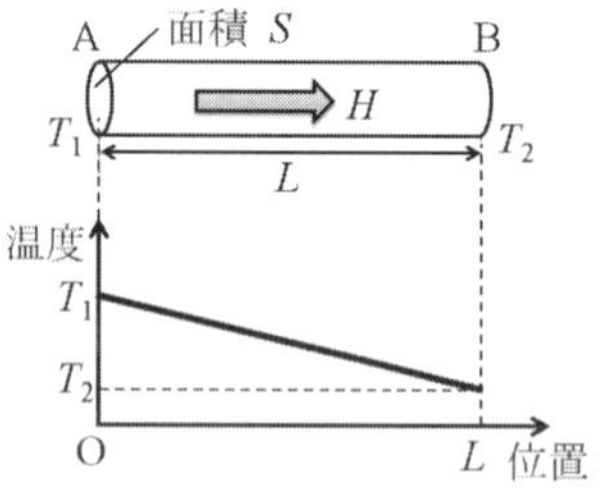

物質を構成する原子や分子は絶対零度(0 K)でない限り，常に熱運動(熱振動)を行っている。固体の場合は，物体の高温部分における原子や分子の熱振動が激しくなっており，この振動が物体の低温部分に伝わることで，熱が物体の全体へと広がる。このような熱の伝わり方を**熱伝導**とよぶ。1 個の固体内部での熱の広がりや，温度の異なる固体を熱接触させた場合に起こる熱の移動は，いずれも熱伝導である。

図 2.7 のように，断面積が S [m^2]，長さが L [m] の一様な棒 AB を用意して，一端 A の絶対温度を T_1 [K]，他端 B の絶対温度を T_2 [K] とした場合を考えよう。A の温度が B の温度に比べて高い($T_1 > T_2$)とすると，A から B に向かって熱の移動が起こるが，このとき A から B に向かって単位時間(1 s)あたりに移動する熱量を H [W(=J/s)] とおくと，H は棒の断面積 S と，棒の長さに対する温度の傾き $(T_1 - T_2)/L$ に比例する。すなわち，H は k を比例定数として，

4) 常温で昇華する物質としては，冷やすとドライアイスになる二酸化炭素や，防虫剤などで使用されているナフタレンなどがあげられる。

$$H = kS\frac{T_1 - T_2}{L}$$

と表すことができる。この比例定数 k のことを**熱伝導率**とよび，単位は「W/(m·K)」を用いる。k が大きければ，棒の両端の温度差が小さくても，単位時間でたくさんの熱量を移動させることができるので，熱伝導率とはその物質における熱の伝わりやすさを示した量である。表 2.2 に，いろいろな物質の熱伝導率を示す。空気は熱伝導率が低いため，熱を通しにくい性質をもつ。衣服を着ると体が暖かく感じるのは，布地の中に捕えられた空気が体から熱を外に逃がさない断熱材の役割を果たすからである。

表 2.2 いろいろな物質の熱伝導率

物質	温度 [°C]	熱伝導率 [W/(m·K)]
アルミニウム	0	236
金	0	319
銀	0	428
銅	0	403
鉄	0	83.5
水	0	0.561
綿布	40	0.08
毛布	30	0.04
空気	0	0.0241

例 2.4 ある建物の中に，面積が 40 m^2，厚さが 0.10 m，熱伝導率が 1.5 W/(K·m) のコンクリート壁がある。コンクリート壁の内側の温度が 25 °C，外側の温度が −5 °C であるとき，1 s 間でこのコンクリート壁を通過する熱量を求めよ。

[解] コンクリート壁の面積を $S = 40$ m^2，厚さを $L = 0.10$ m，熱伝導率を $k = 1.5$ W/(K·m) とおく。また，コンクリート壁の内側の温度を $T_1 = 25$ °C，外側の温度を $T_2 = -5$ °C とおくと，単位時間(1 s)あたりにコンクリート壁を内側から外側に通過する熱量 H [W(=J/s)] は次のように求まる。

$$H = kS\frac{(T_1 - T_2)}{L} = 1.5 \times 40 \times \frac{25 - (-5)}{0.10} = 60 \times \frac{30}{0.10} = \underline{1.8 \times 10^4 \text{ W}}$$

● **対流**

図 2.8 のように，鍋に入った冷たい水を加熱しつづける場合を考えよう。加熱を始めると，まずは鍋の底付近にある水が熱せられて温度が上昇する。2.1.6 で説明するように，熱せられた物質はその状態に関係なく，体積が増加する**熱膨張**とよばれる現象を引き起こす。そのため，鍋の底付近の温かい水が熱膨張を起こすため，相対的にこの部分の水の密度(単位体積あたりの質量)が小さくなる。すると，鍋の底付近の温かい水が鍋の上部にある冷たい水よりも軽くなるので，温かい水は上部へと移動し，冷たい水は行き場を失って鍋の底付近に移動する。その後，鍋の底付近の冷たい水が温められて熱膨張し，この水が鍋の上部に移動して，上部の水は行き場を失い鍋の底付近に移動する。このように，気体や液体などの温度が場所によって異なると，その物質自身が熱の流れを生じさせる。この現象を**対流**とよぶ。

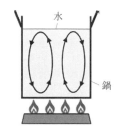

図 2.8 対流

● 熱放射（熱輻射）

　すべての物体は絶対零度(0 K)でない限り，物体を構成する原子や分子が熱振動をしているが，原子や分子の中にはマイナスの電荷をもつ電子やプラスの電荷をもつ陽子が含まれているため，熱振動は周囲に時間とともに変化する電場を生じさせ，結果として電磁波を放出する。特に，温度が高い物質ほど熱振動が激しいため，大きなエネルギーをもつ波長の短い電磁波を放出する。1.3.7 で学んだように，赤外線，紫外線，可視光線などはすべて，波長がたがいに異なる電磁波であるが，白熱電球が明るいのは高温に熱せられたタングステンとよばれる金属が，熱振動により可視光線を放出するためである。

　また，一般的な電気ストーブやカーボンヒーターが私たちの体を温めるのは，それぞれ熱せられたニクロム線や炭素繊維（フィラメント）が熱振動により赤外線を放出するためである。これらの暖房器具から放出される赤外線は，私たちの体を構成する分子の熱振動を激しくする性質をもつ。また，電子レンジもマイクロ波を放出することで，食材を構成する分子の熱振動を激しくしてその食材を温める。すなわち，高温物質の熱振動から発せられた電磁波が，低温物質の熱振動を激しくしたとすると，これは高温の物質から低温の物質に向けて熱が移動したことを意味する。このように，電磁波が空間を伝わることで熱が移動する現象を，**熱放射**または**熱輻射**とよぶ。

2.1.6　物質の熱膨張

　一般に，物質はその状態にかかわらず，温度が上昇すると体積が増加する。これは，図2.9 で示すように，温度の上昇とともに物質を構成する原子や分子の熱運動（熱振動）が激

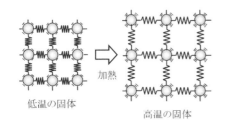

低温の固体　　　　高温の固体

図 2.9　熱膨張の原理

しくなり，原子間（分子間）の距離が長くなるためである。この現象を，**熱膨張**とよぶ。例えば，鉄球をガスバーナーで加熱すると，加熱された鉄球の直径は熱膨張により 0.05 % 程度増加する。また，アルコール温度計や水銀温度計は，温度が上昇すると着色したアルコールや水銀の体積が熱膨張によって増加することを利用して，温度を測定する。熱膨張の仕方には，「線膨張」と「体膨張」の 2 種類ある。以下で，これらを順に説明していこう。

● 線膨張

　物質を加熱したときに，図 2.10 のように，物質がある長さ方向に熱膨張することを，物質の**線膨張**とよぶ。物質の温度が ΔT [K(°C)] 上昇したときに，その長さが L [m] から $L + \Delta L$ [m] に増加した場合を考えよう。このとき，長さの変化 ΔL [m] は，温度変化 ΔT と長さ L に比例して，

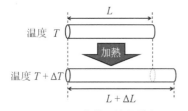

図 2.10　物体の線膨張率

$$\Delta L = \alpha L \Delta T \tag{2.1}$$

という関係が成り立つ。ここで，α は比例定数であるが，この α を**線膨張率**（または**線膨張係数**）とよぶ。また，式 (2.1) より，線膨張率 α は次式より求めることができ，その単位は「1/K（または 1/°C）」を用いる。

$$\alpha = \frac{1}{L} \left(\frac{\Delta L}{\Delta T} \right) \tag{2.2}$$

この線膨張率は，建設業でレールやワイヤーなどを設計する際に重要な物理量であることが知られている。

ところで，線膨張するときの温度変化 ΔT と長さの変化 ΔL は，一般に単純な比例関係にはなく，線膨張率 α は温度に依存して変化することがわかっている。したがって，物質がある温度に達した瞬間の線膨張率 α を求めるためには，式 (2.2) の温度変化が $\Delta T \to 0$ となる極限をとる必要がある。この極限で，$\frac{\Delta L}{\Delta T}$ は微分 $\frac{dL}{dT}$ に置き換えられるので，ある温度における線膨張率 α の一般式は次のように微分で表記される。

公式 2.5（線膨張率）

$$\alpha = \frac{1}{L}\left(\frac{dL}{dT}\right)$$

いろいろな物質の線膨張率を表 2.3 に示す[5]。線膨張率は物質によって異なるが，多くの固体で $10^{-6} \sim 10^{-5}$ K^{-1} 程度であり，あまり広くない温度範囲でほぼ定数とみなすことができる。

表 2.3 いろいろな物質の 20 °C での線膨張率

物質	線膨張率 [$\times 10^{-6}$ K^{-1}]
アルミニウム	23.1
金	14.2
銀	18.9
銅	16.5
鉄	11.8
ダイヤモンド	1.0
ニッケル鋼（インバー合金）	0.13

例 2.5 長さ 25.0 m の鉄でできた線路の温度が，−5 °C から 35 °C まで上昇した場合を考える。このとき，線路は線膨張によりどれだけ長くなるか答えよ。ただし，鉄の線膨脹率を 11.8×10^{-6} K^{-1} とする[6]。

[解] 線膨張による温度の変化量 ΔT [K(°C)] は，

$$\Delta T = 35\text{ °C} - (-5\text{°C}) = 40\text{ [K(°C)]}$$

となるので，鉄の線膨張率を $\alpha = 11.8 \times 10^{-6}$ K^{-1}，線膨張する前の線路の長さを $L = 25.0$ m とおくと，線膨張による線路の長さの伸び ΔL [m] は次のように求まる。

$$\Delta L = \alpha L \Delta T = 11.8 \times 10^{-6} \times 25.0 \times 40 = \underline{0.0118\text{ m}}$$

5) 表 2.3 で，特に線膨張率の小さい物質としては鉄とニッケルの合金であるニッケル鋼（インバー合金）があるが，これは熱膨張が小さい材料として開発された合金であり，ノギスやマイクロメータなどの測定装置や液化天然ガスのパイプラインなどに使用されている。

6) 実際の鉄道でレールを敷設する際には，レールの線膨張を考慮して，1 本 25 m のレールとレールの継ぎ目に 10 ～ 14 mm 程度の隙間をつくっている。

● 体膨張

物体を加熱したときに物体の体積が熱膨張することを，物体の**体膨張**とよぶ。図 2.11 の

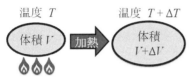

温度 T　　　温度 $T + \Delta T$

体積 V　[加熱]→　体積 $V + \Delta V$

図 2.11　物体の体膨張率

ように，加熱した物体の温度が ΔT [K] 上昇したとき，体膨張によって物体の体積が V [m³] から $V + \Delta V$ [m³] まで増加した場合を考えよう。このとき，体積の変化量 ΔV [m³] は，温度の変化量 ΔT と体膨張する前の物体の体積 V に比例して，

$$\Delta V = \beta V \Delta T \tag{2.3}$$

という関係が成り立つ。ここで，β は比例定数であるが，この β を**体膨張率**（または**体膨張係数**）とよぶ。式 (2.3) より，体膨張率 β は次式より求めることができ，その単位は「1/K（または 1/°C）」を用いる。

$$\beta = \frac{1}{V}\left(\frac{\Delta V}{\Delta T}\right) \tag{2.4}$$

また，線膨張のときと同様に，一般に体膨張における温度変化 ΔT と体積変化 ΔV は，単純な比例関係にはないことがわかっている。したがって，β も α と同じく温度によって変わるため，ある温度における β を求めるためには，式 (2.4) で $\Delta T \to 0$ の極限をとる必要がある。これにより，$\frac{\Delta V}{\Delta T}$ が微分 $\frac{dV}{dT}$ に置き換わるので，ある温度における体膨張率 β の一般式は次式のように微分を用いて表される。

公式 2.6（体膨張率） ────────────────────────────────

$$\beta = \frac{1}{V}\left(\frac{dV}{dT}\right)$$

──

いろいろな物質の体膨張率を表 2.4 に示す。固体は原子や分子がある方向に沿って規則的に並んでいるので線膨張が起きやすいが，液体や気体などでは原子や分子が自由な方向に熱運動しているので，線膨張よりも体膨張の方が観測されやすい。表からわかるように，液体や気体の体膨張率はおおむね，$10^{-4} \sim 10^{-3}$ K⁻¹ 程度である。

表 2.4　いろいろな物質の 20 °C での体膨張率

物質	体膨張率 [$\times 10^{-3}$ K⁻¹]
エタノール	1.08
ベンゼン	1.22
グリセリン	0.47
水銀	0.181
水	0.21
空気	3.67

例 2.6　体積が 5.0×10^{-4} m³ のエチルアルコールの温度を冷却して，20.0 °C から -30.0 °C まで下げた場合を考える。このとき，エチルアルコールの体積はどれだけ減少するか答えよ。ただし，エチルアルコールの体膨脹率を 10.8×10^{-4} K⁻¹ とする。

[**解**]　冷却したエチルアルコールの温度変化 ΔT [K(=°C)] は，

$$\Delta T = -30.0\ {}^{\circ}\mathrm{C} - 20.0\ {}^{\circ}\mathrm{C} = -50.0\ \mathrm{K(°C)}$$

である。また，エチルアルコールの体膨張率を $\beta = 10.8 \times 10^{-4}$ K^{-1}，冷却する前のエチルアルコールの体積を $V = 5.0 \times 10^{-4}$ m^3 とおくと，冷却によるエチルアルコールの体積の変化 ΔV [m^3] は次のようになる。

$$\Delta V = \beta V \Delta T = 10.8 \times 10^{-4} \times 5.0 \times 10^{-4} \times (-50.0) = -2700 \times 10^{-8} = -2.7 \times 10^{-5} \text{ m}^3$$

よって，エチルアルコールの体積は $\underline{2.7 \times 10^{-5} \text{ m}^3}$ 減少する。

● 線膨張率と体膨張率の関係

線膨張率 α [1/K] と体膨張率 β [1/K] の間には，重要な関係が成り立つ。これを導くために，図 2.12 のような，線膨張率が α，体膨張率が β の一様な物質でできた，1 辺の長さが L [m] の立方体を考えよう。この立方体の体積 V [m^3] は，$V = L^3$ と書ける。立方体を加熱して，その温度が ΔT [K(°C)] だけ上昇し，立方体のすべての辺の長さが熱膨張により ΔL [m] だけ伸びたとすると，この立方体は各辺に沿って 3 方向に線膨張し

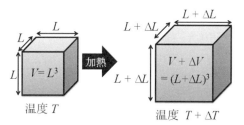

図 2.12 立方体型の物質の熱膨張

たといえる。式 (2.1) より，線膨張した物質の長さの変化は $\Delta L = \alpha L \Delta T$ と書けるので，加熱した後の立方体の 1 辺の長さ L' [m] は次式のように書ける。

$$L' = L + \Delta L = L + \alpha L \Delta T = L(1 + \alpha \Delta T)$$

これより，熱膨張した立方体の体積 V' [m^3] は，

$$V' = L'^3 = L^3(1 + \alpha \Delta T)^3 = L^3(1 + 3\alpha \Delta T + 3\alpha^2 \Delta T^2 + \alpha^3 \Delta T^3) \tag{2.5}$$

と書くことができる。ここで，一般的な物質の線膨張率 α が，$10^{-6} \sim 10^{-5}$ 1/K 程度と非常に小さな値であることを思い出そう。これより，式 (2.5) で α の 2 乗以上の項を無視して $L^3 = V$ を代入すると，V' は

$$V' \fallingdotseq L^3(1 + 3\alpha \Delta T) = V(1 + 3\alpha \Delta T)$$

と近似することができる。よって，熱膨張による立方体の体積の変化 $\Delta V = V' - V$ [m^3] は，次式のように書ける。

$$\Delta V = V' - V = V(1 + 3\alpha \Delta T) - V = 3\alpha V \Delta T \tag{2.6}$$

また，立方体の熱膨張を体膨張として考えると，式 (2.3) より，体膨張による体積の変化 ΔV は，$\Delta V = \beta V \Delta T$ と書くことができる。これを，式 (2.6) の左辺の ΔV に代入すると，

$$\beta V \Delta T = 3\alpha V \Delta T \quad \rightarrow \quad \beta = 3\alpha$$

が得られるので，線膨張率 α と体膨張率 β の間には，次の関係が成り立つ。

公式 2.7（線膨張率と体膨張率の関係式）

$$\beta = 3\alpha$$

　ここで，立方体の 1 辺の長さが非常に短く，体積も微小なものであると考えると，任意の形をした物質はすべて，この微小な体積をもつ立方体の集まりであるとみなすことができる。したがって，公式 2.7 の関係は，物質の形に関係なく成り立つ。

2.2　気体の状態方程式

　物質には固体，液体，気体の状態が存在するが，私たちが日常で目にする熱現象の多くは気体による場合が多い。したがって，気体の性質を理解することは，熱現象を理解するうえで不可欠である。特に，気体の温度，体積，圧力（気圧）の間には非常に単純な関係があり，かつその変化の仕方は気体の種類によらないことが知られている。本節では，これらの物理量の間に成り立つ関係として重要な物理法則である，気体の状態方程式について学ぼう。

2.2.1　気　　圧

　気体が存在する空間に接する面があると，面に対してたくさんの気体分子が際限なく衝突する。このとき，気体分子の衝突により，片側の面の単位面積（1 m^2）あたりに面に垂直に加わる力が気体の圧力であり，これを**気圧**とよぶ。例えば，面積 S [m^2] の面に対して垂直に大きさ F の力が加われば，この気体の圧力（気圧）を p とおくと，$p = F/S$ が成り立つ。ここで，気圧の単位は圧力の単位と同じく，「Pa（パスカル）」または「N/m^2」を用いる。

　気圧の単位は「Pa」以外で，「atm（気圧）」を用いる場合もある。これは，パリと同緯度の海水面で平均的に観測される気圧を「1 atm（1 気圧）」として定義したものであり，国際度量衡総会（CGPM）によって国際的に定められた単位である。1 atm（1 気圧）は Pa（パスカル）の単位で，次のような値をもつ。

$$1\ \text{atm}（1\ 気圧）= 101325\ \text{Pa} = 1013.25\ \text{hPa}$$

ここで，「h（ヘクト）」とは 10^2 を意味する接頭語であり，1 hPa = 10^2 Pa である。特に，「hPa（ヘクトパスカル）」は天気予報に出てくる気圧の単位としてよく使用される[7]。

2.2.2　ボイルの法則

　図 2.13(a) のように，なめらかに動くピストン付きの容器の中に，気体が閉じ込められている場合を考えよう。2.2.1 で学んだ気圧の定義に基づけば，容器内の気体分子がピストンの面に衝突し，この衝突でピストンの面の単位面積（1 m^2）あたりを押す力が，気体がもつ圧力（気圧）となる。

　容器に閉じ込められた気体を，温度を一定に保ちながらピストンを押して圧縮すると，分子が動き回る空間は狭まるが，分子の数は変わらない。そのため，分子がピストンの面に衝突する頻度が増すので，圧縮後に分子がピストンの面を押す力は全体として強まり，

---

7)　血液が単位面積あたりにもたらす圧力を血圧とよぶが，血圧の単位は「mmHg（水銀柱ミリメートル）」が使用されている。これは，水銀式血圧計で水銀の液面を 1 mm 引き上げるのに必要な圧力を 1 mmHg としたものであり，Pa（パスカル）の単位で表すと 1 mmHg = 133.3224 Pa となる。

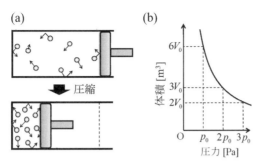

図 2.13 ボイルの法則

結果として容器内の気体の圧力は増加する。逆に，ピストンを引くと，容器内の気体の圧力は減少する。このことから，ロバート・ボイル（Boyle, R., 1627-1691）は気体の体積と圧力が反比例の関係にあることを示した。この法則を**ボイルの法則**とよぶ。

定理 2.2（ボイルの法則） 気体の温度を一定に保った状態で，気体の圧力を p [Pa]，体積を V [m³] とおくと，p と V は反比例の関係にある。

$$pV = 一定$$

ボイルの法則を横軸に圧力 p，縦軸に体積 V をとってグラフ化すると，p と V は反比例の関係にあるので，図 2.13(b) のような双曲線となる。

2.2.3 シャルルの法則

図 2.14(a) のように，なめらかに動くピストンで軽い蓋をした容器の中に，気体が閉じ込められている場合を考えよう。この状態で，気体の圧力を一定に保ちながら気体を加熱すると，温度が上昇した気体の熱運動は激しくなるので，ピストンの内側に衝突する気体分子の力が強くなる。このように，気体の熱膨張によってピストンはゆっくりと上昇し，気体の体積は増加する。逆に，冷却された気体の体積は収縮することから，ジャック・シャルル（Charles, J., 1746–1823）は気体の体積と絶対温度が比例関係にあることを発見した。この法則を**シャルルの法則**とよぶ。

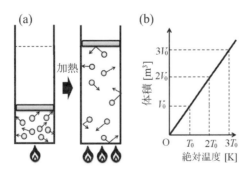

図 2.14 シャルルの法則

定理 2.3（シャルルの法則）　気体の圧力を一定に保った状態で, 気体の体積を V [m^3],
気体の絶対温度を T [K] とおくと, V と T は比例関係にある。

$$\frac{V}{T} = 一定$$

シャルルの法則を縦軸に体積 V, 横軸に絶対温度 T をとってグラフ化すると, V と T
は比例関係にあるので, 図 2.14(b) のような直線グラフとなる。ここで, シャルルの法則
を満たす温度は, 単位が °C(または °F)の経験温度ではなく, 単位が K(ケルビン)の絶対
温度であることに注意する。

2.2.4　ボイル-シャルルの法則

ボイルの法則は, 気体の温度が一定の場合に, 気体の体積 V [m^3] が気体の圧力 p [Pa]
に反比例することを述べている。一方, シャルルの法則は, 気体の圧力が一定の場合に,
体積 V が気体の絶対温度 T [K] に比例することを述べている。すなわち, 気体の体積 V
は, 絶対温度 T を固定したときには圧力 p に反比例し, p を固定したときには絶対温度 T
に比例するので, 次の関係が成り立つ。

$$\frac{pV}{T} = 一定 \tag{2.7}$$

この式は, T を固定すれば $pV = 定数$, p を固定すれば $\frac{V}{T} = 定数$ と変形することができ
るので, ボイルの法則とシャルルの法則を同時に表す式であるといえる。したがって, 式
(2.7) が成り立つ法則を, **ボイル-シャルルの法則** とよぶ。

公式 2.8（ボイル-シャルルの法則） ────────────────────

気体の圧力 p [Pa], 体積 V [m^3], 絶対温度 T [K] の間には, 次の関係が成り立つ。

$$\frac{pV}{T} = 一定$$

───

例 2.7　なめらかに動くピストン付きの容器の中に気体を閉じ込めたところ, はじめ気体の絶
対温度は 300 K, 体積は 1.50×10^{-4} m^3, 圧力は 2.00×10^5 Pa であった。ピストンで気体を
ゆっくりと圧縮して, 気体の体積を 0.800×10^{-4} m^3, 圧力を 5.25×10^5 Pa にしたとき, 圧縮
した後の気体の絶対温度を求めよ。

[解]　ピストンを動かす前の気体の絶対温度を $T = 300$ K, 気体の体積を $V = 1.50 \times 10^{-4}$ m^3,
気体の圧力を $p = 2.00 \times 10^5$ Pa とし, ピストンを動かした後の気体の体積を $V' =
0.800 \times 10^{-4}$ m^3, 気体の圧力を $p' = 5.25 \times 10^5$ Pa とおく。このとき, ピストンを動かし
た後の気体の絶対温度を T' [K] とおくと, ボイル-シャルルの法則より T' は次のように求まる。

$$\frac{pV}{T} = \frac{p'V'}{T'} \rightarrow \frac{2.00 \times 10^5 \times 1.50 \times 10^{-4}}{300} = \frac{5.25 \times 10^5 \times 0.800 \times 10^{-4}}{T'}$$

$$\rightarrow \frac{30.0}{300} = \frac{42}{T'} \rightarrow T' = \underline{420 \text{ K}}$$

2.2.5　気体の状態方程式

2.1.3 で, 膨大な数の気体分子の個数を扱うために, 6.022×10^{23} 個を 1 mol として計

算する手法を学んだ。この 6.022×10^{23} 個のことをアボガドロ数とよんでいたが、この語源となったアメデオ・アボガドロは、気体における重要な物理法則を導いている。それは、同じ温度、同じ圧力、同じ体積の気体は、その気体を構成する原子や分子の種類に関係なく、必ず同じ個数の気体分子を含むという法則である。これを**アボガドロの法則**とよぶ。0 °C $(= 273.15 \text{ K})$ で 1 気圧$(1 \text{ atm} = 1.013 \times 10^5 \text{ Pa})$の状態のことを**標準状態**とよぶが、アボガドロの法則によれば標準状態にある気体の体積が 22.4 L(リットル)$(= 2.24 \times 10^{-2} \text{ m}^3)$であるとき、この気体の中には 1 mol$(= 6.022 \times 10^{23}$ 個$)$の気体分子が含まれている[8]。

> **定理 2.4（アボガドロの法則）** 温度、圧力がともに等しい標準状態のすべての気体は、原子や分子の種類に関係なく、22.4 L の体積の中に 1 mol の気体分子を含む。

アボガドロの法則を考慮して、2.2.4 で学んだボイル–シャルルの法則について、もう一度議論しよう。地球上では多くの気体がほぼ標準状態であるとみなせるので、ここでは標準状態の気体についてのみ考えよう。アボガドロの法則によれば 1 mol の気体の体積は 22.4 L なので、n [mol] の気体の体積を V [m³] とおくと、$V = 22.4n$ [L] $= 22.4n \times 10^{-3}$ [m³] と書ける。また、気体の圧力を p [Pa]、気体の絶対温度を T [K] とおくと、ボイル–シャルルの法則によれば pV/T は定数とみなせるので、この定数を k [J/K] とおこう。いま、気体は標準状態なので、圧力 p は 1 気圧で $p = 1.013 \times 10^5$ Pa であり、絶対温度 T は 0 °C なので $T = 273.15$ K である。よって、定数 k は次のように計算できる。

$$k = \frac{pV}{T} = \frac{1.013 \times 10^5 \times 22.4n \times 10^{-3}}{273.15} = 8.315n \text{ [J/K]}$$

また、k と n はともに定数なので、$R = k/n$ となる新しい定数を定義しよう。このとき、R [J/(mol·K)] は次のような値で求められる。

$$R = \frac{k}{n} = 8.315 \text{ J/(mol·K)} \tag{2.8}$$

これは、標準状態のすべての気体に対して成り立つ定数であり、この R を**気体定数**とよぶ。

ここで、式 (2.8) に $k = pV/T$ を代入すると、次の方程式を得ることができる。

$$R = \frac{pV/T}{n} = \frac{pV}{nT} \quad \rightarrow \quad pV = nRT$$

これは、**気体の状態方程式**とよばれる方程式であり、特に気体の熱現象や状態変化を説明するうえで重要な役割を果たす。

公式 2.9（気体の状態方程式） ━━━━━━━━━━━━━━━━━

$$pV = nRT$$

━━━━━━━━━━━━━━━━━━━━━━━━━━━━━━━━━━

ただし、2.2.6 で述べるように、理論的には気体の状態方程式が成り立つのは、理想気体とよばれる仮想的な気体に対してのみである。それでも、高温、または密度の低い実際の

---

8) 1 L(リットル)とは、1 辺の長さが 10 cm の立方体の体積に等しいので、次式で表される。

$$1 \text{ L} = 10 \times 10 \times 10 \text{ cm}^3 = 1000 \text{ cm}^3 = 0.001 \text{ m}^3$$

気体に対しては，気体の状態方程式がよく成り立つことがわかっている。

2.2.6　理想気体

　2.2.5 では気体が状態方程式（公式 2.9）に従うことを述べたが，実はすべての気体がこの関係に従うわけではない。温度が高く気体分子の密度（単位体積 1 m³ あたりの分子の数）が小さい気体に対してはこの方程式が成り立つが，温度が低く分子の密度が大きい気体に対しては成り立たないことがわかっている。それは，実際の気体では分子と分子の間にファンデルワールス力などの分子間力[9] が働くためであり，温度が低く分子の密度が高くなると，分子間力の大きさが顕著になり，分子どうしが引き付け合って気体が液体の状態に近づいてしまうからである。このとき，分子の大きさや分子どうしの衝突も，気体の状態方程式を破綻させる原因となる。

　そこで，気体の状態方程式が常に成り立つように，分子と分子の間に分子間力や衝突などの相互作用はいっさいなく，分子の大きさも無視できて，それぞれの分子が質点とみなせるような理想的な気体が考案された。このような仮想的な気体のことを，**理想気体**とよぶ。一方で，分子と分子の間に相互作用があり，分子が大きさと質量を同時にもつ現実的な気体のことを，**実在気体**とよぶ。分子の密度が小さければ分子間の平均的な距離も長くなり，気体の温度が高くなれば分子は激しく運動するので，分子どうしが分子間力によって束縛されにくくなる。よって，高温で分子の密度が小さい実在気体は，近似的に理想気体とみなすことができるのである。

　ところで，ヘリウムガス（He）やネオンガス（Ne）などは 1 個の気体分子が 1 つの原子からなるが，このような気体を理想気体とみなした場合は，これを**単原子分子理想気体**とよぶ。一方で，1 個の気体分子が複数の原子からなる気体の方が，身近には多く存在する。このような場合も，気体分子を構成する原子 1 つ 1 つを質点とみなして，分子どうしの相互作用を無視したものを理想気体として扱うことができる。例えば，水素（H₂），酸素（O₂），窒素（N₂）などは 1 個の分子が 2 つの原子から構成されるが，このような気体を理想気体とみなしたものを **2 原子分子理想気体**とよぶ。また，一般に 1 個の分子が複数個の原子からなる理想気体のことを，**多原子分子理想気体**とよぶ。

2.3　気体の分子運動論

　2.2.6 では，現実の気体を計算しやすい仮想的な気体としてモデル化した，理想気体について説明した。理想気体では気体分子の大きさは無視することができ，各分子（または各分子を構成する各原子）を質点とみなすことができる。さらに，分子と分子の間に働く分子間力などの相互作用は存在せず，分子どうしの衝突も起きないものとする。したがって，現実の気体を理想気体とみなすことにより，気体分子やそれを構成する原子 1 つ 1 つを質点の力学で扱うことができる。このように，気体分子 1 つ 1 つに対して力学を適用することで，気体の性質を明らかにする理論のことを，**気体の分子運動論**とよぶ。本節では

---

　9)　分子と分子の間に働く引力のことを**分子間力**とよび，**ファンデルワールス力**とは分子間力の一種である。厳密には，1 つの分子の中で複数の電子がある方向に偏る（分極する）ことにより，分子の中に生じた負の電荷と，別の分子の中に生じた正の電荷が，クーロン力により引き付け合う力のことを，ファンデルワールス力とよぶ。

この理論を用いて，気体がもついくつかの法則を導出してみよう。

2.3.1 理想気体の圧力の計算

図 2.15 のように，1 辺の長さが L [m] の立方体型の容器に，物質量が n [mol] の単原子分子理想気体を閉じ込めた場合を考えよう。立方体の 1 個の頂点を原点 O として，各辺に沿う方向に x, y, z の正の軸を定義する。いまは理想気体を考えているので，気体分子は大きさをもたない質点とみなすことができる。また，分子と壁との間の衝突は，弾性衝突であると仮定しよう[10]。

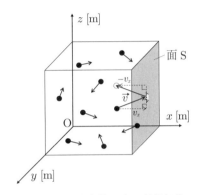

図 2.15 立方体の中の理想気体

気体分子 1 個あたりの質量を m [kg]，ある 1 個の分子の速度を $\vec{v} = (v_x, v_y, v_z)$ とする。まずは，1 個の分子が $(L, 0, 0)$ の位置にある面積 L^2 [m²] の面 S に衝突したときに，分子が S に与える力積の大きさを計算しよう[11]。1 個の分子が S に衝突する直前にもつ運動量の x 成分は $p_x = mv_x$，S に衝突した直後にもつ運動量の x 成分は $p'_x = -mv_x$ と書けるので，衝突の前後で分子が壁に与える力積の大きさ ΔI [N·s] は，

$$\Delta I = |p'_x - p_x| = |-mv_x - mv_x| = 2mv_x \tag{2.9}$$

と書ける。また，x 軸方向の運動にのみ注目すると，分子は常に速さ v_x で立方体の右の面と左の面の間を往復しており，1 往復あたり $2L$ [m] の距離を移動する。よって，分子が 1 往復するのにかかる時間は $2L/v_x$ [s] であることから，分子が 1 s 間で面 S に衝突する回数は，これの逆数である $v_x/(2L)$ [回] となる。さらに，アボガドロ数を $N_A = 6.022 \times 10^{23}$ 個とおくと，N_A は 1 mol あたりの分子の個数なので，n [mol] の分子の個数 N は

$$N = nN_A \tag{2.10}$$

と書ける。したがって，立方体の中の N 個の分子が 1 s 間で面 S に与える力積の大きさを F [N·s] とおくと，F は

---

10) 弾性衝突(完全弾性衝突)とは，2 つの物体が衝突したときに，衝突の直前と直後でこれらがもつ運動エネルギーの和が変わらない衝突のことである。いま，壁は固定されているので，壁と完全弾性衝突した気体分子の速さは，衝突前の速さと変わらない。

11) 力積とは，ある時間で物体 A が別の物体 B に衝突したとき，2 つの物体が接触している時間を t [s] とおくと，この時間で A が B に与えた力の総和のことである。このとき，A が B に与える力積の大きさ(B が A から受ける力積の大きさ)I [N·s] は，衝突直前，直後の A の運動量をそれぞれ，$\vec{p}$ [N·s]，$\vec{p'}$ [N·s] とおくと，$I = |\vec{p'} - \vec{p}|$ より求まる。

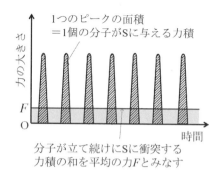

図 2.16 気体分子が面 S に与える力積と平均の力

$$F = [1 \text{ 秒間での分子の衝突回数}]$$

$$\times [1 \text{ 回の衝突で分子が壁に与える力積}] \times [\text{分子の個数}]$$

より求まるので，式 (2.9) と式 (2.10) より，F は次のように求まる。

$$F = \frac{v_x}{2L} \times \Delta I \times N = \frac{v_x}{2L} \times 2mv_x \times nN_\mathrm{A} = \frac{nN_\mathrm{A}mv_x^2}{L} \tag{2.11}$$

ここで，速度の 2 乗 $v^2 = v_x^2 + v_y^2 + v_z^2$ の分子 1 個あたりの平均を $\overline{v^2}$ [m^2/s^2] としよう。いま，理想気体は x, y, z 軸に対して対称な立方体の中に閉じ込められているので，気体分子は 3 次元空間のすべての方向に対して均等な確率で（等方的に）運動すると考えてよい。すなわち，速度の 2 乗の平均 $\overline{v^2}$ の x, y, z 成分の間には区別がないため，$\overline{v_x^2} = \overline{v_y^2} = \overline{v_z^2}$ という関係が成り立つ。これより，

$$\overline{v^2} = \overline{v_x^2} + \overline{v_y^2} + \overline{v_z^2} = \overline{v_x^2} + \overline{v_x^2} + \overline{v_x^2} = 3\overline{v_x^2} \quad \rightarrow \quad \overline{v_x^2} = \frac{\overline{v^2}}{3}$$

となるので，式 (2.11) の v_x^2 を $\overline{v_x^2}$ に置き換えて上式を代入すると，F は次のように書ける。

$$F = \frac{nN_\mathrm{A}m}{L} \times \overline{v_x^2} = \frac{nN_\mathrm{A}m}{L} \times \frac{\overline{v^2}}{3} = \frac{nN_\mathrm{A}m\overline{v^2}}{3L} \tag{2.12}$$

　ところで，いま導出した F とは 1 s 間あたりに気体分子が面 S に与える力積であり，これは S に衝突する分子が 1 s 間で S に与える力の総和である。しかし，分子の数は膨大で S には絶えず分子が衝突しているので，力積 F は「気体分子が平均として S に与える力」であると考えてよい(図 2.16)。すなわち，この力 F [N] を S の面積 L^2 [m^2] で割ったものが，この気体の圧力 p [Pa] となる。よって，式 (2.12) より p は次のように求まる。

$$p = F \div L^2 = \frac{nN_\mathrm{A}m\overline{v^2}}{3L} \div L^2 = \frac{nN_\mathrm{A}m\overline{v^2}}{3L^3} \tag{2.13}$$

また，いまは立方体の体積が気体の体積であり，この体積を V [m^3] とおくと $V = L^3$ が成り立つ。これを式 (2.13) に代入すると，p は次のように書ける。

$$p = \frac{nN_\mathrm{A}m\overline{v^2}}{3V} \tag{2.14}$$

2.3.2　内部エネルギー

　力学で，ある物体が運動エネルギーと位置エネルギーをもつとき，これらの和のことを力学的エネルギーとよんでいた。しかし，そもそも 1 つの物質は膨大の数の原子や分子か

ら構成されており，物質の中でこれらは熱運動(熱振動)をしている。そのため，実は物質中の原子や分子1つ1つが，力学的エネルギーをもつのである。このように，物質を構成する原子や分子がもつ力学的エネルギーをすべて足し合わせた量のことを，その物質がもつ**内部エネルギー**とよぶ。

ここでは気体の話に主眼をおいているので，理想気体がもつ内部エネルギーを計算してみよう。理想気体がもつ内部エネルギーとは，質点とみなされたすべての気体分子がもつ，運動エネルギーと位置エネルギーの和のことである。気体分子は3次元空間において，全方向に均等に(等方的に)運動するものと仮定しよう。この気体分子の数が全部で N 個あるとし，気体分子1個あたりの質量を m [kg]，速度の2乗の平均を $\overline{v^2}$ [m²/s²] とおくと，すべての気体分子の運動エネルギーの和は $\frac{1}{2}m\overline{v^2} \times N = \frac{1}{2}Nm\overline{v^2}$ となる。また，一般に気体分子の質量は非常に小さいため，重力による位置エネルギーは無視できるものとしよう。さらに，理想気体では分子間力はないものと仮定しているので，このような力による位置エネルギーも存在しない。したがって，理想気体がもつ内部エネルギーを U [J] とおくと，U はすべての気体分子の運動エネルギーのみを足し合わせればよいので，

$$U = \frac{1}{2}Nm\overline{v^2} \tag{2.15}$$

と書くことができる。

ここで，物質量が n [mol] の理想気体を考えるのであれば，アボガドロ数を $N_A = 6.022 \times 10^{23}$ 個とおくと，気体分子の数は $N = nN_A$ と書けるので，式 (2.15) は次のように書くこともできる。

$$U = \frac{1}{2}nN_Am\overline{v^2} \tag{2.16}$$

● ベルヌーイの関係式

ここまでは気体の分子運動論を用いて，理想気体がもつ圧力と内部エネルギーを順に計算してきたが，最後にこれらの2つの物理量の間に成り立つ重要な関係として，「ベルヌーイの関係式」をおさえておこう。

2.3.1 では，気体の分子運動論を用いて，立方体の中に閉じ込められた物質量が n [mol] の理想気体の圧力 p [Pa] が，

$$p = \frac{nN_Am\overline{v^2}}{3V} \tag{2.17}$$

と書けることを導いた。ここで，V [m³] は気体の体積であるが，立方体の1辺の長さ L [m] はこの式に現れないので，この式は気体を閉じ込めている容器の形に関係なく，3次元空間で等方的に運動する気体分子の理想気体であれば常に成り立つ。

また，2.3.2 では，物質量 n [mol] の理想気体の内部エネルギー U [J] が，

$$U = \frac{1}{2}nN_Am\overline{v^2} \tag{2.18}$$

と書けることを導いた。そこで，式 (2.18) を用いて式 (2.17) を変形すると，次のような関係式を得ることができる。

$$p = \frac{nN_Am\overline{v^2}}{3V} = \frac{2}{3} \times \frac{1}{2}nN_Am\overline{v^2} \times \frac{1}{V} = \frac{2}{3} \times U \times \frac{1}{V} \quad \rightarrow \quad pV = \frac{2}{3}U$$

これは，気体の圧力 p と体積 V の積が，内部エネルギー U に比例することを示してお

り，3次元空間で等方的に運動する分子の理想気体に対して成り立つ関係式である。この式は，気体の分子運動論の先駆者であるダニエル・ベルヌーイ(Bernoulli, D., 1700–1782)によって導かれたため，**ベルヌーイの関係式**とよばれる[12]。

公式 2.10 (ベルヌーイの関係式) ────────────────────────

$$pV = \frac{2}{3}U$$

2.3.3 エネルギーの等分配則

2.3.1 で求めた理想気体の圧力の式(式 (2.14))を用いて，単原子分子理想気体の気体分子 1 個あたりがもつ運動エネルギーを計算してみよう。分子 1 個あたりの質量を m [kg]，速度の 2 乗の平均を $\overline{v^2}$ $[\mathrm{m^2/s^2}]$ として，圧力 p [Pa]，体積 V $[\mathrm{m^3}]$，絶対温度 T [K]，物質量 n [mol] の単原子分子理想気体を考えると，式 (2.14) から次式を得ることができる。

$$p = \frac{nN_{\mathrm{A}}m\overline{v^2}}{3V} \quad \rightarrow \quad m\overline{v^2} = \frac{3pV}{nN_{\mathrm{A}}} \tag{2.19}$$

ここで，分子 1 個あたりの運動エネルギー ϵ [J] は，$\epsilon = \frac{1}{2}m\overline{v^2}$ より求まるので，この式の右辺の $m\overline{v^2}$ に式 (2.19) を代入すると，次のようになる。

$$\epsilon = \frac{1}{2}m\overline{v^2} = \frac{1}{2} \times \frac{3pV}{nN_{\mathrm{A}}} = \frac{3pV}{2nN_{\mathrm{A}}}$$

さらに，この式の右辺の pV に，気体の状態方程式 $pV = nRT$(公式 2.9)を代入すると，

$$\epsilon = \frac{3}{2nN_{\mathrm{A}}} \times nRT = \frac{3}{2}\frac{R}{N_{\mathrm{A}}}T \tag{2.20}$$

を得ることができる。いま，N_{A} はアボガドロ数($N_{\mathrm{A}} = 6.022 \times 10^{23}$)，$R$ は気体定数($R = 8.315$ J/(mol·K))なので，次の新しい定数 k_{B} [J/K] を定義しよう。

公式 2.11 (ボルツマン定数) ────────────────────────

$$k_{\mathrm{B}} = \frac{R}{N_{\mathrm{A}}} = 1.38 \times 10^{-23} \text{ J/K}$$

ここで，k_{B} は気体を構成する原子や分子の種類によらない，アボガドロ数に対する気体定数の比であり，これを**ボルツマン定数**とよぶ。ボルツマン定数の定義を用いて式 (2.20) を変形すると，分子 1 個あたりの運動エネルギーは次式で書くことができる。

$$\epsilon = \frac{1}{2}m\overline{v^2} = \frac{3}{2}\frac{R}{N_{\mathrm{A}}}T = \frac{3}{2}k_{\mathrm{B}}T \tag{2.21}$$

すなわち，分子 1 個あたりの運動エネルギー ϵ は，気体の絶対温度 T に比例する。

ところで，物質量 n [mol] の単原子分子理想気体に含まれる気体分子の数は $N = nN_{\mathrm{A}}$ であるので，この気体の内部エネルギー U [J] は，式 (2.21) で求めた分子 1 個あたりの運動エネルギー ϵ を N 倍すれば求められる。よって，式 (2.21) を N 倍して $k_{\mathrm{B}} = R/N_{\mathrm{A}}$ を用いると，U は次のように求まる。

---

12)　4.2.4 でも，「ベルヌーイの定理」とよばれる物理法則が登場するが，ここで学ぶベルヌーイの関係式とはまったく別の法則なので注意しよう。ただし，どちらも同一人物(ダニエル・ベルヌーイ)によって導かれた法則である。

$$U = N\epsilon = nN_{\mathrm{A}} \times \frac{3}{2}k_{\mathrm{B}}T = nN_{\mathrm{A}} \times \frac{3}{2}\frac{R}{N_{\mathrm{A}}}T = \frac{3}{2}nRT$$

以上の結果から，単原子分子理想気体の内部エネルギー U は，気体の絶対温度 T に比例して増加する。これは先に述べた，温度が上がれば分子の熱運動が激しくなる（運動エネルギーが増加する）ことを裏付ける結果である。

公式 2.12（単原子分子理想気体の内部エネルギー）━━━━━━━━━━━━━━

$$U = \frac{3}{2}nRT$$

━━

ここで，単原子分子理想気体の分子 1 個あたりの運動エネルギーについて，もう一度考えよう。式 (2.21) より，

$$\frac{1}{2}m\overline{v^2} = \frac{3}{2}k_{\mathrm{B}}T \tag{2.22}$$

が成り立つが，いまは理想気体の分子が 3 次元空間で等方的に運動しているので，$\overline{v_x^2} = \overline{v_y^2} = \overline{v_z^2}$ が成り立つことを思い出そう。さらに，$\overline{v^2} = \overline{v_x^2} + \overline{v_y^2} + \overline{v_z^2}$ が成り立つので，式 (2.22) は次のように書き換えることができる。

$$\frac{1}{2}m\overline{v_x^2} + \frac{1}{2}m\overline{v_y^2} + \frac{1}{2}m\overline{v_z^2} = \frac{1}{2}k_{\mathrm{B}}T + \frac{1}{2}k_{\mathrm{B}}T + \frac{1}{2}k_{\mathrm{B}}T$$

これは，3 次元空間を運動する分子 1 個あたりの運動エネルギーが，次のような内訳をもつことを示している。

- x 軸方向の運動のエネルギーが $\frac{1}{2}k_{\mathrm{B}}T$
- y 軸方向の運動のエネルギーが $\frac{1}{2}k_{\mathrm{B}}T$
- z 軸方向の運動のエネルギーが $\frac{1}{2}k_{\mathrm{B}}T$

すなわち，分子 1 個の運動エネルギーである $\frac{3}{2}k_{\mathrm{B}}T$ に $\frac{3}{2}$ という係数がついているのは，単原子分子理想気体が 3 次元空間で分布していることに起因している。もしこの理想気体が 2 次元空間にあれば，分子 1 個の運動エネルギーは $\frac{1}{2}k_{\mathrm{B}}T + \frac{1}{2}k_{\mathrm{B}}T = k_{\mathrm{B}}T$ となり，理想気体が 1 次元空間にあれば，分子 1 個の運動エネルギーは $\frac{1}{2}k_{\mathrm{B}}T$ となる。このとき，f 次元空間を運動する質点に対して，f のことを分子の並進運動の**自由度**とよぶ。このように，理想気体の分子の運動エネルギー（内部エネルギー）が，その自由度の数だけ $\frac{1}{2}k_{\mathrm{B}}T$ ずつ割り当てられる法則を，**エネルギーの等分配則**とよぶ。

> **定理 2.5**（エネルギーの等分配則）　理想気体で，気体分子 1 個あたりがもつ内部エネルギーは 1 つの自由度に対して，$\frac{1}{2}k_{\mathrm{B}}T$ [J] が割り当てられる。

例 2.8　体積を一定に保ったまま，物質量が 6.0 mol の単原子分子理想気体の温度を 40 °C 上昇させるのに必要な熱量を求めよ。ただし，気体定数を 8.3 J/(mol·K) とする。

[解]　物質量が n [mol]，絶対温度が T [K] の単原子分子理想気体がもつ内部エネルギー U [J] は，気体定数を R [J/(mol·K)] として，式 (2.15) より次式のように書ける。

$$U = \frac{3}{2}nRT$$

よって，気体の温度変化を $\Delta T = 40$ °C とおくと，この温度変化による内部エネルギーの変化

ΔU [J] は次のように計算できる。

$$\Delta U = \frac{3}{2}nR\Delta T = \frac{3}{2} \times 6.0 \times 8.3 \times 40 = 2988 \fallingdotseq 3.0 \times 10^3 \text{ J}$$

これは，気体の温度を 40°C 上昇させるためには，外から $\Delta U = \underline{3.0 \times 10^3}$ J の熱量を加える必要があることを示している。

2.3.4 気体分子の速度分布

　ここまで，気体を構成する気体分子の速度はすべて平均したものを扱ってきたが，現実の気体では分子 1 つ 1 つが異なる速度で運動する。図 2.17 に，いろいろな温度の理想気体を構成する分子の，速さを横軸に，その速さで運動する分子の数を縦軸にとったグラフを示す[13]。このようなグラフを，**速度分布**とよぶ。グラフは気体の温度にかかわらず，いずれもある速さでピークをもつ曲線の形をしているが，温度が高くなるにつれてピークの位置は全体として速さが大きい方へ移動していき，同時にピークの裾（すそ）は広がる。これは，温度が高くなると全体として分子の運動が激しくなり，かつ広い範囲でいろいろな速さをもつ分子が存在するようになることを示している。

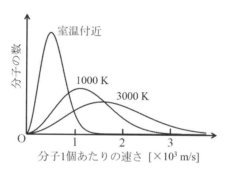

図 2.17　理想気体の速度分布

　この速度分布を考慮して，理想気体で熱運動する気体分子 1 個あたりの平均の速さを計算してみよう。分子 1 個あたりの質量を m [kg]，速度の 2 乗の平均を $\overline{v^2}$ [m²/s²] とおくと，分子 1 個あたりの運動エネルギーは式 (2.20) より，

$$\epsilon = \frac{1}{2}m\overline{v^2} = \frac{3}{2}\frac{R}{N_A}T$$

と書ける。ここで，T [K] は理想気体の絶対温度である。この式を変形すると，次のように $\overline{v^2}$ を求める式を得ることができる。

$$\overline{v^2} = \frac{3RT}{mN_A} = \frac{3RT}{M} \tag{2.23}$$

$M = mN_A$ [kg/mol] は分子 1 mol あたりの質量として定義された量であり，これを**モル質量**とよぶ。

　式 (2.23) の両辺の平方根をとると，$\sqrt{\overline{v^2}}$ は次式のように求めることができる。

---

13)　図 2.17 のグラフは，理想気体で速さ v [m/s] の運動をする気体分子の存在確率 f が，

$$f = 4\pi\left(\frac{m}{2\pi k_B T}\right)v^2 e^{-\frac{mv^2}{2k_B T}}$$

に従うことから導かれる。この式は，**マクスウェルの速度分布則**とよばれる。興味のある読者は，「統計力学」とよばれる分野に足を運ぶとよい。

$$\sqrt{\overline{v^2}} = \sqrt{\frac{3RT}{M}}$$

このようにして得られる $\sqrt{\overline{v^2}}$ を，気体分子の 2 乗平均速度とよぶ．2 乗平均速度は，理想気体における分子の熱運動の激しさの目安として用いられており，絶対温度の平方根 $\sqrt{T}$ に比例する．

例 2.9 単原子分子理想気体の密度を ρ [kg/m³] とし，気体分子 1 個あたりの速度の 2 乗の平均を $\overline{v^2}$ [m²/s²] とおくとき，この気体の圧力 p [Pa] は

$$p = \frac{1}{3}\rho\overline{v^2}$$

となることを示せ．ただし，分子の速度分布（実際には分子 1 つ 1 つが異なる速度で運動していること）は考えなくてよいものとする．

[解] n [mol]（N_A をアボガドロ数として $N = nN_A$ 個）の気体分子をもつ理想気体の圧力 p は，分子 1 個あたりの質量を m [kg] として，式 (2.14) より求めることができる．

$$p = \frac{nN_A m\overline{v^2}}{3V} = \frac{1}{3}\frac{nN_A m}{V}\overline{v^2}$$

ここで，分子 N 個分の質量は Nm であり，これを気体の体積 V [m³] で割ったものが気体の密度 ρ [kg/m³] であるから，

$$\rho = \frac{Nm}{V} = \frac{nN_A m}{V}$$

と書ける．この式を使って，圧力 p を ρ を用いて表すと次式が得られる．

$$p = \frac{1}{3}\frac{nN_A m}{V}\overline{v^2} = \underline{\frac{1}{3}\rho\overline{v^2}}$$

2.3.5 多原子分子理想気体の内部エネルギー

ここまでは，気体を構成する気体分子が 1 個の原子からなる理想気体，すなわち単原子分子理想気体の場合を考えてきた．単原子分子気体としては，ヘリウムガス，ネオンガス，水銀蒸気などが知られているが，1 個の気体分子が複数の原子から構成される多原子分子気体に対しては，単原子分子理想気体のモデルが成り立たない．しかし，酸素，窒素，二酸化炭素など，私たちの身近にある多くの気体は多原子分子気体であり，このような気体の分子は単原子分子気体とは異なる自由度をもつため，内部エネルギーも公式 2.12 とは異なるものとなる．そこで，ここはより現実的な気体である，多原子分子理想気体の内部エネルギーについて計算しよう．

● 2 原子分子理想気体

理想気体において，1 個の気体分子が複数の原子からなる場合は，分子 1 つを質点とするのではなく，分子を構成する原子 1 つ 1 つを質点とみなす．その場合，1 つの分子は剛体とみなすことになるので，分子の運動は並進運動と回転運動に分けられる．例えば，水素(H_2)，酸素(O_2)，窒素(N_2)のような 2 原子分子理想気体について考えよう．2 原子分子気体の分子がもつ並進運動と回転運動の自由度を，図 2.18 に示す[14]．

---

14) 力学で，大きさと形をもつ物体のことを剛体とよぶが，剛体が向きを変えずに重心だけを移動させる運動のことを**並進運動**とよぶ．一方，剛体の重心は移動しないが，重心を通る回転軸のまわりで剛体が向きを変える運動のことを**回転運動**とよぶ．

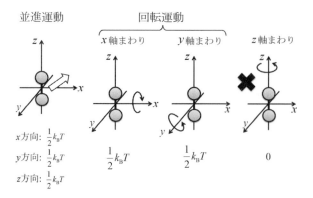

図 2.18 2 原子分子気体の分子の並進運動と回転運動

2 原子分子の重心に原点をとり，z 軸が 2 原子分子が束縛する向きと一致するように，x, y, z の直交軸を定義する[15]。このとき，並進運動については単原子分子の場合と同様に，x, y, z の各方向に対して自由度をもつので，2 原子分子がもつ並進運動の自由度は 3 である。よって，1 個の分子がもつ並進運動のエネルギーを ϵ [J] とおくと，エネルギー等分配則により 3 つの自由度に対して $\frac{1}{2}k_\mathrm{B}T$ のエネルギーが割り当てられるので，

$$\epsilon = \frac{1}{2}k_\mathrm{B}T \times 3 = \frac{3}{2}k_\mathrm{B}T$$

となる。

一方，回転運動について，いまは 2 原子分子を構成する各原子(質点)が z 軸上にあると考えているので，z 軸まわりの分子の回転は考えなくてよい。したがって，x, y 軸まわりの回転運動のみを考えればよいので，2 原子分子がもつ回転運動の自由度は 2 である[16]。ここで，エネルギー等分配則は並進運動の自由度だけでなく，回転運動の自由度に対しても同様に成り立つ。すなわち，1 個の分子がもつ回転運動のエネルギーを ϵ' [J] とおくと，エネルギー等分配則により 2 つの自由度に対して $\frac{1}{2}k_\mathrm{B}T$ のエネルギーが割り当てられるので，

$$\epsilon' = \frac{1}{2}k_\mathrm{B}T \times 2 = k_\mathrm{B}T$$

が成り立つ。

以上の結果から，2 原子分子理想気体がもつ内部エネルギー U [J] は，分子 1 個あたりがもつ並進運動のエネルギー ϵ と，回転運動のエネルギー ϵ' を足して，分子の個数 $N = nN_\mathrm{A}$ をかけることで求められるので，

$$U = (\epsilon + \epsilon')N = \left(\frac{3}{2}k_\mathrm{B}T + k_\mathrm{B}T\right)nN_\mathrm{A}$$
$$= \frac{5}{2}k_\mathrm{B}TnN_\mathrm{A} = \frac{5}{2}\left(\frac{R}{N_\mathrm{A}}\right)TnN_\mathrm{A} = \frac{5}{2}nRT$$

となる。よって，物質量が n [mol] の 2 原子分子理想気体の内部エネルギー U は，次式よ

---

15) 2 原子分子のように，直線形の構造をもつ分子に対して，その直線に沿う向きに定義した軸 (図 2.18 の場合の z 軸)のことを，**分子軸**とよぶ。

16) 2 原子分子の z 軸まわりの回転運動は，いまは質点とみなした 2 つの原子がともに回転軸上にあるため，この回転の慣性モーメントは 0 である。したがって，回転運動のエネルギーも 0 となるので，z 軸まわりにおける 2 原子分子の回転運動の自由度は考えなくてよい。

り求められる[17]。

公式 2.13（2 原子分子理想気体の内部エネルギー）

$$U = \frac{5}{2}nRT$$

ここで，2 原子よりも多い多原子分子の場合でも，直線形の分子構造をもつ多原子分子であれば，分子を剛体とみなす限り並進運動と回転運動の自由度は 2 原子分子の場合とまったく同じである。したがって，直線形の分子構造をもつ多原子分子理想気体の内部エネルギーも，公式 2.13 に従うことをおさえておこう。

● **直線形分子構造をもたない多原子分子理想気体の内部エネルギー**

ここまで学んできた，単原子分子，2 原子分子（または直線形構造の分子）とは異なる自由度をもつ気体分子も存在する。例として，アンモニアガス（NH_3）の理想気体の内部エネルギーを考えよう。

この気体を構成するアンモニア分子は，図 2.19 のように 1 つの窒素原子（N）と 3 つの水素原子（H）が三角錐の各頂点に位置するような構造をとる。いまは，窒素原子（N）の位置を原点にとり，x, y, z の直交軸を定義しよう。このとき，1 個の分子の並進運動のエネルギー ϵ [J] は，x, y, z の 3 方向に対して 3 つの自由度をもつので，ϵ は次のように求まる。

$$\epsilon = \frac{1}{2}k_B T \times 3 = \frac{3}{2}k_B T$$

また，1 個の分子の回転運動のエネルギーを ϵ' [J] とおくと，いまの場合は x, y, z のすべての軸のまわりで無視できない慣性モーメント（回転運動の運動エネルギー）をもつため，回転運動もまた 3 つの自由度をもつ。よって，ϵ' は次のように求まる。

$$\epsilon' = \frac{1}{2}k_B T \times 3 = \frac{3}{2}k_B T$$

以上の結果から，アンモニアガスがもつ内部エネルギー U [J] は，ϵ と ϵ' を足して，分

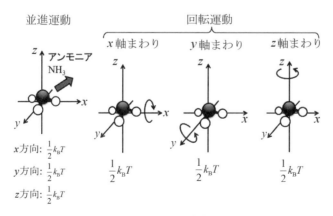

図 2.19 アンモニア分子の並進運動と回転運動

17）二酸化炭素（CO_2）やアセチレン（C_2H_2）などの気体分子も直線状に近い分子構造をもつが，内部エネルギーは公式 2.13 とは異なり，$6/2k_B T$ に近い値をとることが知られている。これは，分子の折れ曲がり振動（ベンディング）の効果によるものである。

子の個数 $N = nN_A$ をかけることで求まるので,

$$U = (\epsilon + \epsilon')N = \left(\frac{3}{2}k_B T + \frac{3}{2}k_B T\right) nN_A$$
$$= \frac{6}{2}k_B T nN_A = 3\left(\frac{R}{N_A}\right) T nN_A = 3nRT$$

となる。これはアンモニアガスだけでなく,直線形の分子構造をもたないすべての多原子分子理想気体に対して成り立つ。よって,物質量が n [mol] の,直線形分子構造をもたない多原子分子理想気体がもつ内部エネルギー U は,次式のように書ける。

公式 2.14（直線形分子構造をもたない多原子分子理想気体の内部エネルギー）

$$U = 3nRT$$

以上をまとめると,物質量が n [mol] の理想気体の内部エネルギー U は,その気体分子1個がもつ並進運動と回転運動の自由度の和を f とおくとき,

$$U = \frac{f}{2}nRT$$

に従う。ただし,ここでは気体分子を剛体として扱っているため,分子内で起こる原子と原子の間の熱振動による振縮運動については無視しているが,それほど高温でない（室温付近までの）気体に対しては顕著な効果をもたらさないので,ここで求めた内部エネルギーの式が利用できる。

例 2.10　物質量が 10.0 mol の以下の理想気体が,絶対温度 300 K,1 atm（1 気圧）の条件下にあるとき,それぞれの気体の内部エネルギーを求めよ。ただし,気体定数を 8.3 J/(mol·K) とする。

　(1)　ヘリウムガス(He)　　(2)　水素ガス(H_2)　　(3)　アンモニアガス(NH_3)

　[解]　n [mol] の理想気体を構成する気体分子1個の,並進運動と回転運動の自由度の和が f であるとき,この気体の内部エネルギー U [J] は

$$U = \frac{f}{2}nRT$$

より求められる。

　(1)　ヘリウムガスは単原子分子気体であるので,並進運動の自由度は3であり,回転運動の自由度は考えなくてよい。よって,$f = 3 + 0 = 3$ である。よって,ヘリウムガスの内部エネルギーは次のように求まる。

$$U = \frac{3}{2} \times 10.0 \times 8.3 \times 300 = 37350 \fallingdotseq \underline{3.7 \times 10^4 \text{ J}}$$

　(2)　水素ガス (H_2) は2原子分子気体であるので,並進運動の自由度は3,回転運動の自由度は2であることから,$f = 3 + 2 = 5$ となる。よって,水素ガスの内部エネルギーは次のように求まる。

$$U = \frac{5}{2} \times 10.0 \times 8.3 \times 300 = 62250 \fallingdotseq \underline{6.2 \times 10^4 \text{ J}}$$

　(3)　アンモニアガス (NH_3) は多原子分子気体であるので,並進運動の自由度は3,回転運動の自由度も3であることから,$f = 3 + 3 = 6$ となる。よって,アンモニアガスの内部エネルギーは次のように求まる。

$$U = \frac{6}{2} \times 10.0 \times 8.3 \times 300 = 74700 \fallingdotseq \underline{7.5 \times 10^4 \text{ J}}$$

2.4　気体の状態変化 ──────────────────────

　気体が外部との間で熱や仕事のやり取りをすることにより，温度，体積，圧力などを変化させることを，**気体の状態変化**とよぶ[18]。気体の状態変化は熱力学の第1法則とよばれる物理法則のもとで引き起こされるが，その変化の仕方は1通りではなく何通りも存在する。本節では，最も基本的な気体の状態変化である「定積変化」，「定圧変化」，「等温変化」，「断熱変化」について学ぶ。まずは，これらの状態変化を学ぶうえでの基盤となる，熱力学の第1法則から順に説明しよう。

2.4.1　熱力学の第1法則
　はじめに，熱力学でよく用いられるいくつかの概念について説明しておこう。例えば，熱平衡状態にある気体(または固体や液体)が，別の熱平衡状態へと変化する場合を考える。このとき，変化の速度が十分に遅く，その過程で物質は常に熱平衡状態を保つことができるとき，このような気体の状態変化の過程を**準静的過程**とよぶ。以下で述べる気体の状態変化は，特に断りのない限りすべて準静的過程であるものとして説明する。

　また，すべての物質は膨大な数の原子や分子から構成されているが，このような原子や分子の全体的な状態を1つの物理量で表すことができるとき，この物理量のことを**状態量**(または**状態変数**)とよぶ。例えば，気体の典型的な状態量は，その気体の温度，体積，圧力などがあげられる。特に，理想気体の場合，温度(絶対温度)，体積，圧力の間にはボイル-シャルルの法則(公式2.8)が成り立つので，3つの状態量のうち2つの値が定まれば，その気体の状態は一義的に定まる。さらに，前節で学んだように，理想気体の内部エネルギーはその気体を構成する気体分子の内部構造に関係なく，気体の絶対温度に比例する。したがって，内部エネルギーも気体の状態量の1つである。

　ここで，状態量には「示量変数」と「示強変数」とよばれる2種類のものがあることもおさえておこう。例えば，sを実数として物質の大きさをs倍したときに，それに比例してs倍される状態量のことを**示量変数**とよぶ。「体積」，「物質量」，「内部エネルギー」などは，物質を半分にしたときにその値も半分になるので，これらは示量変数である。一方で，物質の大きさをs倍しても値が変わらない状態量のことを，**示強変数**とよぶ。「温度(絶対温度)」，「圧力(気圧)」などは，物質を半分にしてもその値が変わらないので，これらは示強変数である。

　図2.20のように，ピストン付きの容器に閉じ込められた気体について考えよう。ピストンは容器内でなめらかに動くものとし，容器内の気体に加えられた熱は，容器の外に逃げないものとする。

　ここで，図2.20(a)のように，容器を熱して，気体にΔQ [J]の熱量を加えると，熱を加えられた気体の温度は高くなり(内部エネルギーが増加し)，図2.20(b)のように熱膨張によってピストンがゆっくりと右に移動する。このとき，気体が受け取った内部エネルギーをΔU [J]とし，気体がピストンを動かすのにした仕事をWとしよう。すると，気体に加

───────────────────

18)　2.1.4で述べたように，水などが固体，液体，気体の間でその状態を変化させることを，「状態変化」とよぶ。一方で，気体が温度，体積，圧力など，気体の状態を表す物理量(状態量)が熱や仕事によって変化することを，「気体の状態変化」とよぶ。両者の状態変化という言葉の意味は異なることに注意しよう。

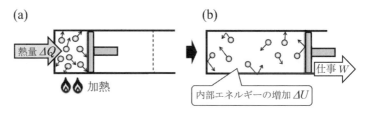

図 2.20　熱力学の第 1 法則

えられた熱量 ΔQ の一部が内部エネルギーの増加 ΔU（気体の温度の増加）に使われて，残りのエネルギーがピストンを動かす仕事 W に使われたことになるので，エネルギーの保存則から次式が成り立つ。

$$\Delta Q = \Delta U + W \quad \rightarrow \quad \Delta U = \Delta Q - W$$

ここで，W は「気体が外部に対して行った仕事」とよばれる。このように，気体に加えた熱量 ΔQ，気体が受け取った内部エネルギー ΔU，気体が外部に対して行った仕事 W の間に成り立つ関係式のことを，**熱力学の第 1 法則**とよぶ。

定理 2.6（熱力学の第 1 法則）　気体が外から熱量 ΔQ [J] を加えられたとき，気体が受け取った内部エネルギー ΔU [J] と，気体が外部に対して行う仕事 W [J] の間には，

$$\Delta U = \Delta Q - W$$

という関係が成り立つ。

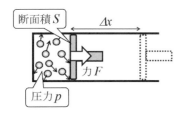

図 2.21　気体が外部に行う仕事

ところで，気体が熱膨張する過程は準静的過程であるので，容器内の気体の圧力 p [Pa] は大気圧とつり合っており，常に一定である。ここで，図 2.21 のように，ピストンを動かした距離を Δx [m]，気体がピストンに与える力を F [N] とする。また，ピストンの断面積を S [m²] とすると，気体の圧力 p は

$$p = \frac{F}{S} \quad \rightarrow \quad F = pS \tag{2.24}$$

となり，熱膨張による気体の体積の変化を ΔV [m³] とおくと，

$$\Delta V = S\,\Delta x \quad \rightarrow \quad \Delta x = \frac{\Delta V}{S} \tag{2.25}$$

と変形することができる。よって，気体がピストンを動かすのにした仕事 W は，式 (2.24) と式 (2.25) より，

$$W = F\Delta x = pS \times \frac{\Delta V}{S} = p\,\Delta V \tag{2.26}$$

と書けるので，熱力学の第 1 法則は次式のように表すこともできる。

$$\Delta U = \Delta Q - p\,\Delta V \tag{2.27}$$

● **気体が外部に対して行う仕事**

図 2.22 のように，気体の圧力 p [Pa] と体積 V [m³] を軸にしたグラフのことを，p-V

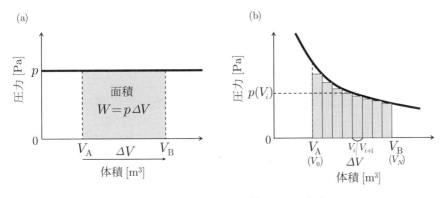

図 2.22 p-V 図と気体が外部にする仕事

図とよぶ。p-V 図を用いて，気体がある熱量を加えられたときに，気体が外部に対して行う仕事 W [J] について考えよう。熱量を加えられて状態変化した気体の体積が，V_A [m³] から V_B [m³] に変化したとき，その変化量は $\Delta V = V_B - V_A$ [m³] と書くことができる。この変化の過程で圧力 p が一定であるならば，式 (2.26) で求めたように，気体が外部に対して行う仕事は

$$W = p(V_B - V_A) = p\,\Delta V$$

となり，図 2.22(a) の長方形の面積に一致する。

　一方で，熱量を加えられた気体が，体積の変化に依存して圧力 p を変える場合がある。例えば，気体の体積が V_A から V_B に変化する過程で，p が図 2.22(b) のような曲線に従うとしよう。このような場合は，$V_A = V_0$，$V_B = V_N$ として，その間を N 等分した 1 つの区間を $\Delta V = V_{i+1} - V_i$ $(i = 0, 1, 2, \cdots, N-1)$ とすれば，気体が外部に対して行う仕事 W は近似的に，

$$W \fallingdotseq \sum_{i=0}^{N-1} p(V_i)\,\Delta V$$

より求まる。ここで，分割数 N は可能な限り大きい方がよいので $N \to \infty$ の極限をとると，$\Delta V \to 0$ となる。これより，

$$W = \lim_{\Delta V \to 0} \sum_{i=0}^{N-1} p(V_i)\,\Delta V = \int_{V_A}^{V_B} p(V)\,dV \tag{2.28}$$

と変形できるので，W は p を V について積分することにより求められる。

● 気体が外部から受け取る仕事

　熱力学の第 1 法則（$\Delta U = \Delta Q - W$）で，W [J] は「気体が外部に対して行う仕事」を正とした量であった。一方で，W が負の値をもつ場合は，この W は「気体が外部から受け取る仕事」となる。ここで，「気体が外部から受け取る仕事」とはどのような仕事だろうか。図 2.23 のように，なめらかに動くピストン付きの容器に閉じ込められた理想気体を再び考えよう。容器内ではたくさんの気体分子が壁やピストンに衝突しながら運動しているが，これらの衝突はすべて弾性衝突であるものとする。

　はじめに，図 2.23(a) のように，ピストンを左に動かして気体を圧縮させた場合を考える。右に速さ v [m/s] で運動していた分子に対して，ピストンが速さ V [m/s] で左に向

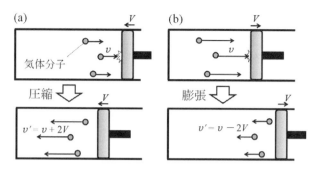

図 2.23　気体が外部から受け取る仕事

かってきたとき，ピストンと衝突した後の分子の速さ v' [m/s] は次のように求まる。

$$1 = -\frac{-v' - (-V)}{v - (-V)} \quad \rightarrow \quad v' = v + 2V$$

すなわち，衝突後の分子の速さは $2V$ 増加するので，ピストンによる気体の圧縮により，気体の内部エネルギーは増加する。これは，ピストンが気体に対して正の仕事を与えたことを示しており，気体が外部から正の仕事を受け取ったことを意味する。同様に，図 2.23(b) のように，ピストンを右に動かして気体を膨張させた場合を考えよう。右に速さ v [m/s] で運動していた分子に対して，ピストンが速さ V [m/s] で右に遠ざかるとき，ピストンと衝突した後の分子の速さ v' は次のように求まる。

$$1 = -\frac{-v' - V}{v - V} \quad \rightarrow \quad v' = v - 2V$$

すなわち，衝突後の分子の速さは $2V$ 減少するので，ピストンによる気体の膨張により，気体の内部エネルギーは減少する。これは，ピストンが気体に対して負の仕事を与えたことを示しており，気体が外部から負の仕事を受け取ったことを意味する。

例 2.11　気体に 20 J の熱量を加えながら，その気体を圧縮して外から 150 J の仕事を行った場合を考える。このとき，気体の内部エネルギーの増加量を求めよ。

　[**解**]　熱力学の第 1 法則
$$\Delta U = \Delta Q - W$$
を用いよう。ΔQ [J] は気体が外から加えられた熱量なので，$\Delta Q = 20$ J である。また，W [J] は「気体が外部に対して行った仕事」であるが，いまは「気体が外部から 150 J の仕事を受け取っている」ので，$W = -150$ J となる。よって，気体の内部エネルギーの増加量 ΔU は，次のように求まる。

$$\Delta U = \Delta Q - W = 20 - (-150) = 20 + 150 = \underline{170 \text{ J}}$$

2.4.2　定積変化

　体積が一定の条件下で，気体を加熱，または冷却したときの状態変化のことを，**定積変化**とよぶ。図 2.24(a) のように，ピストン付きの容器に閉じ込められた n [mol] の単原子分子理想気体について考えよう。いまはピストンが固定されており，容器内の気体の体積は常に一定であるとする。この場合に，気体に熱量 ΔQ [J] を加えて，気体の絶対温度を T_A [K] から T_B [K] まで上昇させた場合を考えると，この過程で気体が外部に対して行った仕事 W [J] は，気体の体積に変化がない（$\Delta V = 0$）ので

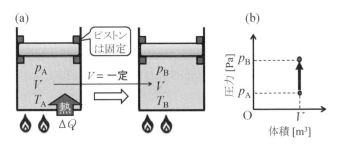

図 2.24 定積変化

$$W = \int_{V}^{V+\Delta V} p(V) \, dV = 0$$

となる。よって，熱力学の第 1 法則は

$$\Delta U = \Delta Q - p \, \Delta V = \Delta Q$$

となり，気体に加えた熱量 ΔQ がすべて，気体の内部エネルギーの増加 ΔU [J] に使われる。

このような定積変化を p-V 図で表すと，図 2.24(b) のようになる。もともとの気体の体積を V [m^3] として，気体の絶対温度が T_A のときの圧力を p_A [Pa]，T_B のときの圧力を p_B [Pa] とおくと，気体の状態は (V, p_A) から (V, p_B) に，圧力の軸と平行に変化する。また，絶対温度 T [K] の単原子分子理想気体がもつ内部エネルギーが $U = \frac{3}{2}nRT$（式 (2.15)）より求まることから，定積変化による内部エネルギーの変化 ΔU と，気体に加えられた熱量 ΔQ はともに，次式より求められる。

$$\Delta U = \Delta Q = \frac{3}{2}nRT_B - \frac{3}{2}nRT_A = \frac{3}{2}nR(T_B - T_A) \tag{2.29}$$

● 定積モル比熱（定積モル熱容量）

2.1.3 で学んだように，物質の体積を一定に保ったまま測定したモル比熱のことを定積モル比熱とよぶ。ここでは定積変化の式を利用して，単原子分子理想気体の定積モル比熱を計算してみよう。体積を一定に保ちながら，物質量が n [mol] の単原子分子理想気体の温度を $\Delta T = T_B - T_A$ [K] 上昇させるのに必要な熱量 ΔQ [J] は，式 (2.29) より，

$$\Delta Q = \frac{3}{2}nR(T_B - T_A) = \frac{3}{2}nR \, \Delta T \tag{2.30}$$

となる。ここで，モル比熱とは「1 mol の気体を 1 K（°C）上昇させるのに必要な熱量」のことなので，式 (2.30) の熱量 ΔQ を n と ΔT で割ったものが，定積モル比熱となる。よって，単原子分子理想気体の定積モル比熱 C_V [J/(mol·K)] は，次式のように書ける。

公式 2.15（単原子分子理想気体の定積モル比熱）

$$C_V = \frac{3}{2}R$$

また，多原子分子理想気体については，それぞれの気体分子がもつ自由度 f に応じて内部エネルギーが $U = \frac{f}{2}nRT$ となるので，定積モル比熱は内部エネルギーの変化

$\Delta U = \frac{f}{2} nR\,\Delta T$ を n と ΔT で割って,

$$C_V = \frac{f}{2} R \tag{2.31}$$

となる。例えば,2原子分子理想気体では分子の自由度が $f = 5$ であるので,定積モル比熱は式 (2.31) より $C_V = \frac{5}{2} R$ となる。また,直線形分子構造をもたない多原子分子理想気体の定積モル比熱は,分子の自由度が $f = 6$ であるので,式 (2.31) より $C_V = \frac{6}{2} R = 3R$ となる。

例 2.12 物質量が 4.0 mol の単原子分子理想気体を,体積を一定に保ちながら 17 °C から 67 °C まで加熱した。このとき,気体定数を 8.3 J/(mol·K) として,以下の問いに答えよ。

(1) 気体が外部に対して行った仕事を求めよ。

(2) 気体に加えた熱量を求めよ。

[解] (1) 気体の圧力を p [Pa],加熱による気体の体積の変化を ΔV [m³] とおく。いま,気体の状態変化は定積変化($\Delta V = 0$)であるので,加熱の過程で気体が外部に対して行った仕事 W [J] は,次のように求まる。

$$W = p\,\Delta V = p \times 0 = \underline{0\ \text{J}}$$

(2) 気体の物質量を $n = 4.0$ mol,加熱による気体の温度変化を $\Delta T = 67\,°\text{C} - 17\,°\text{C} = 50\,°\text{C}(= \text{K})$ とおく。理想気体の定積比熱は,公式 2.15 より $C_V = \frac{3}{2} R$ から求まるので,気体定数を $R = 8.3$ J/(mol·K) として,加熱の間に気体が加えられた熱量 ΔQ [J] は次のように求まる。

$$\Delta Q = nC_V\,\Delta T = n \times \frac{3}{2} R \times \Delta T = 4.0 \times \frac{3}{2} \times 8.3 \times 50 = 2490 \fallingdotseq \underline{2.5 \times 10^2\ \text{J}}$$

2.4.3 定 圧 変 化

圧力が一定の条件下で,気体を加熱,または冷却したときの状態変化のことを,**定圧変化**とよぶ。図 2.25(a) のように,なめらかに動くピストン付きの容器に閉じ込められた,物質量が n [mol] の単原子分子理想気体について考えよう。ここで,気体に熱量 ΔQ [J] を加えて,気体の絶対温度を T_A [K] から T_B [K] まで上昇させた場合を考える。いまは準静的過程を考えているので,気体の圧力 p [Pa] は常に大気圧とつり合っており,一定であると考えることができる。

この過程で,熱膨張した気体の体積が V_A [m³] から V_B [m³] まで増加したとすると,その変化 ΔV [m³] は $\Delta V = V_B - V_A$ と書くことができる。よって,加熱された気体が外部に対して行った仕事は $W = p\,\Delta V$ [J] となるので,熱力学の第 1 法則より次の関係式が成り立つ。

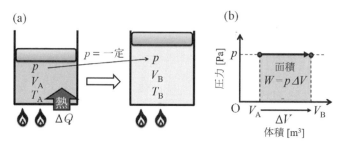

図 2.25 定圧変化

$$\Delta U = \Delta Q - W = \Delta Q - p\,\Delta V \tag{2.32}$$

このような定圧変化を p-V 図で表すと，気体の状態変化は図 2.25(b) のようになる。気体の絶対温度が T_A のときの体積を $V_A\,[\mathrm{m^3}]$，T_B のときの体積を $V_B\,[\mathrm{m^3}]$ とおくと，気体の状態が (V_A, p) から (V_B, p) に，体積の軸と平行に変化する。このとき，気体が外部に対して行う仕事は

$$W = p\,\Delta V = p(V_B - V_A)$$

であるので，これは図の灰色の部分の面積に等しい。

また，絶対温度 $T\,[\mathrm{K}]$，物質量 n の単原子分子理想気体がもつ内部エネルギーは $U = \frac{3}{2}nRT$ より求まるので，内部エネルギーの変化 ΔU は

$$\Delta U = \frac{3}{2}nR(T_B - T_A)$$

と書くことができる。さらに，定圧変化の過程で気体に加えられた熱量 ΔQ は，式 (2.32) を変形して，次式より求められる。

$$\Delta Q = \Delta U + W = \frac{3}{2}nR(T_B - T_A) + p(V_B - V_A) \tag{2.33}$$

● 定圧モル比熱（定圧モル熱容量）

2.1.3 で学んだように，物質の圧力を一定に保ったまま測定したモル比熱のことを定圧モル比熱とよぶ。ここでは定圧変化の式を利用して，単原子分子理想気体の定圧モル比熱を計算してみよう。

圧力を一定に保ちながら，物質量が $n\,[\mathrm{mol}]$ の単原子分子理想気体の温度を $\Delta T = T_B - T_A\,[\mathrm{K}]$ 上昇させるのに必要な熱量 $\Delta Q\,[\mathrm{J}]$ は，式 (2.33) より，

$$\Delta Q = \frac{3}{2}nR\,\Delta T + p(V_B - V_A) = \frac{3}{2}nR\,\Delta T + pV_B - pV_A \tag{2.34}$$

となる。ここで，理想気体の状態方程式より，$pV_B = nRT_B$，$pV_A = nRT_A$ が成り立つので，これらを式 (2.34) に代入すると，

$$\begin{aligned}
\Delta Q &= \frac{3}{2}nR\,\Delta T + nRT_B - nRT_A = \frac{3}{2}nR\,\Delta T + nR(T_B - T_A) \\
&= \frac{3}{2}nR\,\Delta T + nR\,\Delta T = \frac{5}{2}nR\,\Delta T \tag{2.35}
\end{aligned}$$

と変形できる。

ここで，モル比熱とは「1 mol の気体を 1 K（℃）上昇させるのに必要な熱量」のことなので，式 (2.35) の熱量 ΔQ を n と ΔT で割ったものが，定圧モル比熱となる。よって，単原子分子理想気体の定圧モル比熱 $C_p\,[\mathrm{J/(mol \cdot K)}]$ は，次式のように書ける。

公式 2.16（単原子分子理想気体の定圧モル比熱）

$$C_p = \frac{5}{2}R$$

これは，公式 2.15 で求めた定積モル比熱 $C_V = \frac{3}{2}R$ に対して R だけ大きいので，定積モル比熱 C_V と定圧モル比熱 C_p の間には，次の関係が成り立つ。

公式 2.17 (マイヤーの関係式) ━━━━━━━━━━━━━━━━━━━━━━━━━━━━━

$$C_p = C_V + R$$

━━

この式はロベルト・マイヤー (Mayer, R., 1814–1878) によって発表されたため, **マイヤーの関係式**とよばれる。

また, 多原子分子理想気体の場合は, 気体分子がもつ自由度が f のとき, 気体の内部エネルギーは $U = \frac{f}{2}nRT$ より求まる。このとき, 式 (2.35) の第 1 項の $\frac{3}{2}nRT$ を $\frac{f}{2}nRT$ に置き換えると, 気体に加えた熱量 ΔQ は

$$\Delta Q = \frac{f}{2}nR\,\Delta T + nR\,\Delta T = \frac{f+2}{2}nR\,\Delta T$$

と書けるので, この ΔQ を n と ΔT で割ったものが, 多原子分子理想気体の定圧モル比熱 C_p となる。よって, C_p は次式のように書ける。

$$C_p = \frac{f+2}{2}R \tag{2.36}$$

例えば, 2 原子分子理想気体は分子の自由度が $f = 5$ なので, 式 (2.36) より定圧モル比熱は $C_p = \frac{7}{2}R$ となる。また, 直線形分子構造をもたない多原子分子理想気体の場合は分子の自由度が $f = 6$ なので, 式 (2.36) より定圧モル比熱は $C_p = \frac{8}{2}R = 4R$ となる。

ここで, 多原子分子理想気体の定積モル比熱は式 (2.31) より $C_V = \frac{f}{2}R$, 定圧モル比熱は式 (2.36) より $C_p = \frac{f+2}{2}R$ なので, マイヤーの関係式 $C_p = C_V + R$ (公式 2.17) は単原子分子理想気体だけでなく, 多原子分子理想気体に対しても成り立つことがわかる。

● **エンタルピー**

おもに定圧変化の場合に使用される, エンタルピーとよばれる物理量についておさえておこう。気体の内部エネルギーが U [J], 圧力が p [Pa], 体積が V [m^3] であるとき, 次のように定義される H のことを, **エンタルピー** (または**熱関数**) とよぶ。

公式 2.18 (エンタルピー) ━━━━━━━━━━━━━━━━━━━━━━━━━━━━━

$$H = U + pV$$

━━

エンタルピーの単位は「J (ジュール)」を用いる。

ここで, 例えば, 物質量 n [mol] の理想気体が, 定圧変化する場合を考えよう。定圧変化で気体の圧力は常に一定であることから, この過程におけるエンタルピーの変化 ΔH [J] は, 式 (2.27) ($\Delta U = \Delta Q - p\,\Delta V$) を用いて,

$$\Delta H = \Delta U + p\,\Delta V = (\Delta Q - p\,\Delta V) + p\,\Delta V = \Delta Q$$

と変形できる。よって, 定圧変化の場合は, 気体に加えた熱量 ΔQ [J] と, エンタルピーの変化 ΔH が等しくなる。したがって, 定圧変化により気体の温度が ΔT [K] 変化したとすると, 定圧モル比熱は気体に加えた熱量 ΔQ [J] の代わりに, エンタルピーの変化 ΔH を n と ΔT で割ることにより求められる。よって, エンタルピーを用いた定圧モル比熱は,

$$C_p = \frac{1}{n}\left(\frac{\Delta H}{\Delta T}\right)_p$$

と表すことができる。ここで，カッコの右下の添え字 p は，圧力を一定に保ちながらカッコ内の計算を行うことを示す。

例えば，融解熱は圧力が一定の条件下において，物質が融解する際に吸収する熱量を観測したものであるので，この熱量はエンタルピーの一種であると考えることができる。

2.4.4 等温変化

温度が一定の条件下で，気体を膨張，または圧縮したときの気体の状態変化のことを，**等温変化**とよぶ。図 2.26(a) のように，なめらかに動くピストン付きの容器に閉じ込められた，物質量が n [mol] の単原子分子理想気体が，温度が一定の熱浴に沈められている[19]。容器内の気体と熱浴との間では熱平衡が保たれており，気体の温度は常に一定に保たれるものとする。この状態からピストンをゆっくりと上向きに動かして，気体の体積を V_A [m^3] から V_B [m^3] に膨張させた場合を考えよう。この過程で，気体の絶対温度は T [K] で一定であり，熱膨張した気体の圧力は p_A [Pa] から p_B [Pa] に変化したとする。

このような等温変化を p-V 図で表すと，気体の状態は図 2.26(b) のように，(V_A, p_A) から (V_B, p_B) に変化する。このとき，2 つの状態を結ぶ曲線は，気体の状態方程式 $pV = nRT =$ 定数 に従うため，双曲線となる。また，p は V についての関数 $p = nRT/V$ に従うので，気体が外部に対して行う仕事 W [J] は式 (2.28) に従い，次のように求まる[20]。

$$W = \int_{V_A}^{V_B} p(V)\,dV = \int_{V_A}^{V_B} \frac{nRT}{V}\,dV = nRT \int_{V_A}^{V_B} \frac{dV}{V}$$

$$= nRT[\log_e V]_{V_A}^{V_B} = nRT(\log_e V_B - \log_e V_A) = nRT \log_e \frac{V_B}{V_A} \qquad (2.37)$$

この値は，図 2.26(b) の灰色の部分の面積に等しい。

また，絶対温度 T [K]，物質量 n [mol] の単原子分子理想気体の内部エネルギー U [J] は，式 (2.15) より T に比例する式 ($\frac{3}{2}nRT$) より求まるが，等温変化の場合は温度の変化が $\Delta T = 0$ なので，内部エネルギーの変化 ΔU [J] も 0 となる。

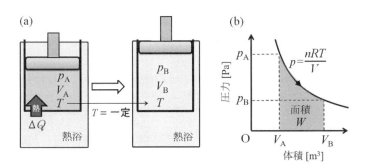

図 2.26 等温変化

---

[19] 温度が一定の巨大な熱源のことを，**熱浴**とよぶ。イメージとしては，常に温度が一定に保たれている液体で満たされた，巨大なプールを想像するとよい。このプールの中に，気体を閉じ込めた容器が完全に沈められていると考える。

[20] $1/x$ の不定積分は，C を積分定数として，次式で求められる。

$$\int \frac{1}{x}\,dx = \log_e x + C$$

$$\Delta U = \frac{3}{2}nR\,\Delta T = \frac{3}{2}nR \times 0 = 0$$

よって，熱力学の第 1 法則より，

$$\Delta U = \Delta Q - W \quad \rightarrow \quad 0 = \Delta Q - W \quad \rightarrow \quad \Delta Q = W \tag{2.38}$$

という関係式が成り立つので，等温変化の過程で気体に加えられた熱量 ΔQ [J] は W（式 (2.37)）に等しくなり，次式より求められる。

$$\Delta Q = W = nRT \log_e \frac{V_\mathrm{B}}{V_\mathrm{A}}$$

2.4.5 断熱変化

　外部と熱のやり取りを遮断した状況下で，気体を膨張，または圧縮させたときの気体の状態変化を，**断熱変化**とよぶ。図 2.27(a) のように，物質量が n [mol] の単原子分子理想気体を閉じ込めた，なめらかに動くピストン付きの容器がある。容器とピストンは断熱材でつくられており，容器内の気体と外部との間に熱のやり取りはないものとする。この状態からピストンをゆっくりと上向きに動かして，気体の体積を V_A [m³] から V_B [m³] に膨張させた場合を考えよう。この過程で，気体の圧力は p_A [Pa] から p_B [Pa] に変化し，気体の絶対温度は T_A [K] から T_B [K] に変化したとする。

　このような断熱変化を p-V 図で表すと，気体の状態は図 2.27(b) のように，$(V_\mathrm{A}, p_\mathrm{A})$ から $(V_\mathrm{B}, p_\mathrm{B})$ に変化する。このとき，2 つの状態を結ぶ曲線は，以下の**ポアソンの法則**とよばれる関係式に従う（証明はウェブコンテンツを参照）。

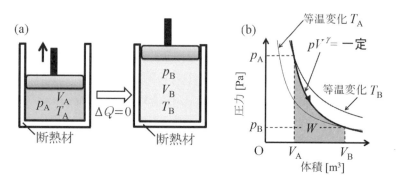

図 2.27　断熱変化

公式 2.19（ポアソンの法則）――――――――――――――――――――

$$pV^\gamma = 一定$$

――――――――――――――――――――――――――――――――――

　ここで，γ は**比熱比**とよばれる無次元の（単位をもたない）量であり，次式のように定圧比熱 C_p [J/(mol·K)] と定積比熱 C_V [J/(mol·K)] の比として定義される[21]。

$$\gamma = \frac{C_p}{C_V}$$

---

21)　比熱比 γ は 1 より大きいので，p-V 図での断熱変化の曲線（$pV^\gamma = $ 定数）は，等温変化の曲線（$pV = $ 定数）よりも，接線の傾きの大きさが急な曲線になる。

また，ポアソンの法則は公式 2.19 の左辺に，気体の状態方程式から得られる $p = nRT/V$ を代入することにより，次のように書くこともできる[22]。

$$TV^{\gamma-1} = 一定 \tag{2.39}$$

図 2.27(b) で，気体の状態が (V_A, p_A) から (V_B, p_B) に断熱変化する過程を再び考えよう。このとき，外部との間で熱のやり取りはないので，気体が外から加えられる熱量は $\Delta Q = 0$ である。また，気体の絶対温度は T_A から T_B に変化しているので，内部エネルギーの増加 ΔU [J] は，

$$\Delta U = \frac{3}{2}nR(T_B - T_A)$$

と書ける。さらに，熱力学の第 1 法則より，$\Delta U = \Delta Q - W = 0 - W = -W$ が成り立つので，この過程で気体が外部に対して行う仕事 W は，次式のように書ける。

$$W = -\Delta U = -\frac{3}{2}nR(T_B - T_A) \tag{2.40}$$

例 2.13 物質量が 2 mol の単原子分子理想気体を，外部と熱のやり取りをせずに，体積 V_0 [m^3] の状態 A から体積 $8V_0$ [m^3] の状態 B まで膨張させた。状態 A における気体の絶対温度は T_0 [K] であった。気体定数を R [J/(mol·K)] として，以下の問いに答えよ。

(1) この場合の，ポアソンの法則の比熱比を求めよ。

(2) 状態 B における気体の絶対温度を求めよ。

(3) 気体が状態 A から状態 B まで変化する間に，気体が外部に行った仕事を求めよ。

[解] (1) 単原子分子理想気体であるので，公式 2.15 と公式 2.16 より，定積比熱は $C_V = \frac{3}{2}R$，定圧比熱は $C_p = \frac{5}{2}R$ である。よって，比熱比 γ は

$$\gamma = \frac{C_p}{C_V} = \frac{5}{3}$$

(2) ポアソンの法則 $pV^\gamma =$ 定数 は，この式に状態方程式から求まる次式

$$pV = nRT \quad \rightarrow \quad p = \frac{nRT}{V}$$

を代入することで，

$$pV^\gamma = 定数 \quad \rightarrow \quad \frac{nRT}{V} \times V^\gamma = 定数 \rightarrow \quad nRTV^{\gamma-1} = 定数$$
$$\rightarrow \quad TV^{\gamma-1} = 定数$$

と書き換えることができる。

ここで，状態 A での気体の体積を $V_A = V_0$，絶対温度を $T_A = T_0$ とし，状態 B での気体の体積を $V_B = 8V_0$，絶対温度を $T_B = T$ とおくと，変形したポアソンの法則の式を用いて，状態 B での気体の絶対温度 T [K] は次式で書ける。

$$T_A V_A^{\gamma-1} = T_B V_B^{\gamma-1} \rightarrow \quad T_0 V_0^{\gamma-1} = T(8V_0)^{\gamma-1} \rightarrow \quad T = T_0 \left(\frac{V_0}{8V_0}\right)^{\gamma-1}$$

また，(1) の結果から比熱比は $\gamma = 5/3$ なので，T は次のように求まる。

---

22) 気体が断熱変化により膨張すると，気体が外部に仕事をした分だけ内部エネルギーが減少するので，気体の温度は下がる。一方，気体が断熱変化により圧縮されると，気体が外部から仕事をされた分だけ内部エネルギーが増加するので，気体の温度は上がる。自転車のタイヤに手押しポンプで空気を入れるとき，空気を入れ終わった後にポンプのパイプ部分が熱くなるのは，圧縮により熱が発生するためである。

$$T = T_0 \left(\frac{V_0}{8V_0}\right)^{5/3-1} = T_0 \left(\frac{1}{8}\right)^{2/3} = \underline{\frac{1}{4}T_0 \ [\mathrm{K}]}$$

(3)　断熱変化であるので，気体が外から加えられる熱量は $\Delta Q = 0$ となり，熱力学の第 1 法則から気体が外部に対して行う仕事 W [J] は，

$$\Delta Q = W + \Delta U = 0 \ \rightarrow \quad W = -\Delta U$$

と書ける。ここで，気体の内部エネルギーの変化は $\Delta U = \frac{3}{2}nR\Delta T$ となるが，気体の物質量は $n = 2$ mol，気体の温度変化は (2) の結果から，

$$\Delta T = T_\mathrm{B} - T_\mathrm{A} = T - T_0 = \frac{1}{4}T_0 - T_0 = -\frac{3}{4}T_0$$

となるので，これらを代入すると，ΔU [J] は次のようになる。

$$\Delta U = \frac{3}{2}nR \ \Delta T = \frac{3}{2} \times 2 \times R \times \left(-\frac{3}{4}T_0\right) = -\frac{9}{4}RT_0$$

よって，気体が外部に対して行う仕事 W は，次のように求まる。

$$W = -\Delta U = -\left(-\frac{9}{4}RT_0\right) = \underline{\frac{9}{4}RT_0 \ [\mathrm{J}]}$$

2.4.6　断熱自由膨張

　ここでは，準静的過程でない断熱変化の例を 1 つおさえておこう。図 2.28(a) のように，断熱材でできた 2 つの容器 1 と容器 2 を，コックのついたパイプでつないだものを用意する。はじめに，容器 1 には気体を入れ，容器 2 は真空にしておく。この状態からコックを開くと，図 2.28(b) のように，容器 1 の気体は急速に膨張して容器 2 へと流入する。このような気体の状態変化を，**断熱自由膨張**とよぶ。コックを開く前と，コックが開いて気体が容器 1 と 2 に広がり熱平衡に達した後で，気体の温度がどのように変化するかを考えよう。

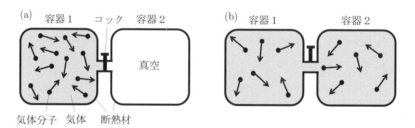

図 2.28　断熱自由膨張

　すでに学んだように，通常の断熱変化や定圧変化，等温変化で気体が膨張するとき，分子がピストンに衝突することにより，気体が外部に対して仕事を行っていた。しかし，断熱自由膨張の場合は分子が衝突するピストンがないので，気体が外部に対して行う仕事 W [J] は 0 である。また，気体が外から加えられる熱量 ΔQ [J] も 0 なので，熱力学の第 1 法則より，気体の内部エネルギーの変化も $\Delta U = \Delta Q - W = 0 - 0 = 0$ J となる。そのため，断熱自由膨張の前後で，気体の温度は変わらないことがわかる。

　例として，物質量が n [mol] の単原子分子理想気体が，絶対温度 $T_\mathrm{A} = T_0$ [K]，圧力 $p_\mathrm{A} = p_0$ [Pa]，体積 $V_\mathrm{A} = V_0$ [m^3] の状態 A から，絶対温度 $T_\mathrm{B} = T_0$ [K]，圧力 $p_\mathrm{B} = p_0/2$ [Pa]，体積 $V_\mathrm{B} = 2V_0$ [m^3] の状態 B に断熱自由膨張した場合を考えよう。状態 A，B における気体の状態方程式はそれぞれ以下のように書けるが，2 つの状態方程式はたがいに同じ式と

なる。

- 状態 A：$p_A V_A = nRT_A$　$\rightarrow$　$p_0 V_0 = nRT_0$
- 状態 B：$p_B V_B = nRT_B$　$\rightarrow$　$\frac{p_0}{2}(2V_0) = nRT_0$　$\rightarrow$　$p_0 V_0 = nRT_0$

これより，状態 A と B で気体がもつ内部エネルギーはそれぞれ，

$$U_A = \frac{3}{2}nRT_A = \frac{3}{2}p_A V_A = \frac{3}{2}p_0 V_0$$

$$U_B = \frac{3}{2}nRT_B = \frac{3}{2}p_B V_B = \frac{3}{2}\frac{p_0}{2}(2V_0) = \frac{3}{2}p_0 V_0$$

となり，$U_A = U_B$ が成り立つことがわかる。すなわち，断熱自由膨張する前の状態 A と，後の状態 B で，内部エネルギーは変わらないので，気体の温度も変わらないといえる。

一方，A と B のそれぞれの状態における気体の圧力 p [Pa] と，体積 V [m³] の γ 乗の積を計算すると，

$$p_A V_A^\gamma = p_0 V_0^\gamma$$

$$p_B V_B^\gamma = \frac{p_0}{2}(2V_0)^\gamma = 2^{\gamma-1} p_0 V_0^\gamma$$

となり，$p_A V_A^\gamma \neq p_B V_B^\gamma$ となるので，ポアソンの法則が成り立たなくなる。これは，断熱自由膨張は通常の断熱変化と比べて急激な変化であり，準静的過程ではないためである。

2.5 循環過程と熱機関

一定の量の気体が様々な状態変化を繰り返した後でもとに戻る過程のことを，**循環過程**，または**サイクル**とよぶ。気体が何度も循環過程を行うと，その過程で気体は膨張と圧縮を交互に行い，外から熱を吸収しながら外部に対して仕事をすることを繰り返す。このように，循環過程を利用して，周期的に外から受け取った熱の一部を仕事に変える機関のことを，**熱機関**とよぶ。熱機関は，自動車のエンジンや蒸気機関，エアコンなどにも利用されている。本節では，前節で学んだ気体の様々な状態変化の知識を生かして，熱機関となる気体の循環過程とその性質について学ぼう。

2.5.1 気体の循環過程

ある量の気体が，図 2.29 のように，p-V 図上で状態 A の位置にあったとする。この気体が A→B→C→D→A と状態変化して，もとの状態 A に戻る循環過程を考えよう。ここで，状態 A を (p_A, V_A)，状態 C を (p_C, V_C) とおく。

図 2.30 のように，A→B→C→D→A の 1 回のサイクルを，A→B→C の曲線と，C→D→A の曲線に分けて考える。A→B→C の曲線の関数を $p_{ABC}(V)$ [Pa]，この関数と横軸にはさまれた面積を S_{ABC} [J] とおくと，この過程で気体が外部に対して行う仕事 W_{ABC} [J] は，式 (2.28) より

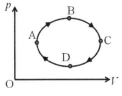

図 2.29 循環過程

$$W_{ABC} = \int_{V_A}^{V_C} p_{ABC}(V)\, dV = S_{ABC}$$

となる。また，C→D→A の曲線の関数を $p_{CDA}(V)$ [Pa]，この関数と横軸にはさまれた面積を S_{CDA} [J] とおくと，この過程で気体が外部に対して行う仕事 W_{CDA} [J] は，式 (2.28) より

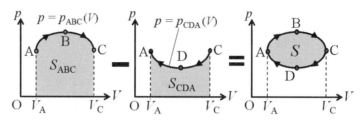

図 2.30　循環過程で気体が外部に対して行う仕事

$$W_{\mathrm{CDA}} = \int_{V_{\mathrm{C}}}^{V_{\mathrm{A}}} p_{\mathrm{CDA}}(V)\, dV = -\int_{V_{\mathrm{A}}}^{V_{\mathrm{C}}} p_{\mathrm{CDA}}(V)\, dV = -S_{\mathrm{CDA}}$$

となる。よって，A→B→C→D→A の 1 回のサイクルで，気体が外部に対して行う仕事 W [J] は，2 つの仕事 W_{ABC} と W_{CDA} を足せばよいので，

$$W = W_{\mathrm{ABC}} + W_{\mathrm{CDA}} = S_{\mathrm{ABC}} - S_{\mathrm{CDA}} = S$$

となり，図 2.30 からわかるように，S は A→B→C→D→A の 1 周する曲線が囲む面積となる。このように，循環過程の 1 回のサイクルで気体が外部に対して行う仕事は，そのサイクルの曲線が囲む面積に等しくなる。

　一方で，循環過程が A→D→C→B→A と逆向きに 1 周する場合は，この過程で気体が外部に対して行う仕事 W が

$$W = W_{\mathrm{ADC}} + W_{\mathrm{CBA}} = S_{\mathrm{CDA}} - S_{\mathrm{ABC}} = -S$$

となることはすぐに導ける。この過程で気体が外部に対して行う仕事 W は負の値となるので，この過程で気体は外部から S の大きさの仕事を受けることを意味する。

　ここで，再び A→B→C→D→A の循環過程を考えよう。この循環過程の間に，気体は高温の熱源からある大きさの熱量を吸収し，低温の熱源にある大きさの熱量を放出する。ここで，吸収した熱量を Q_{H} [J]，放出した熱量を Q_{L} [J] と定義しよう。このとき，1 回のサイクルを通して気体が外から受け取った熱量は $Q_{\mathrm{H}} - Q_{\mathrm{L}}$ であり，その熱量がそのまま外部に対して行う仕事 W に変換されるので，

$$W = Q_{\mathrm{H}} - Q_{\mathrm{L}}$$

が成り立つ。このように，循環過程を通して状態変化する気体は，高温の熱源から Q_{H} の熱量を吸収し，低温の熱源に Q_{L} の熱量を放出して，残った熱量を外部に対して行う仕事 W に変換する熱機関となる（図 2.31）。ここで，Q_{H} に対する W の割合のことを熱機関の**熱効率**とよび，熱効率 e は次式のように書ける。

公式 2.20（熱効率）

$$e = \frac{W}{Q_{\mathrm{H}}} = \frac{Q_{\mathrm{H}} - Q_{\mathrm{L}}}{Q_{\mathrm{H}}} = 1 - \frac{Q_{\mathrm{L}}}{Q_{\mathrm{H}}}$$

　この式で，低温の熱源へ放出する熱量 Q_{L} は必ず正で有限の値となるので，熱効率 e は 1 より小さくなる。

　熱機関の身近な例としては，車のエンジンやディーゼルエンジン，蒸気機関などがあげられる。例えば，図 2.29 の A→B→C→D→A のサイクルで，高温の熱源からの熱を吸収

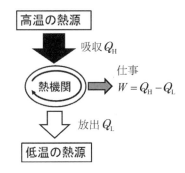

図 2.31 気体の循環過程による熱機関

する過程はガソリンの燃焼などであり，低温の熱源へ熱を放出する過程はラジエータに風（空気）をあててエンジン内の余分な熱を外へ逃がすことに相当する。熱機関において，膨張と圧縮によって外部に対して仕事をする気体などの物質のことを，**作業物質**とよぶ。一方，図 2.29 で，A→D→C→B→A の逆方向のサイクルを考えると，外部から加えられた仕事を使って低温の熱源から熱を吸収し，高温の熱源に熱を放出する熱機関となる。この仕組みは，エアコンのコンプレッサなどのヒートポンプに利用されている。

例 2.14 物質量が n [mol] の単原子分子理想気体が，以下の p-V 図のように，A→B→C→D→A の順に状態変化した場合を考える。状態 A, B, C, D はそれぞれ，(p_0, V_0), $(2p_0, V_0)$, $(2p_0, 2V_0)$, $(p_0, 2V_0)$ の位置にあり，A→B と C→D は定積変化，B→C と D→A は定圧変化である。このとき，状態 A での気体の絶対温度が T_0 [K] であるとし，気体定数を R [J/(mol·K)] として，以下の問いに答えよ。

(1) 1 回のサイクルで気体が外部にする仕事 W [J] を，p_0 [Pa]，V_0 [m^3] を用いて表せ。

(2) (1) で求めた仕事 W を，n, R, T_0 を用いて表せ。

(3) 状態 B, C, D での，それぞれの絶対温度を求めよ。

(4) A→B, B→C の過程で，気体が外から吸収するそれぞれの熱量 ΔQ_{AB} [J]，ΔQ_{BC} [J] を求めよ。

(5) C→D, D→A の過程で，気体が外に放出するそれぞれの熱量 ΔQ_{CD} [J]，ΔQ_{DA} [J] を求めよ。

(6) このサイクルを熱機関としたときの，熱効率は何 % か。有効数字 2 桁で求めよ。

[解] (1) A→B→C→D→A の循環過程は右回りなので，長方形 ABCD の面積 S [J] が，1 回のサイクルの間に気体が外部に対して行う仕事 W [J] となる。よって，W は次のように求まる。

$$W = S = (2p_0 - p_0)(2V_0 - V_0) = \underline{p_0 V_0} \text{ [J]}$$

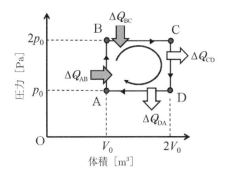

(2) 状態 A で気体の状態方程式を立てると $p_0 V_0 = nRT_0$ であるので，(1) の結果にこの式を代入すると，

$$W = p_0 V_0 = \underline{nRT_0} \text{ [J]}$$

(3) 状態 A，B，C，D での気体の絶対温度をそれぞれ，T_A [K]，T_B [K]，T_C [K]，T_D [K] と定義しよう。ここで，$T_A = T_0$ なので，ボイル-シャルルの法則より，状態 A と B の間の関係から，T_B は次のように求まる。

$$\frac{p_0 V_0}{T_0} = \frac{(2p_0)V_0}{T_B} \rightarrow \quad \frac{1}{T_0} = \frac{2}{T_B} \rightarrow \quad T_B = \underline{2T_0} \text{ [K]}$$

同様に，状態 B と C の間の関係から，T_C は次のように求まる。

$$\frac{(2p_0)V_0}{T_B} = \frac{(2p_0)(2V_0)}{T_C} \rightarrow \quad \frac{2}{2T_0} = \frac{4}{T_C} \rightarrow \quad T_C = \underline{4T_0} \text{ [K]}$$

最後に，状態 C と D の間の関係から，T_C は次のように求まる。

$$\frac{(2p_0)(2V_0)}{T_C} = \frac{p_0(2V_0)}{T_D} \rightarrow \quad \frac{4}{4T_0} = \frac{2}{T_D} \rightarrow \quad T_D = \underline{2T_0} \text{ [K]}$$

(4) A→B は定積変化なので，定積モル比熱 $C_V = \frac{3}{2}R$ を用いると，この過程で気体が外から吸収する熱量 ΔQ_{AB} は次のように求まる。

$$\Delta Q_{AB} = nC_V(T_B - T_A) = nC_V(2T_0 - T_0) = \underline{\frac{3}{2}nRT_0} \text{ [J]}$$

また，B→C は定圧変化なので，定圧モル比熱 $C_p = \frac{5}{2}R$ を用いると，この過程で気体が外から吸収する熱量 ΔQ_{BC} は次のように求まる。

$$\Delta Q_{BC} = nC_p(T_C - T_B) = nC_p(4T_0 - 2T_0) = \frac{5}{2}nR \times 2T_0 = \underline{5nRT_0} \text{ [J]}$$

(5) C→D は定積変化なので，定積モル比熱 $C_V = \frac{3}{2}R$ を用いると，この過程で気体が外に放出する熱量 ΔQ_{CD} は次のように求まる。

$$\Delta Q_{CD} = nC_V(T_C - T_D) = nC_V(4T_0 - 2T_0) = \frac{3}{2}nR \times 2T_0 = \underline{3nRT_0} \text{ [J]}$$

また，D→A は定圧変化なので，定圧モル比熱 $C_p = \frac{5}{2}R$ を用いると，この過程で気体が外に放出する熱量 ΔQ_{DA} は次のように求まる。

$$\Delta Q_{DA} = nC_p(T_D - T_A) = nC_p(2T_0 - T_0) = \underline{\frac{5}{2}nRT_0} \text{ [J]}$$

(6) (5) の結果から，1 回のサイクルで気体が外から吸収する熱量の和 Q_H [J] は，次のように求まる。

$$Q_H = \Delta Q_{AB} + \Delta Q_{BC} = \frac{3}{2}nRT_0 + 5nRT_0 = \underline{\frac{13}{2}nRT_0} \text{ [J]}$$

また，1 回のサイクルで気体が外に放出する熱量の和 Q_L [J] は次のように求まる。

$$Q_L = \Delta Q_{CD} + \Delta Q_{DA} = 3nRT_0 + \frac{5}{2}nRT_0 = \underline{\frac{11}{2}nRT_0} \text{ [J]}$$

よって，公式 2.20 より，このサイクルを熱機関としたときの熱効率 e は，

$$e = 1 - \frac{Q_L}{Q_H} = 1 - \frac{11nRT_0/2}{13nRT_0/2} = 1 - \frac{11}{13} = \frac{2}{13} = 0.154 \fallingdotseq \underline{15 \%}$$

2.5.2 カルノーサイクル

2.5.1 では，気体が高温の熱源から熱を受け取り，低温の熱源に熱を放出しながら，いくつかの状態変化を経てもとの状態に戻る循環過程について学んだ。中でも，ニコラ・カルノー (Carnot, N., 1796–1832) が思考実験として導入した，温度の異なる 2 つの熱源の間で

等温変化 → 断熱変化 → 等温変化 → 断熱変化の順に，気体の状態変化が準静的に繰り返される循環過程のことを，**カルノーサイクル**とよぶ。

例として，物質量が n [mol] の単原子分子理想気体のカルノーサイクルを考えよう。この気体のカルノーサイクルの p-V 図を，図 2.32 に示す。この図の中で，状態 A, B, C, D はそれぞれ，$(p_\mathrm{A}, V_\mathrm{A})$, $(p_\mathrm{B}, V_\mathrm{B})$, $(p_\mathrm{C}, V_\mathrm{C})$, $(p_\mathrm{D}, V_\mathrm{D})$ の位置にあり，気体は A→B→C→D→A の順に状態変化する。ここで，A→B と C→D は等温変化であり，B→C と D→A は断熱変化である。また，状態 A, B での気体の絶対温度は T_H [K]，状態 C, D での気体の絶対温度は T_L [K] であるとする。

はじめに，A→B は等温変化であり，気体の体積は増加(膨張)するので，この過程で気体が外部に対して行う仕事は $W_\mathrm{AB} > 0$ と書ける。式 (2.37) より，この仕事 W_AB [J] は次のようになる。

$$W_\mathrm{AB} = nRT \log_e \frac{V_\mathrm{B}}{V_\mathrm{A}}$$

また，気体の内部エネルギーの変化は $\Delta U_\mathrm{AB} = \frac{3}{2} nR \, \Delta T_\mathrm{AB}$ より求まるが，いまは温度の変化がない($\Delta T_\mathrm{AB} = 0$)ので，$\Delta U_\mathrm{AB} = 0$ となる。よって，熱力学の第 1 法則より，この過程で気体が加えられた熱量 ΔQ_AB [J] は，次のように正となる。

$$\Delta U_\mathrm{AB} = \Delta Q_\mathrm{AB} - W_\mathrm{AB} \quad \rightarrow \quad 0 = \Delta Q_\mathrm{AB} - W_\mathrm{AB}$$

$$\rightarrow \quad \Delta Q_\mathrm{AB} = W_\mathrm{AB} = nRT_\mathrm{H} \log_e \frac{V_\mathrm{B}}{V_\mathrm{A}} > 0$$

これは，この過程で気体が高温の熱源から，大きさ

$$Q_\mathrm{H} = nRT_\mathrm{H} \log_e \frac{V_\mathrm{B}}{V_\mathrm{A}} \ \text{[J]}$$

の熱量を吸収したことを示している。

次に，B→C は断熱変化であり，気体の体積が増加(膨張)することで，その絶対温度は T_H から T_L にゆっくりと下がる。よって，気体が外部に対して行う仕事 W_BC [J] は式 (2.40) より次のように書ける。

$$W_\mathrm{BC} = -\frac{3}{2} nR(T_\mathrm{L} - T_\mathrm{H}) = \frac{3}{2} nR(T_\mathrm{H} - T_\mathrm{L}) > 0$$

また，断熱変化で気体が外から加えられた熱量は $\Delta Q_\mathrm{BC} = 0$ なので，熱力学の第 1 法則より気体の内部エネルギーの変化 ΔU_BC [J] は，次のように求まる。

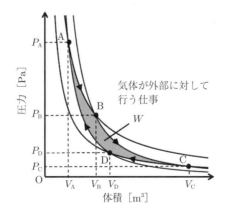

図 2.32 カルノーサイクルの p-V 図

$$\Delta U_{\mathrm{BC}} = \Delta Q_{\mathrm{BC}} - W_{\mathrm{BC}} \quad \rightarrow \quad \Delta U_{\mathrm{BC}} = -W_{\mathrm{BC}} = -\frac{3}{2}nR(T_{\mathrm{H}} - T_{\mathrm{L}}) < 0$$

C→D は再び等温変化であるが，今度は気体の体積が減少(圧縮)するので，この過程で気体が外部に対して行う仕事は $W_{\mathrm{CD}} < 0$ と書ける．式 (2.37) より，この仕事 W_{CD} [J] は次のようになる．

$$W_{\mathrm{CD}} = nRT \log_e \frac{V_{\mathrm{D}}}{V_{\mathrm{C}}}$$

また，気体の内部エネルギーの変化は $\Delta U_{\mathrm{CD}} = \frac{3}{2}nR\,\Delta T_{\mathrm{CD}}$ より求まるが，いまは温度の変化がない($\Delta T_{\mathrm{CD}} = 0$)ので，$\Delta U_{\mathrm{CD}} = 0$ となる．よって，熱力学の第 1 法則より，この過程で気体が外から加えられた熱量 ΔQ_{CD} [J] は，次のように負となる．

$$\Delta U_{\mathrm{CD}} = \Delta Q_{\mathrm{CD}} - W_{\mathrm{CD}} \quad \rightarrow \quad 0 = \Delta Q_{\mathrm{CD}} - W_{\mathrm{CD}}$$

$$\rightarrow \quad \Delta Q_{\mathrm{CD}} = W_{\mathrm{CD}} = nRT_{\mathrm{L}} \log_e \frac{V_{\mathrm{D}}}{V_{\mathrm{C}}} < 0$$

これは，この過程で気体が低温の熱源に，大きさ

$$Q_{\mathrm{L}} = -nRT_{\mathrm{L}} \log_e \frac{V_{\mathrm{D}}}{V_{\mathrm{C}}} \ [\mathrm{J}]$$

の熱量を放出したことを示している．

最後に，D→A は再び断熱変化であり，気体の体積が減少(圧縮)することで，その絶対温度は T_{L} から T_{H} にゆっくりと上がる．よって，気体が外部に対して行う仕事 W_{DA} [J] は式 (2.40) より次のように書ける．

$$W_{\mathrm{DA}} = -\frac{3}{2}nR(T_{\mathrm{H}} - T_{\mathrm{L}}) < 0$$

また，断熱変化で気体が外から加えられた熱量は $\Delta Q_{\mathrm{DA}} = 0$ なので，熱力学の第 1 法則より気体の内部エネルギーの変化 ΔU_{DA} [J] は，次のように求まる．

$$\Delta U_{\mathrm{DA}} = \Delta Q_{\mathrm{DA}} - W_{\mathrm{DA}}$$

$$\rightarrow \quad \Delta U_{\mathrm{DA}} = -W_{\mathrm{DA}} = -\left[-\frac{3}{2}nR(T_{\mathrm{H}} - T_{\mathrm{L}})\right] = \frac{3}{2}nR(T_{\mathrm{H}} - T_{\mathrm{L}}) > 0$$

以上の結果から，A→B→C→D →A の 1 回のサイクルで気体が吸収する熱量は

$$Q_{\mathrm{H}} = nRT_{\mathrm{H}} \log_e \frac{V_{\mathrm{B}}}{V_{\mathrm{A}}} \tag{2.41}$$

であり，気体が放出する熱量は

$$Q_{\mathrm{L}} = -nRT_{\mathrm{L}} \log_e \frac{V_{\mathrm{D}}}{V_{\mathrm{C}}} = nRT_{\mathrm{L}} \log_e \frac{V_{\mathrm{C}}}{V_{\mathrm{D}}} \tag{2.42}$$

である．ここで，ポアソンの法則の別の表し方(式 (2.39))である $TV^{\gamma-1} =$ 一定 を用いると，

$$T_{\mathrm{H}} V_{\mathrm{B}}^{\gamma-1} = T_{\mathrm{L}} V_{\mathrm{C}}^{\gamma-1} \quad \rightarrow \quad \frac{T_{\mathrm{H}}}{T_{\mathrm{L}}} = \left(\frac{V_{\mathrm{C}}}{V_{\mathrm{B}}}\right)^{\gamma-1}$$

$$T_{\mathrm{L}} V_{\mathrm{D}}^{\gamma-1} = T_{\mathrm{H}} V_{\mathrm{A}}^{\gamma-1} \quad \rightarrow \quad \frac{T_{\mathrm{H}}}{T_{\mathrm{L}}} = \left(\frac{V_{\mathrm{D}}}{V_{\mathrm{A}}}\right)^{\gamma-1}$$

が成り立つので，

$$\left(\frac{V_{\mathrm{C}}}{V_{\mathrm{B}}}\right)^{\gamma-1} = \left(\frac{V_{\mathrm{D}}}{V_{\mathrm{A}}}\right)^{\gamma-1} \quad \rightarrow \quad \frac{V_{\mathrm{C}}}{V_{\mathrm{D}}} = \frac{V_{\mathrm{B}}}{V_{\mathrm{A}}}$$

という関係を導くことができる．この関係を用いて，1 回のサイクルを通して気体が外部

に対して行う仕事 W [J] を計算しよう。式 (2.41) から式 (2.42) を引くことで，W は次のように得ることができる。

$$W = Q_H - Q_L = nRT_H \log_e \frac{V_B}{V_A} - nRT_L \log_e \frac{V_C}{V_D}$$

$$= nRT_H \log_e \frac{V_B}{V_A} - nRT_L \log_e \frac{V_B}{V_A} = nR(T_H - T_L) \log_e \frac{V_B}{V_A} \quad (2.43)$$

よって，カルノーサイクルの熱効率 e は，式 (2.41) と式 (2.43) より，以下のように決定される。

$$e = \frac{W}{Q_H} = \frac{nR(T_H - T_L) \log_e V_B/V_A}{nRT_H \log_e V_B/V_A} = \frac{T_H - T_L}{T_H} = 1 - \frac{T_L}{T_H} \quad (2.44)$$

この式からわかるように，カルノーサイクルの熱効率は熱を吸収する高温の熱源と，熱を放出する低温の熱源の温度のみで決まり，容器の中の理想気体(作業物質)の種類には依存しない。

カルノーサイクルは，高温の熱源と低温の熱源の間で行われる熱機関の中で，最大の熱効率を与える理想的な熱機関である。いかなる熱機関も，カルノーサイクルを上回る熱効率で働くことはできない。これを，**カルノーの定理**とよぶ。ここで，一般的な熱機関の熱効率の定義は

$$e = \frac{W}{Q_H} = \frac{Q_H - Q_L}{Q_H} = 1 - \frac{Q_L}{Q_H}$$

であり，式 (2.44) より，カルノーサイクルの熱機関の熱効率は

$$e = 1 - \frac{T_L}{T_H}$$

と与えられるので，

$$1 - \frac{Q_L}{Q_H} = 1 - \frac{T_L}{T_H} \quad \rightarrow \quad \frac{Q_L}{Q_H} = \frac{T_L}{T_H} \quad \rightarrow \quad \frac{Q_H}{T_H} = \frac{Q_L}{T_L} \quad (2.45)$$

という関係が得られる。

式 (2.45) の関係を利用して，ウィリアム・トムソン(Thomson, W., 1824–1907)は，物質とは無関係に決まる温度目盛り(すなわち絶対温度)を考案した。基準となる絶対温度 T_0 [K] の低温の熱源を用意し，未知の絶対温度 T [K] をもつ物体を高温の熱源とみなして，カルノーサイクルの熱機関を考える。このとき，気体が絶対温度 T の物体から熱量 Q_H [J] を吸収し，絶対温度 T_0 の物体に熱量 Q_L [J] を放出したとすると，未知の絶対温度 T は次式より求められる。

$$\frac{Q_H}{T} = \frac{Q_L}{T_0} \quad \rightarrow \quad T = \frac{Q_H}{Q_L} T_0$$

このようにして求められる絶対温度は**熱力学的温度**とよばれ，温度計を構成する物質やその性質によらない温度として計測できる。国際単位系では，基準となる温度 T_0 を水の三重点である 273.16 K としており，これにより決定された熱力学的温度は，理想気体の状態方程式に出てくる絶対温度と等しくなる。

2.6 状態変化の不可逆性

2.4.1 で学んだように，熱力学の第 1 法則は物質の状態変化の前後で，熱や仕事を含めたエネルギーの和が保存することを示していた。しかし，この法則は状態変化の時間的な方

向については，何も規定していない。例えば，高温の物体から低温の物体へ熱は自然に移動するが，逆に低温の物体から高温の物体へ熱が自然に移動することは起こり得ない。本節では，このような状態変化の向きを定める物理法則として，熱力学の第2法則を学ぶ。また，関連する物理量として，エントロピーについても理解しよう。

2.6.1　可逆過程と不可逆過程

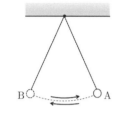

図2.33　可逆過程の例

　　例えば，図2.33のような単振り子を考えよう。空気抵抗や糸と天井との間の摩擦(まさつ)がなければ，振り子は右に振れた状態Aと，左に振れた状態Bの間で，延々と振動運動を繰り返す。このように，外部に対して何の変化も与えずに，正の向き(AからB)の変化と負の向き(BからA)の変化が自発的に起こる過程のことを，**可逆過程**とよぶ。

　　一方で，図2.34のように，コップに入った水にインクを一滴落とした場合を考えよう。落とした直後の状態(状態A)では，インクを落とした位置にインクの濃い部分が残っているが，十分に時間が経過するとインクは水の中に広がっていき，やがて一様に溶けた状態(状態B)となる。逆に，インクが一様に溶けた状態Bから，インクの濃い部分が水の一部に集まるような状態Aに，自発的に変化することは起こり得ない。コップの中の水分子は絶えず熱運動をしており，水に落とされたインクを構成する微粒子はこれらの水分子にもまれて，インクの濃い場所から薄い場所へと拡散する。このとき，水分子の運動はまったくの無秩序であり，インクの微粒子が拡散する方向もその時々で変わるので，一度乱雑に広がったインクがもと来た道を戻ることは起こり得ないのである。このように，正の向き(AからB)の変化は自発的に起こるが，負の向き(BからA)の変化が自発的に起こり得ない過程のことを，**不可逆過程**とよぶ。

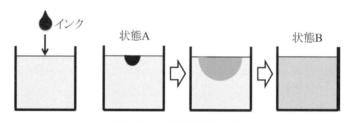

図2.34　不可逆過程の例

　　それでは，高温の物質と低温の物質を熱接触させた場合はどうだろうか。この場合，高温の物質から低温の物質に向かって自発的に熱が移動するが，逆に低温の物質から高温の物質に向かって自発的に熱が移動する現象は起こり得ない。すなわち，温度差のある物質間での熱の移動は，不可逆過程である。熱の移動とは，熱運動する原子や分子のエネルギーが周囲へ乱雑な向きに「拡散」する過程であり，結果として熱運動のエネルギーの濃い部分(高温)から薄い部分(低温)に向けて，熱運動のエネルギーが伝わるのである。これは，水に落としたインクの微粒子の「拡散」と同じであり，同じ理由で高温の物質から低温の物質への熱の移動が不可逆過程となる。

　　一方で，温度差がない2つの物質を熱接触させた場合には，これらの物質間で熱平衡状態が成立する。この場合，熱の移動は双方向で起こり得るので，可逆過程となる。したがって，熱平衡状態が常に実現するように，ゆっくりと状態を変化させる準静的過程は，すべて可逆過程とみなすことができる。

2.6.2 熱力学の第2法則

2.6.1 では，高温の物質から低温の物質へ熱が移動する過程が不可逆過程であることを述べたが，熱現象が起こる時間的な向きを定めたこの法則のことを，**熱力学の第2法則**とよぶ。

> **定理 2.7（熱力学の第2法則）** 熱の流れは高温の物質から低温の物質に向けて起こる不可逆過程であり，その流れは時間的な向きが定められている。

熱力学の第2法則は，経験則であり，現時点においてはまだ解析的な証明がなされていないが，様々な表現方法が提示されている。ここではこれらの表現方法の一部として，「クラウジウスの原理」，「トムソンの原理」，「オストワルドの原理」について説明しよう。

● クラウジウスの原理

ルドルフ・クラウジウス（Clausius, R., 1822–1888）によって導かれた，**クラウジウスの原理**を説明する。

> **定理 2.8（クラウジウスの原理）** 熱が外部に対して何の変化も与えることなく，低温の物質から高温の物質へと移動することは起こり得ない。

例えば，熱々のお茶を湯呑(ゆのみ)に入れてそれを室温下で放置すれば，お茶の熱は空気中に移動してやがてお茶は冷めるだろう。逆に，すでに冷めたお茶を室温下で放置しても，そのお茶が周囲の空気から自然に熱を吸って，熱々のお茶に戻ることはあり得ない。冷めたお茶を熱々のお茶に戻すためには，例えば電子レンジに入れてお茶にマイクロ波をあて，水分子の熱運動を激しくして温める必要があるが，これはお茶と空気を除く外部からの仕事が必要であることを意味する。すなわち，熱を動かすのに外部(お茶と空気以外の何か)に対して仕事(変化)を求めない限り，低温のお茶が熱を得て高温のお茶に戻ることは起こり得ないのである。

別の例として，図 2.32 で考えたカルノーサイクルを，A→D→C→B→A の順に逆向きに変化させた場合を考えよう(図 2.35)。このサイクルで，気体は低温の熱源から高温の熱源に向けて熱を汲み上げることができる。ただし，このサイクルを実現させるためには，外

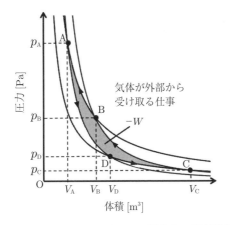

図 2.35 カルノーサイクルの逆向きの循環過程

部からの仕事を使って気体を圧縮する必要があるので，低温の熱源から高温の熱源に向け
て熱を汲み上げるためには，やはり外部に変化(仕事)を求めなければならないのである。

● トムソンの原理

ウィリアム・トムソンが発見した，**トムソンの原理**を説明する。2.5.2 ですでに説明した
ように，トムソンはカルノーサイクルの熱機関を利用して，絶対温度(熱力学温度)を測
定する温度計を最初に導入した人物である。トムソンの原理とは，以下のような原理で
ある。

定理 2.9（トムソンの原理）　外部に対して何の変化も与えることなく，熱がすべて仕
事に変わることは起こり得ない。

トムソンの原理とは簡単にいえば，「ある熱源から取り出した熱量を，100 % 仕事に
変えることはできない」ことを述べている。ここで再び，図 2.32 で考えたカルノーサ
イクルを考えよう。A→B→C→D→A の 1 回のサイクルで，気体は高温の熱源から熱量
Q_H [J] を吸収して，その熱量の一部を外部に対して行う仕事 W [J] に変換し，残りの熱
量 Q_L [J] を低温の熱源に放出する。ここで，もし 1 回のサイクルで気体が吸収する熱量
が，100 % 外部に対して行う仕事に変換されたとしよう。この場合，C→D の等温変化で
気体が外部に放出する熱量 Q_L は 0 でなければならないが，この過程で気体は圧縮するた
め，気体が外部に対して行う仕事は必ず $W < 0$ となる。しかも，等温変化なので内部エ
ネルギーの変化は $\Delta U = 0$ であり，熱力学の第 1 法則からこの過程で気体が放出する熱量
は $Q_L = W < 0$ なので，$Q_L = 0$ になることは起こり得ない。よって，カルノーサイクル
の熱機関で，熱効率 $e = W/Q_H$ は必ず 1 より小さくなり，熱量を 100 % 仕事に変えるこ
とはできないことを述べているトムソンの法則は正しいことがわかる。

ところで，仮にトムソンの法則が成り立たないとして，熱源から吸収した熱量が 100 % 仕
事に変換できる熱機関が存在するとしたら何が起こるだろうか。例えば，走っている自動
車が急ブレーキをかけて停止するときに，タイヤと道路との間の摩擦から放出される熱が
外に逃げないようにすれば，自動車の運動エネルギー(仕事)はすべて熱に変換することが
できる。しかし，もしその変換した熱を再利用して，100 % 自動車の運動エネルギー(仕
事)に変換できるとすれば，自動車はガソリンスタンドに立ち寄ることなく，永久に道路
を走りつづけることができるだろう。このように，1 つの熱源から吸収した熱をすべて仕
事に変換することで，永久に仕事をしつづける熱機関をつくることができる。このような
仮想的な熱機関を，**第 2 種永久機関**とよぶ[23]。しかし，現実には第 2 種永久機関の実現
は，トムソンの法則により否定されるのである。

● オストワルドの原理

ウィルヘルム・オストワルド(Ostwald, W., 1853–1932)が主張した**オストワルドの原
理**は，次のようなものである。

定理 2.10（オストワルドの原理）　第 2 種永久機関の実現は不可能である。

---

23)　外から熱すらも吸収することなく，何も受け取らない状態で外部に永久に仕事をしつづける
ことができる仮想的な機関のことを，**第 1 種永久機関**とよぶ。

　図 2.32 のカルノーサイクルで，A→B→C→D→A のサイクルをもう一度考えよう。トムソンの法則により，C→D の等温変化の過程で，低温の熱源に放出される熱量 Q_L [J] は 0 にはなり得ないことは先に述べた通りである。しかし，仮に熱量 Q_L を放出する先の熱源が，Q_H [J] の熱量を吸収した先の熱源と同じであった場合はどうだろうか。この場合，A→B→C→D→A の過程で外部に放出した熱量が，そのままもとの高温の熱源に戻ってくることになるので，これは1つの熱源から吸収した熱を使って永久に仕事をしつづけることができる第2種永久機関となる。しかし，このような機関が実現するためには，熱が低温の気体から高温の熱源に向けて自発的に移動する必要があり，これは先に述べたクラウジウスの原理に反する。

　このように，クラウジウスの原理，トムソンの原理，オストワルドの原理はすべて等価であり，いずれも熱力学の第2法則という不可逆変化を説明するための表現方法であるといえる。

2.6.3 エントロピー

　熱現象の不可逆性を数値化する物理量として，**エントロピー**についておさえておこう。エントロピーの単位は「J/K」を用いる。また，エントロピーは状態量の1つであり，体積，物質量，内部エネルギーと同じく示量変数である[24]。

　例えば，絶対温度が T [K] の物質が，ΔQ [J] の熱量を外部から受け取ったとき，この物質がもつエントロピーの変化 ΔS [J/K] は次のように定義される。

$$\Delta S = \frac{\Delta Q}{T} \tag{2.46}$$

例として図 2.36 のように，絶対温度が T_A [K] の高温の物質 A と，絶対温度が T_B [K] の低温の物質 B を，熱接触させた場合を考えよう。熱力学の第2法則に従い，A から B に向けて，熱量 $Q(>0)$ [J] が一方的に移動するので，A の熱量の変化 ΔQ_A と，B の熱量の変化 ΔQ_B はそれぞれ，

$$\Delta Q_A = -Q < 0, \quad \Delta Q_B = Q > 0$$

と書ける。また，$T_A > T_B$ という関係から，

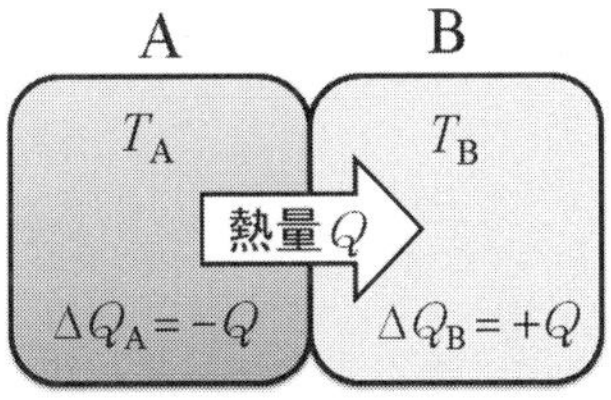

図 2.36 熱接触によるエントロピーの変化

$$\frac{Q}{T_A} < \frac{Q}{T_B} \tag{2.47}$$

という不等式が成り立つ。

　ここで，エントロピーの定義式 (2.46) より，A がもつエントロピーの変化を ΔS_A [J/K] とおくと，

$$\Delta S_A = \frac{\Delta Q_A}{T_A} = -\frac{Q}{T_A}$$

となり，B がもつエントロピーの変化を ΔS_B [J/K] とおくと，

$$\Delta S_B = \frac{\Delta Q_B}{T_B} = \frac{Q}{T_B}$$

---

24)　統計力学で，エントロピーとはある物質を構成する原子や分子の配列や，運動状態の「乱雑さ」の度合いを表す物理量として定義される。例えば，水に落とした瞬間のインクの微粒子は小さいエントロピーをもつが，その後インクが水に広がるにつれて微粒子の運動状態は乱雑さを増すため，エントロピーは増加する。

となるので，A と B のエントロピーの変化の和 ΔS [J/K] は，式 (2.47) より次のように正の値になる。

$$\Delta S = \Delta S_A + \Delta S_B = -\frac{Q}{T_A} + \frac{Q}{T_B} = \frac{Q}{T_B} - \frac{Q}{T_A} > 0$$

この式で，もし A と B が熱平衡状態にあれば $T_A = T_B$ となるので，$\Delta S = 0$ が成り立つ。これは，熱のやり取りが A と B の間で双方向に起こり得る状態であり，A と B の間の熱の移動が可逆変化であることを意味する。

　以上から，A と B の間で熱の移動が起こるときに，A と B がもつエントロピーの変化の和(ΔS)が正の値であれば，その変化は高温の物質から低温の物質に向けて熱が移動する不可逆変化であり，エントロピーが「不可逆変化の指標」であることを示している。仮に ΔS が負の値をもつと，低温の物質から高温の物質に向けて正の熱量 Q が移動することになり，これは熱力学の第 2 法則に反する。したがって，外部から完全に孤立した空間で，複数の物質がたがいに熱のやり取りを行うとき，その空間全体でのエントロピーの和が減少することは起こり得ない。この法則を，**エントロピー増大の法則**とよぶ。

● カルノーサイクルでのエントロピーの変化

　エントロピーの理解を深めるために，図 2.32 で示したカルノーサイクルの，A→B→C→D→A のサイクルにおけるエントロピーの変化を計算してみよう。

　A→B の等温変化で，気体は絶対温度を T_H [K] に保ったまま膨張し，高温の熱源から熱量 ΔQ_H [J] を吸収するので，この過程におけるエントロピーの変化 ΔS_{AB} は，次のように書ける。

$$\Delta S_{AB} = \frac{\Delta Q_H}{T_H} \tag{2.48}$$

B→C の断熱変化で，気体の温度は準静的に T_H から T_L [K] に変化するが，気体が熱源から吸収する熱量は常に 0 なので，この過程におけるエントロピーの変化 ΔS_{BC} も 0 である。

$$\Delta S_{BC} = 0 \tag{2.49}$$

C→D の等温変化で，気体は絶対温度を T_L [K] に保ったまま圧縮し，低温の熱源に向けて熱量 ΔQ_L [J] を放出するので，この過程におけるエントロピーの変化 ΔS_{CD} は，次のように書ける。

$$\Delta S_{CD} = -\frac{\Delta Q_L}{T_L} \tag{2.50}$$

D→A の断熱変化で，気体の温度は準静的に T_L から T_H に変化するが，気体が熱源に放出する熱量は常に 0 なので，この過程におけるエントロピーの変化 ΔS_{DA} も 0 である。

$$\Delta S_{DA} = 0 \tag{2.51}$$

　また，式 (2.45) より，カルノーサイクルの 1 回のサイクルを通して

$$\frac{Q_H}{T_H} = \frac{Q_L}{T_L} \tag{2.52}$$

が成り立つので，1 回のサイクルでのエントロピーの変化の和 ΔS [J/K] は，式 (2.48)–(2.52) を用いて，次のように求まる。

$$\Delta S = \Delta S_{\mathrm{AB}} + \Delta S_{\mathrm{BC}} + \Delta S_{\mathrm{CD}} + \Delta S_{\mathrm{DA}} = \frac{\Delta Q_{\mathrm{H}}}{T_{\mathrm{H}}} + 0 - \frac{\Delta Q_{\mathrm{L}}}{T_{\mathrm{L}}} + 0 = 0$$

このように，カルノーサイクルの 1 回のサイクルにおけるエントロピーの変化は $\Delta S = 0$ なので，カルノーサイクルは可逆変化であることがわかる。また，カルノーサイクルにかかわらず，気体の状態変化は準静的に行われる限り可逆変化なので，この過程におけるエントロピーの変化は常に 0 である。

● 積分を用いたエントロピーの計算

気体が適当な状態 A から状態 B に変化する場合を考える。この過程で，気体の温度や，気体が外部から吸収（または外部へ放出）する熱量が連続的に変わるとき，エントロピーはどのように計算すればよいだろうか。

このような場合は，気体が外部から受け取る熱量の変化を微小な量 dQ [J] の和に分割して，微小なエントロピーの変化である

$$dS = \frac{dQ}{T}$$

を，状態 A から状態 B までの区間で積分すればよい。すなわち，状態 A から状態 B に変化する過程におけるエントロピーの変化 ΔS は，

$$\Delta S = \int_{\mathrm{A}}^{\mathrm{B}} dS = \int_{\mathrm{A}}^{\mathrm{B}} \frac{dQ}{T} \tag{2.53}$$

から求めることができる。

例 2.15 物質量が n [mol] の単原子分子理想気体を，絶対温度 T_1 [K] の状態から絶対温度 T_2 [K] の状態になるまで，定積変化させたとする。このとき，気体定数を R [J/(mol·K)] として，気体のエントロピーの変化を求めよ[25]。

[解] 公式 2.15 より，単原子分子理想気体の定積モル比熱は $C_V = \frac{3}{2}R$ であるので，気体の温度が dT [K] だけ上昇する際に必要となる熱量 dQ [J] は，

$$dQ = nC_V\,dT = \frac{3}{2}nR\,dT$$

となる。よって，式 (2.53) より，気体の絶対温度が T_1 から T_2 になるまでに定積変化するとき，気体のエントロピーの変化 ΔS [J/K] は次のように求まる。

$$\Delta S = \int_{T_1}^{T_2} \frac{dQ}{T} = \int_{T_1}^{T_2} \frac{3/2nR\,dT}{T} = \frac{3}{2}nR \int_{T_1}^{T_2} \frac{dT}{T}$$
$$= \frac{3}{2}nR[\log_e T]_{T_1}^{T_2} = \frac{3}{2}nR(\log_e T_2 - \log_e T_1) = \underline{\frac{3}{2}nR \log_e \frac{T_2}{T_1}} \ [\mathrm{J/K}]$$

---

25) 例 2.15 の結果から，$T_2 > T_1$ の場合に $\Delta S > 0$ となるので，気体の温度変化が大きいほど，エントロピーの変化が大きくなることがわかる。これは，気体の温度が高いほど，気体分子の運動が激しくなり，分子の配列や運動の乱雑さ増すことに対応している。

章末問題 2

2.1 図のように，周囲を断熱材で囲んだ熱量計に，600 g の水を入れると全体の温度が 25.0 °C になった。この中に，100.0 °C に熱した質量 400 g のアルミ塊を入れて静かにかき混ぜたところ，全体の温度が 34.0 °C になった。このアルミニウムの比熱を求めよ。ただし，水の比熱を 4.20 J/(g·K)，銅の容器とかき混ぜ棒全体の熱容量を 80.0 J/K とする。

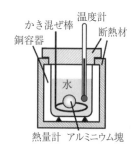

2.2 物質量が 2.00 mol，絶対温度が 300 K の単原子分子理想気体について，以下の問いに答えよ。ただし，気体定数 $R = 8.315$ J/(mol·K)，$N_A = 6.022 \times 10^{23}$ 1/mol とする。

(1) 内部エネルギーを求めよ。

(2) この気体分子の運動エネルギーの平均値を求めよ。

2.3 理想気体 $n = 0.780$ mol が一定圧力 $p = 1.60 \times 10^5$ Pa のもとで，体積が 6.00×10^{-3} m^3 から 9.75×10^{-3} m^3 になるまで膨張した。この過程で気体の内部エネルギーが 300 J 増加し，温度が $\Delta T = 40.0$ K 上昇した。このとき，以下の問いに答えよ。

(1) 気体が外部にした仕事 W を求めよ。

(2) 気体に流入した熱量 ΔQ を求めよ。

(3) この気体の定圧モル比熱 C_p を求めよ。

(4) この気体分子の形状を推測せよ。

2.4 アルゴンガス (Ar) 3.00 mol を外部と熱のやり取りをせずに圧縮した。圧縮に 375 J の仕事が必要であったとき，以下の問いに答えよ。ただし，気体定数 $R = 8.315$ J/(mol·K) とする。

(1) 気体の内部エネルギー変化 ΔU を求めよ。

(2) 気体の温度変化 ΔT を求めよ。

2.5 単原子分子理想気体 n [mol] を，温度 T_1，体積 V_1 の状態 1 から温度 T_2，体積 V_2 の状態 2 まで，ゆっくりと変化させたときのエントロピー変化を求めよ。

3

波 動 学

　本章では，数ある物理現象の中でも，「波」ついての現象を学ぶ。「波」は一見すると，工学を学ぶ学生にとっては実用性がなさそうに思えるが，実は現代テクノロジーの根幹を担っているといえる。特に，電磁気学で学んだ電磁波も「波」の1つであり，電磁波が私たちの日常生活にとって欠かせないものであることは言うまでもないだろう。本章の前半では，「波」の現象についての基本的な理解と，音や光などのいろいろな波の性質について学ぶ。そして，本章の後半では，「フーリエ解析」とよばれる波の構造を解析するための手法について説明する。フーリエ解析はスマートフォンなどで使用される画像や音声ファイルの圧縮技術や，物質の構造解析などに利用されている。

3.1　波　　動

　「波」といえば，水が引き起こす水面波や，ロープの上下振動による波などがすぐに思いつくだろう。しかし，私たちが日ごろ耳にする「音」は空気の振動による波であり，日ごろ目にする「光」は電磁波とよばれる波である。特に，電磁波は，テレビやスマートフォンが受信する電波としても使われており，私たちが日常生活を送るうえで欠かせない物理現象といえる。本節では，工学を学ぶ学生にとって基本となる内容にしぼり，波の性質の基礎を学んでいこう。

3.1.1　波の性質
　例えば，図3.1のように，水平にぴんと張ったひもの左端を上下に振動させた場合を考えると，振動は右へ右へと連続的に伝わっていき，結果としてひもに山と谷が生じた形が右に移動していく。このとき，ひもの各部分は上下に振動するだけで，振動だけが右向きに伝わるのである。このように，振動が連続的に伝わる現象のことを**波**とよぶ。ここで，波の原因となる最初の振動，またはその振動が生じる場所のことを**波源**とよび，波を伝えるために振動する物質のことを波の**媒質**とよぶ。図3.1の場合，波の媒質は「ひも」であり，その媒質は上下にのみ振動する。また，海などの水面で起こる水面波の媒質は「水」

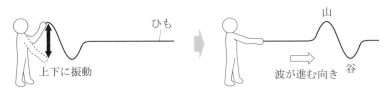

図 3.1　ひもに生じる横波

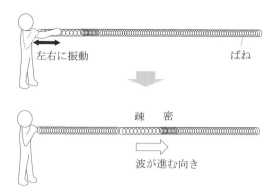

図 3.2　ばねに生じる縦波

であり，空気の振動による波として伝わる音波の媒質は「空気」である[1]。

　ところで，世の中で生じる波には，「横波」と「縦波」とよばれる 2 種類の波が存在する。すなわち，媒質が振動する方向が，波が進む方向に対して垂直な波のことを**横波**とよび，媒質が振動する方向が，波が進む方向に対して平行な波のことを**縦波**とよぶ。図 3.1 で示したひもがつくる波は，媒質（ひも）が振動する向きは上下であるが，波が進む方向は右向きなので，媒質の振動方向と波の進行方向がたがいに垂直であるため，この波は「横波」である。一方，縦波の例としては，図 3.2 で示すような，水平に張られたばねの伸縮による波があげられる。このばねの左端をもって左右に振動させると，ばねが伸びた部分と縮んだ部分が生じて，それが右向きに移動していく。この場合，媒質（ばね）が振動する向きは左右であり，波が進む方向は右向きなので，媒質の振動方向と波の進行方向はたがいに平行であり，この波は「縦波」である。

　日常で目にする横波と縦波の例としては，以下のようなものがある[2]。

　　横波の例：　水面波，ひもやロープがつくる波，電磁波，地震波の S 波
　　縦波の例：　ばねがつくる波，音波（音），地震波の P 波

　例えば，空気中でスピーカーが音を発したとき，その音は空気中を伝わる音波となって，私たちの耳に届く。このとき，音波の媒質は空気，すなわち気体分子であるが，図 3.3 のように，気体分子の密度が濃い部分（密な部分）と薄い部分（疎な部分）が交互に生じることで，音波は縦波として伝わっていく。そのため，縦波のことはしばしば，**疎密波**とよばれる。

図 3.3　空気中の音波がつくる縦波

---

1)　空気中で音を聞く場合，その音の波の媒質は空気であるが，水中で音を聞く場合は，その音の波の媒質は水となる。

2)　震源地で P 波と S 波は同時に発生するが，P 波の方が S 波よりも早いので，私たちは初期微動として P 波の縦波の揺れを最初に感じる。その後で，遅れて到達する S 波の横波の揺れを感じるのである。P 波は「primary wave（最初の波）」，S 波は「secondary wave（第 2 の波）」を意味する。

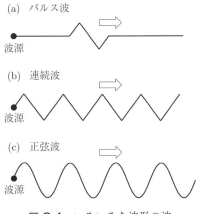

図 3.4　いろいろな波形の波

　また，波源がわずかな時間だけ振動すると，例えば，図 3.4(a) のように，1 つの山と 1 つの谷をもつ波形の波が孤立して進んでいく。このような波のことを，**パルス波**とよぶ。これに対して，波源がある周期で振動しつづけると，図 3.4(b) のように，山と谷を繰り返すような連続した波が進んでいく。このような波のことを，**連続波**とよぶ。特に，波源にある媒質が上下の「単振動」をしつづけると，図 3.4(c) のように，連続波は正弦曲線(sin 関数)に従う波となる。このように，正弦曲線に従う連続波のことを，**正弦波**とよぶ。正弦波は波の中でも，最も典型的な形として知られている。そのため，まずは波の基本的な性質を理解するために，正弦波の性質から学ぶことにしよう。

3.1.2　正 弦 波

　日常で観測される最も典型的な波として，ここでは正弦波の性質を説明する。図 3.5(a) に，時刻 $t = 0$ s における正弦波の様子を示す。

　いま，正弦波が進む方向に x の正の軸をとっており，x [m] は正弦波の媒質の位置を表す座標である。また，正弦波の媒質が振動する向きに y 軸をとる。このように，媒質の振れを示す y [m] のことを，波の**変位**とよぶ。ここで，原点を中心とした変位 y の変化量の最大値 A [m] のことを波の**振幅**とよび，隣り合う山と山(または谷と谷)の間の距離 λ [m] のことを**波長**とよぶ。すなわち，波長とは波が 1 回振動するのに必要な波の長さのことである。ここで，次のように定義される k [1/m] のことを，**波数**とよぶ。

$$k = \frac{1}{\lambda} \tag{3.1}$$

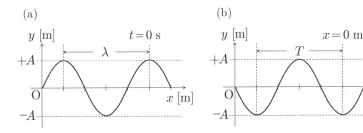

図 3.5　正弦波

波数は波長 λ の逆数であり，単位長さ(1 m)あたりに何回分の振動(何個分の波)が含まれるかを表す量である。また，波数の単位は「1/m」を用いる。

次に，図 3.5(a) で示した波の中で，位置 $x = 0$ m にある媒質の変位 y を縦軸にとり，時刻 t [s] を横軸にとったグラフを図 3.5(b) に示す。このグラフは，縦軸に変位，横軸に時間を定義した場合の正弦波であるが，この波の隣り合う山と山(または谷と谷)の間の距離 T [s] のことを**周期**とよぶ。すなわち，周期とは媒質が 1 回振動するのにかかる時間のことである。ここで，次のように定義される f [Hz] のことを，**振動数**，または**周波数**とよぶ。

$$f = \frac{1}{T} \tag{3.2}$$

振動数は周期 T の逆数であり，単位時間(1 s)あたりに波が何回振動するかを表す量である。また，振動数の単位は「Hz (ヘルツ)」，または「1/s」を用いる。

図 3.5 の (a) と (b) は，どちらも正弦関数(sin 関数)を用いて定式化できる。以下では，円周率を $\pi (= 3.141593\cdots)$ とおく。図 3.5(a) のグラフの変位 y を，媒質の位置 x の関数として表すと，次式のように表すことができる。

$$y(x) = A \sin\left(\frac{2\pi}{\lambda}x\right) \tag{3.3}$$

また，図 3.5(b) のグラフの変位 y を，時間 t の関数として表すと，次式のように表すことができる。

$$y(t) = -A \sin\left(\frac{2\pi}{T}t\right) = A \sin\left(-\frac{2\pi}{T}t\right) \tag{3.4}$$

ここで，式 (3.3) は時刻 $t = 0$ s での，媒質の位置 x における変位 y を表しており，式 (3.4) は媒質の位置が $x = 0$ m での，時刻 t における変位 y を表している。したがって，これらの式を合わせると，任意の時刻 t，任意の媒質の位置 x における変位 y の式は，次式のように書ける。

公式 3.1（正弦波の基本式）

$$y = A \sin\left[2\pi\left(\frac{x}{\lambda} - \frac{t}{T}\right)\right]$$

この式に，$t = 0$ を代入すると式 (3.3) となり，$x = 0$ を代入すると式 (3.4) となることが確認できるだろう。ここで，正弦波の基本式(公式 3.1)の角度部分 $2\pi(x/\lambda - t/T)$ のことを，正弦波の**位相**とよぶ。

ところで，図 3.5 の (a) と (b) で示された正弦波は，x 軸上のある位置を 1 s 間(単位時間)あたりに f 個(振動数が f [Hz])の波が通過し，かつ 1 個あたりの波の長さ(波長)が λ [m] であることを示す。よって，この波が 1 s 間あたりに進む距離は $f\lambda$ [m] となるので，この波の速度 v [m/s] は次式のように表される。

公式 3.2（正弦波の速度）

$$v = f\lambda = \frac{\lambda}{T}$$

この公式 3.2 を用いると，正弦波の基本式(公式 3.1)は次のように書き直すことができる。

$$y = A\sin\left[2\pi\left(\frac{x}{\lambda} - \frac{t}{T}\right)\right] \quad \rightarrow \quad y = A\sin\left[\frac{2\pi}{\lambda}(x - vt)\right] \tag{3.5}$$

例 3.1 図のように，速さ 4.0 m/s で x 軸の正の方向に進む正弦波がある。この波について，以下の問いに答えよ。

(1) 正弦波の波長を求めよ。

(2) 正弦波の振幅を求めよ。

(3) 正弦波の振動数（周波数）を求めよ。

(4) 正弦波の媒質の点 P の部分は，この後どのような方向に運動するか答えよ。

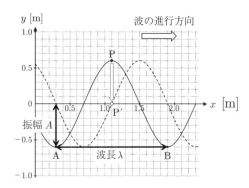

[解] (1) 正弦波の波長は山から山，または谷から谷までの距離なので，例えば，図のように，点 A から点 B までの距離が波長である。よって，正弦波の波長 λ [m] は，

$$\lambda = [\text{B の } x \text{ 座標}] - [\text{A の } x \text{ 座標}] = 1.9 - 0.3 = \underline{1.6 \text{ m}}$$

(2) 振幅は x 軸から波の山，または谷までの距離なので，正弦波の振幅 A [m] は，$A = \underline{0.60 \text{ m}}$ である。

(3) 波の波長を λ [m]，速さを v [m/s]，周期を T [s] とすると，これらの物理量の間には $v = \lambda/T$ という関係が成り立つ。これより，この波の周期 T [s] は次のように求まる。

$$T = \frac{\lambda}{v} = \frac{1.6}{4.0} = 0.40 \text{ s}$$

よって，正弦波の振動数 f [Hz] は次のように求まる。

$$f = \frac{1}{T} = \frac{1}{0.40} = \underline{2.5 \text{ Hz}}$$

(4) 実線の波が少し右に進むと，図の破線のような波になる。このとき，P の媒質は下方向（$-y$ 方向）に運動して点 P' まで動くので，答えは $\underline{y \text{ 軸の負の向き}}$ である。

3.1.3 波動方程式

質点の力学で，質量 m [kg] の物体がベクトル $\vec{F}$ の力を受けるとき，物体は以下の運動方程式に従う加速度ベクトル $\vec{a}$ で運動する。

$$m\vec{a} = \vec{F}$$

力学で物理現象を考えるときは，対象となる物体がどのような運動方程式に従うかを定式化するところから始める。

一方で，実は「波」にも運動方程式に相当する方程式が存在する。この方程式のことを**波動方程式**とよぶ。例えば，図 3.6 のように，xy 平面上の弦に生じる波の波動方程式は

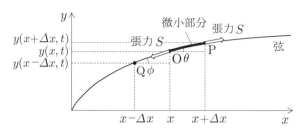

図 3.6 波を生じさせる弦

以下のように記述される[3]（ウェブコンテンツを参照）。

公式 3.3（波動方程式）

$$\frac{\partial^2 y}{\partial t^2} = v^2 \frac{\partial^2 y}{\partial x^2}$$

公式 3.3 で，$\partial/\partial t$ や $\partial/\partial x$ は，それぞれ時間 t と位置 x の「偏微分」である。また，v は定数であり，次のように定義されている。

$$v = \sqrt{\frac{S}{\mu}}$$

ここで，S [N] は図 3.6 の弦に働く張力の大きさであり，μ [kg/m] はこの弦の単位長さ（1 m）あたりの質量（**線密度**とよぶ）である。v [m/s] は波動方程式の解として導かれる波が，x 方向に進む速さとなる。

波動方程式（公式 3.3）の解を導くためには，x と t という 2 つの変数をもつ関数 $y(x,t)$ の，2 階微分方程式を解く必要がある。しかし，この微分方程式の解（特に一般解）を導くためには，やや高度な数学を必要とするため，ここではその結果だけ記述するにとどめておく。波動方程式（公式 3.3）の一般解の結果は，次式のように表される[4]。

$$y(x,t) = g(x - vt) + h(x + vt) \tag{3.6}$$

ここで，$g(x - vt)$ は時間 t とともに，x 軸の正の向きに速さ v で進みつづける任意の関数であり，$h(x + vt)$ は時間 t とともに，x 軸の負の向きに速さ v で進みつづける任意の関数である。いずれにしても，g と h はどんな形をしていてもよい関数であり，波動方程式（公式 3.3）の一般解はかなり広い自由度をもつことがわかる。これは，波というものが決まった形をもっておらず，媒質の振動を速さ v で次の媒質に伝えさえできれば，どんな形にでもなり得ることを示している。このように，波動方程式から導かれる一般解の範囲内で，典型的な波の形として選ばれた特殊解の 1 つが，式 (3.5) で表されるような正弦波の基本式である。式 (3.5) が波動方程式の解として正しいかどうかは，この式の y を公式 3.3 の右辺と左辺に代入して，両辺がたがいに等しくなることから簡単に確認することができ

---

3) 波動方程式（公式 3.3）で，$y(x,t)$ は x と t の複数の変数をもつ関数である。例えば，このような関数を x について微分する場合は，他の変数である t を固定した状態で x について微分するので，これは「偏微分」である。したがって，通常の微分の式 $dy(x,t)/dx$ ではなく，偏微分の式である $\partial y(x,t)/\partial x$ で表していることに注意する。

4) 1 次元の波動方程式の解として得られる式 (3.6) を，**ダランベールの解**とよぶ。

る(ウェブコンテンツを参照)。

3.1.4　波の原理と干渉

●重ね合わせの原理

波動方程式(公式3.3)を満たす2つの解として，$y_1(x,t)$ [m]，$y_2(x,t)$ [m] と表される2つの波の関数を考えよう。これらの関数はそれぞれが波動方程式の解であるので，次の2つの方程式が成り立つ。

$$\frac{\partial^2 y_1(x,t)}{\partial t^2} = v^2 \frac{\partial^2 y_1(x,t)}{\partial x^2} \tag{3.7}$$

$$\frac{\partial^2 y_2(x,t)}{\partial t^2} = v^2 \frac{\partial^2 y_2(x,t)}{\partial x^2} \tag{3.8}$$

ここで，$y_1(x,t) + y_2(x,t)$ を公式3.3の左辺の $y(x,t)$ と置き換えて，式 (3.7) と式 (3.8) を用いて変形すると，次のような結果が得られる。

$$\frac{\partial^2 [y_1(x,t) + y_2(x,t)]}{\partial t^2} = \frac{\partial^2 y_1(x,t)}{\partial t^2} + \frac{\partial^2 y_2(x,t)}{\partial t^2}$$

$$= v^2 \frac{\partial^2 y_1(x,t)}{\partial x^2} + v^2 \frac{\partial^2 y_2(x,t)}{\partial x^2} = v^2 \frac{\partial^2 [y_1(x,t) + y_2(x,t)]}{\partial x^2}$$

この結果は，$y_1(x,t) + y_2(x,t)$ が波動方程式(公式3.3)を満たす解であることを示している。すなわち，たがいに異なる変位 $y_1(x,t)$ と $y_2(x,t)$ をもつ2つの波が，ある時刻 t [s] で1つの地点 x [m] に同時に到達したとき，この地点で観測される波は単純に2つの波の変位を足し合わせた変位 $y_1(x,t) + y_2(x,t)$ の波となる。このような原理を，**重ね合わせの原理**とよぶ。重ね合わせの原理は x 軸のみで定義される1次元空間だけでなく，2次元，3次元空間に対しても同様に成り立つ。

定理 3.1（重ね合わせの原理）　位置ベクトル $\vec{r}$，時刻 t [s] における2つの波の変位を $y_1(\vec{r},t)$，$y_2(\vec{r},t)$ とおくと，これらの波が時刻 t で，位置 $\vec{r}$ に同時に到達したとき，この位置で観測される波の変位 $y(\vec{r},t)$ は，次式で与えられる。

$$y(\vec{r},t) = y_1(\vec{r},t) + y_2(\vec{r},t)$$

ここで，同じ時刻に同じ位置で重なり合った，2つの波の変位の和からなる波のことを，**合成波**とよぶ。例えば，図3.7のように，変位 $y_1(x,t)$ の波が x 軸の正の向きに進み，変位 $y_2(x,t)$ の波が x 軸の負の向きに進む場合を考える。時間 t の経過とともに，2つの波は中央付近で重なり始め，重なり合った合成波の変位は，重ね合わせの原理により $y_1(x,t) + y_2(x,t)$ となる。

●波の干渉

重ね合わせの原理により，変位 $y_1(x,t)$ [m] の波と変位 $y_2(x,t)$ [m] の波が同じ位置で重なり合うと，重なり合った合成波の変位は $y_1(x,t) + y_2(x,t)$ となることをすでに学んだ。この原理に基づくと，図3.8(a) のように，同じ振幅と波長をもつ2つの正弦波の山と山，谷と谷どうしが重なり合うとき，その合成波は振幅が2倍になるように強め合った波となる。

一方で，図3.8(b) のように，これらの2つの正弦波の山と谷，谷と山どうしが重なり合

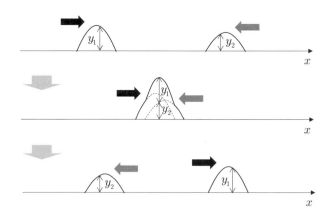

図 3.7 重ね合わせの原理と合成波

(a) 強め合う波   (b) 弱め合う波

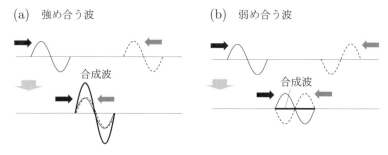

図 3.8 2つの正弦波の干渉

うと，たがいの変位の和が打ち消し合うので，その合成波は振幅が 0 の弱め合った波となる。このように，複数の波どうしが重なり合って，強め合ったり弱め合ったりする現象のことを，波の**干渉**とよぶ。

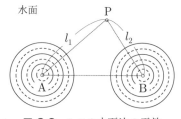

図 3.9 2つの水面波の干渉

波の干渉の性質について詳しく理解するために，2つの水面波どうしの干渉について考えよう。図 3.9 は十分に広い水面を真上から見た様子であり，水面上の点 A と点 B を針で同時についた場合を考える。すると，A と B を波源として，2つの円形の水面波が徐々に広がっていき，2つの波はやがて水面上の点 P で重なり合う。このとき，針でついた瞬間に A と B から生じる波は，「同位相」の波であるものとする[5]。図 3.9 で，実線と破線の円はそれぞれ，水面波の山と谷を表している。また，A と B から生じた水面波の波長をともに λ [m] とし，AP 間の距離を l_1 [m]，BP 間の距離を l_2 [m] とする。

このとき，P で観測される2つの波の合成波が，強め合う条件を考えよう。水面波の隣り合う山と山の間の距離が波長 λ なので，AP 間の距離 l_1 と BP 間の距離 l_2 の差が λ の整数倍となるときに，A から生じた水面波の山と B から生じた水面波の山がちょうど P で重なる。このとき，A と B から生じた水面波の谷どうしも P で重なるので，P で観測

---

5) 2つの波源 A と B からまったく同じ形の正弦波が同時に生じるとき，A から山(谷)が生じるのと同時に B からも山(谷)が生じるのであれば，これらの波の位相は同じ(**同位相**である)という。一方で，A から山(谷)が生じるのと同時に B から谷(山)が生じるのであれば，2つの波の位相はたがいに π だけずれている，または**逆位相**であるという。

される合成波が強め合う条件は，n を整数として $|l_1 - l_2|$ が次式を満たす場合である。

$$|l_1 - l_2| = n\lambda \tag{3.9}$$

次に，P で観測される 2 つの波の合成波が，弱め合う条件を考えよう。P で観測される合成波の位相が弱め合って 0 になるためには，例えば A から生じた水面波の山と B から生じた水面波の谷が，ちょうど P で重なるときである。このような状況が生じるためには，AP 間の距離 l_1 と BP 間の距離 l_2 の差が，水面波の半波長 $(\lambda/2)$ の奇数倍になればよい。したがって，P で観測される合成波が弱め合う条件は，n を整数として $|l_1 - l_2|$ が次式を満たす場合である。

$$|l_1 - l_2| = \frac{1}{2}(2n + 1)\lambda \tag{3.10}$$

● 波の反射と屈折

図 3.10(a) のように，2 つの異なる媒質 1 と媒質 2 が境界面をはさんで広がっている空間を考える[6]。ここで，直線状の山(実線)と谷(破線)を交互にもつ波が，境界面と垂直な軸から角度 θ_i をなす向きで，境界面に近づく場合を考えよう。このように，直線状の山と谷をもつ波のことを**平面波**とよぶ。平面波は境界面に達した後で，以下のような 2 つの現象に分かれて進む。1 つは，波が境界面を通過せずに，境界面と垂直な軸と角度 θ_r をなす向きに戻る現象である。このような現象を，波の**反射**とよぶ。もう 1 つは，境界面を通過するが，境界面と垂直な軸と角度 θ_t をなす向きに，折れ曲がって進む現象である。このような現象を，波の**屈折**とよぶ。

ここで，波の形状にかかわらず，境界面に近づく波のことを**入射波**，境界面で反射する波のことを**反射波**，屈折して境界面を通過する波のことを**屈折波**とよび，θ_i，θ_r，θ_t のことをそれぞれ，**入射角**，**反射角**，**屈折角**とよぶ。波が入射する軌道と反射する軌道は，境界面と垂直な軸に対して対称関係にあるので，入射角 θ_i と反射角 θ_r の間には次の関係が成り立つ。

$$\theta_i = \theta_r$$

次に，波が屈折する原因について考えよう。例えば，波が水面上を進むとき，1 個の水分子の振動を隣りの水分子に対してどれだけ伝えやすいかが，水面波が進む速度に影響

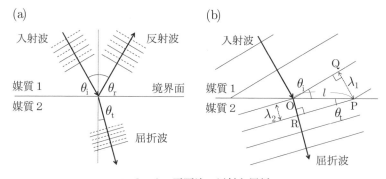

図 3.10　平面波の反射と屈折

---

6)　図 3.10 の境界面とは，物理的な壁ではないことに注意する。例えば，媒質 1 が空気，媒質 2 が水であるならば，境界面とは空気と接している水の水面のことである。

する。しかし，これが水ではなく，アルコールハンドジェルのような粘度の高い液体になると，水に比べて液面を進む波の速度が遅くなるのは想像しやすいだろう。図 3.10(b) に，媒質 1 から媒質 2 に入射して屈折する平面波の様子を拡大して示す（実線は波の山を表す）。いまは，媒質 1 よりも媒質 2 の方が粘度が高い物質であると考えよう。

　媒質 1 で発生した波が媒質 2 へ進入するときに，波のエネルギーは保存されるため，その波の振動数 f [Hz] が変わることはない[7]。しかし，媒質 1，媒質 2 を進む波の速さをそれぞれ，v_1 [m/s]，v_2 [m/s] とおくと，v_1 に比べて v_2 は小さくなるので，$v_1 > v_2$ という不等式が成り立つ。また，媒質 1，媒質 2 を進む波の波長をそれぞれ，λ_1 [m]，λ_2 [m] とおくと，公式 3.2 より

$$\frac{v_1}{v_2} = \frac{f\lambda_1}{f\lambda_2} = \frac{\lambda_1}{\lambda_2} \tag{3.11}$$

という関係が成り立つので，媒質 1 を進む波が媒質 2 に進入すると，その波の波長は速さと同じ比で短くなることがわかる。したがって，媒質 1 で生じた波はその振動数を保ったまま媒質 2 に進入し，波長のみを短くしなければならないため，波は境界面で屈折するのである。ここで，図 3.10(b) に示すように，境界面に沿った長さ l [m] の OP を斜辺とするような，2 つの直角三角形 QOP と ROP に注目しよう。このとき，∠QOP，∠RPO はそれぞれ入射角 θ_i，屈折角 θ_t であり，長さ QP，OR はそれぞれ，媒質 1，2 を進む波の波長（隣り合う山と山の間の距離）λ_1，λ_2 であるので，次の関係が成り立つ。

$$\frac{\lambda_1}{\lambda_2} = \frac{l\sin\theta_i}{l\sin\theta_t} = \frac{\sin\theta_i}{\sin\theta_t} \tag{3.12}$$

よって，式 (3.11) と式 (3.12) より，v_1/v_2，λ_1/λ_2，$\sin\theta_i/\sin\theta_t$ はすべて等しい値をもつので，定数 n_{12} を次のように定義する。

公式 3.4（屈折率の定義） ―――――――――――――――――――――

$$n_{12} = \frac{v_1}{v_2} = \frac{\lambda_1}{\lambda_2} = \frac{\sin\theta_i}{\sin\theta_t}$$

―――――――――――――――――――――――――――――――――

　このような式で定義される定数 n_{12} のことを，**屈折率**とよぶ。屈折率はその名の通り，媒質 1 に対して媒質 2 の波がどれだけ折れ曲がりやすいかの度合いを表す量である。

　屈折率には「相対屈折率」と「絶対屈折率」とよばれる 2 種類の定義があることをおさえておこう。図 3.10(a) のように，媒質 1 と媒質 2 が境界面で接しているときに，n_{12} のことを「媒質 1 に対する媒質 2 の**相対屈折率**」とよぶ。一方で，例えば媒質 1 が真空と接しているとき，「真空に対する媒質 1 の相対屈折率」のことを，媒質 1 の**絶対屈折率**とよぶ。ここで，真空の絶対屈折率は 1 である。すなわち，相対屈折率は 2 つの媒質の間で相対的に定義される屈折率のことであり，2 つの媒質の種類がわからないと定義できない。一方，絶対屈折率とは真空を基準としているので，その媒質に固有の屈折率といえる。いま，媒質 1 と媒質 2 の絶対屈折率をそれぞれ n_1，n_2 とし，媒質 1 に対する媒質 2 の相対屈折率を n_{12}，媒質 2 に対する媒質 1 の相対屈折率を n_{21} とおくと，次の関係が成り立つ。

―――――――――――――――――――――――

7)　波の振動数は，その波がもつエネルギーに比例する。したがって，媒質 1 から媒質 2 に波が進入したときに振動数が変わるのであれば，それはエネルギー保存則をやぶることになるため，屈折する境界面で波の振動数は変化しない。

公式 3.5（相対屈折率と絶対屈折率の関係）———————————————

$$n_{12} = \frac{n_2}{n_1} = \frac{1}{n_{21}}$$

また，1 気圧下でのいろいろな物質の絶対屈折率を，表 3.1 に示す[8]。この表からわかるように，空気の屈折率は 1.000292 で極めて真空状態の絶対屈折率(1)に近いため，空気に対する相対屈折率のことを，単に「屈折率」とよぶ場合が多い。この場合，屈折率は必ず 1 より大きな値となる。

表 3.1　いろいろな媒質の絶対屈折率

物質	屈折率	セルシウス温度 [°C]
空気	1.000292	0
水	1.3330	20
エタノール	1.3618	20
パラフィン油	1.48	20
氷	1.309	0
ガラス	1.5〜1.9	20
ダイヤモンド	2.4195	20

例 3.2　図のように，媒質 1 から波長 0.50 m の波が速さ 0.20 m/s で進入したところ，境界面で屈折して媒質 2 を進んでいった。このとき，波の入射角が 45°，屈折角が 30° であったとして，以下の問いに答えよ。

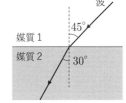

(1)　媒質 2 を進む波の波長を求めよ。

(2)　媒質 2 を進む波の速さを求めよ。

(3)　媒質 1 に対する媒質 2 の相対屈折率を求めよ。

［解］　(1)　媒質 1 での波の波長を $\lambda_1 = 0.50$ m，入射角を $\theta_i = 45°$，屈折角を $\theta_t = 30°$ とおくと，

$$\frac{\sin 45°}{\sin 30°} = \frac{1/\sqrt{2}}{1/2} = \frac{2}{\sqrt{2}}$$

となるので，これより媒質 2 での波長 λ_2 [m] は，

$$\frac{\sin \theta_i}{\sin \theta_t} = \frac{\lambda_1}{\lambda_2} \rightarrow \frac{2}{\sqrt{2}} = \frac{0.50}{\lambda_2} \rightarrow \lambda_2 = 0.50 \times \frac{\sqrt{2}}{2} = \underline{0.25\sqrt{2}\ \text{m}}$$

(2)　波の媒質 1 での速さを $v_1 = 0.20$ m/s とおくと，媒質 2 での速さ v_2 [m/s] は，

$$\frac{\sin \theta_i}{\sin \theta_t} = \frac{v_1}{v_2} \rightarrow \frac{2}{\sqrt{2}} = \frac{0.20}{v_2} \rightarrow v_2 = 0.20 \times \frac{\sqrt{2}}{2} = \underline{0.10\sqrt{2}\ \text{m/s}}$$

(3)　媒質 1 に対する媒質 2 の相対屈折率 n_{12} は，次のように求まる。

$$n_{12} = \frac{\sin \theta_i}{\sin \theta_t} = \frac{\sin 45°}{\sin 30°} = \frac{2}{\sqrt{2}} = \underline{\sqrt{2}}$$

● **自由端と固定端**

波の反射の仕方には 2 種類の方法があることをおさえておこう。図 3.11(a) のように，

———————————————

8)　2.2.1 で述べたように，「1 気圧」とは地球上のおおよその平均的な気圧として決められた量であり，1 気圧 = 101325 Pa と定められている。

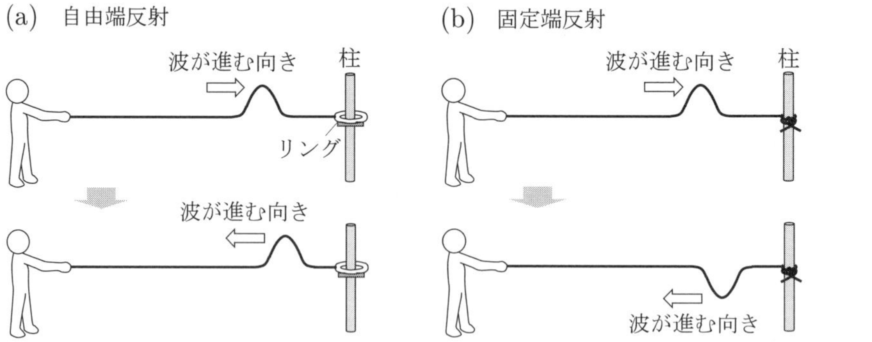

図 **3.11**　自由端反射と固定端反射

ロープの右端に軽いリングが取りつけられており，このリングが鉛直に立てられた柱に通されている場合を考える。ロープの左端の位置を原点 O として右向きに x の正の軸をとり，柱の位置を x_0 [m] とおく。また，このリングは柱に沿って，上下になめらかに移動できるものとする。ここで，ロープをピンと張って，ロープの左端を上下に振動させると，波が徐々に右向きに移動して，柱に達した波はリングを上下に移動させながら左向きに反射する。このとき，ある時刻 t [s] で柱に到達する直前の，入射波の媒質の変位を $y_i(x_0, t)$ [m] とし，柱に到達した直後の，反射波の媒質の変位を $y_r(x_0, t)$ [m] とおくと，これらの変位の間には次の関係が成り立つ。

$$y_i(x_0, t) = y_r(x_0, t)$$

このように，入射波と反射波の変位が同じになる反射を**自由端反射**とよび，このような反射を引き起こす媒質が固定されていない端のことを**自由端**とよぶ。

　次に，図 3.11(b) のように，ロープの右端が鉛直に立てられた柱にしばりつけられて，固定されている場合を考える。このロープをピンと張って，ロープの左端を上下に振動させると，波が徐々に右向きに移動して，柱に達した波はやはり左向きに反射するが，この場合の反射の仕方は図 3.11(a) の場合とは異なる。すなわち，入射波の媒質の変位 $y_i(x_0, t)$ [m] と，反射波の媒質の変位 $y_r(x_0, t)$ [m] の間には，次の関係が成り立つ。

$$y_i(x_0, t) = -y_r(x_0, t)$$

このように，反射波の変位が入射波の変位に対してマイナスの関係になる反射を**固定端反射**とよび，このような反射を引き起こす媒質が固定された端のことを**固定端**とよぶ。

　すなわち，自由端反射の場合は入射波と反射波の形がたがいに左右対称の関係にあり，固定端反射の場合は入射波と反射波の形がたがいに点対称の(180 度回転すると一致する)関係にあるといえる。

● 定常波

　図 3.12 のように，x 軸上を正の向きに進んできた正弦波が，自由端で反射して x 軸上を同じ速さで負の向きに戻る場合を考える。このとき，x 軸上を正の向きに進む入射波(細い実線)と，x 軸上を負の向きに進む反射波(細い破線)が重なり合い，合成波(太い実線)が生じる。この合成波は振幅のみが時間とともに変化するが，x 軸上で振幅が最大になる位置(黒い丸)と，変位が常に 0 となる位置(白い丸)が時間によらず特定の位置に固定される。

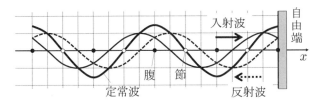

図 3.12　自由端反射により生じる定常波

そのため，この合成波は x 軸上を正の向きにも負の向きにも進まない波となり，このような波のことを**定常波**とよぶ。また，定常波において振幅が最大になる媒質の位置（黒い丸）のことを**腹**とよび，変位が常に 0 で変わらない媒質の位置（白い丸）のことを**節**とよぶ。

　固定端に対する入射波と反射波の重ね合わせも，自由端の場合（図 3.12）と同様に定常波を生じさせる。ただし，固定端から生じる定常波の腹と節の位置は，自由端から生じる定常波の場合と比べてたがいの位置が入れ替わる。この結果については，以下の例 3.3 を解くことで確かめてほしい。

例 3.3　以下の図は，波源 O から生じて右に進む入射波（実線）と，固定端で反射して左に進む反射波（破線）の，ある時刻の様子を表している。このとき，以下の問いに答えよ。

(1)　この時刻での，入射波と反射波の合成波（定常波）の曲線を作図せよ。

(2)　(1) の結果から，波源 O を通る水平線上で定常波の腹が生じる位置に「黒丸」を，節が生じる位置に「白丸」をそれぞれ作図せよ。

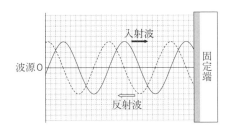

　[解]　(1)　入射波（実線）と反射波（破線）の合成波は，2 つの波の変位を足した曲線を描けばよい。よって，以下の図（太い実線）のようになる。

　(2)　(1) で求めた合成波（定常波）から，腹と節の位置はそれぞれ，以下の図の黒丸と白丸のようになる（腹と節の位置は時間によらず変わらない）。

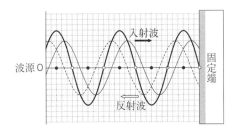

3.2　音　波

　3.1.1 で述べたように，私たちが日ごろから空気中で聞く「音」とは，気体分子の密度が濃い部分（密）と薄い部分（疎）が縦波（疎密波）として伝わる波のことである。したがって，

音のことは**音波**ともよばれる。音は空気以外の気体や，液体，固体の中でも伝わるので，音波の媒質は音が伝わるすべての物質にあてはまる。本節では，私たちの日常に最も近い波動現象の1つとして，音波の性質について学ぼう。

3.2.1 音の速度

私たちが日ごろ耳にする音とは，多くの場合は空気中を伝わる音波である。空気中の気体分子の振動が縦波(疎密波)として伝わり，この気体分子の振動が私たちの耳の鼓膜を振動させる。すると，鼓膜の振動は脳に伝わる電気信号に変換され，私たちはこの振動を音として認識するのである[9]。このとき，音波の振幅，振動数，波形(波長)はそれぞれ，次の役割を果たす。これらを**音の3要素**とよぶ。

  1. 音波の振幅の大きさは音の大きさ(音量)に相当する。
  2. 音波の振動数(周波数)の大きさは音の高さに相当する。
  3. 音波の波形(波長)は音の音色(ド，レ，ミ，…)を変える。

ところで，2.1.1で学んだように，空気中の気体分子は空気の温度が上がれば，その運動は激しくなる。このような気体分子の運動は，音波を伝えるための気体分子の振動にも影響するので，空気中を伝わる音波の速さは空気の温度に依存して変化する。実験的に，1気圧下にある空気中を伝わる音波の速さを V [m/s] とおくと，V は空気のセルシウス温度 t [℃] を用いて，次式のように表せることがわかっている。

公式 3.6 (音波の速さ) ―――――――――――――――――――――――――――――

$$V = 331.45 + 0.607t$$

―――

この式からわかるように，音波の速さ V は空気の温度 t に比例して増加する。

3.2.2 気柱の振動

図3.13のように，左端が閉じて右端が開いた一様な太さの管(パイプ)について考える。このように，一方の端が閉じた管のことを，**閉管**とよぶ。この閉管の長さを l [m] として，閉管の開いた管の口(閉管の右端)から，スピーカーを用いてある振動数 f [Hz] の音を流しつづけた場合を考えよう。

右端から管の中に進入した音波は左向きに進み，左端の閉じた壁で反射して右向きに戻る。このとき，管の左端では気体分子が動けないため，この反射は固定端反射となる。すると，閉管の中で音波の入射波と反射波が重なり合い，図3.13のような様々な定常波を生じさせる[10]。図の実線の波は，定常波が最大振幅となったときの様子を表しており，黒丸と白丸はそれぞれ，定常波の腹と節の位置を示している。音波の振動数 f が小さいうち

――

  9) 人間が聞くことのできる音波の振動数は，約 20 Hz～20000 Hz の範囲に限られる。一方で，コウモリは暗闇で周囲のものを把握するために，約 30000 Hz～110000 Hz の極めて高い振動数の音波を発することが知られている。このように，人間が聞きとれないくらいの高い振動数をもつ音波のことを，**超音波**とよぶ。

  10) 音波は縦波であるが，縦波が進む方向を x 軸にとると，縦波の変位を x 軸と垂直な y 軸に書き直すことによって，音波の縦波は正弦波とみなすことができる。正弦波とみなした音波の入射波と反射波の合成波も通常の正弦波と同様に定常波となる。

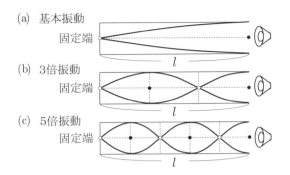

(a) 基本振動
固定端

(b) 3倍振動
固定端

(c) 5倍振動
固定端

図 3.13　閉管の固有振動

は，図 3.13(a) のように，節の数が 1 個の定常波が現れる。しかし，f を徐々に増加させると，図 3.13(b)，(c) のように，それぞれ節の数が 2 個，3 個，$\cdots$ と増えながら，定常波の形が変わっていく。ここで，節の数が 1 個の場合の定常波の波長を λ_1 [m] とおくと，図 3.13(a) からわかるように，管の中に生じる定常波の長さは波長 λ_1 の 1/4 倍となる。したがって，

$$l = \frac{1}{4}\lambda_1 \quad \rightarrow \quad \lambda_1 = 4l$$

が成り立つ。同様に，節の数が 2 個，3 個の場合の定常波の波長をそれぞれ，λ_2 [m]，λ_3 [m] とおくと，図 3.13(b)，(c) からそれぞれ，

$$l = \frac{1}{4}\lambda_2 \times 3 \quad \rightarrow \quad \lambda_2 = \frac{4l}{3}$$

$$l = \frac{1}{4}\lambda_3 \times 5 \quad \rightarrow \quad \lambda_3 = \frac{4l}{5}$$

という関係が得られる。よって，閉管に生じる定常波の節の数を n とおくと，この定常波の波長 λ_n は次式のように求められる。

公式 3.7（閉管に生じる定常波の波長）

$$\lambda_n = \frac{4l}{2n-1} \quad (n = 1, 2, 3, \cdots)$$

図 3.13(a)，(b)，(c) で示したような，閉管内の音波による空気の振動のことを，**閉管の固有振動**とよぶ。図 3.13(a) で示した定常波の波長は，$\lambda_1/4$ の 1 倍であり，このような固有振動を**基本振動**とよぶ。また，図 3.13(b)，(c) で示した定常波の波長はそれぞれ，$\lambda_2/4$ の 3 倍，$\lambda_3/4$ の 5 倍となる。そのため，図 3.13(b)，(c) のような閉管の固有振動をそれぞれ，**3 倍振動**，**5 倍振動**とよぶ。

次に，図 3.14 のように，左端も右端も開いた一様な太さの管について考える。このように，両方の端が開いた管のことを，**開管**とよぶ。この開管の長さを l [m] として，開管の一端の口（開管の右端）から，スピーカーを用いてある振動数 f [Hz] の音を流しつづけた場合を考えよう。

右端から管の中に進入した音波は左向きに進み，左端の開いた管の口に到達する。このとき，管の中の空気と管の外の空気は異なる密度と圧力をもつため，これらはたがいに異なる性質をもつ 2 つの媒質であると考えてよい。したがって，開管の左端の管の口は 2 つの異なる媒質の境界面となり，音波はこの境界面で反射される。この反射は，気体分子が

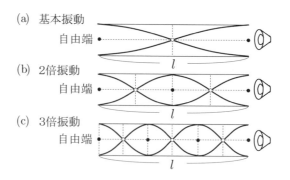

図 3.14 開管の固有振動

拘束されていないため，自由端反射となる。すると，開管の中で音波の入射波と反射波が重なり合い，図 3.14 のような様々な定常波を生じさせる。音波の振動数 f が小さいうちは，図 3.14(a) のように，節の数が 1 個の定常波が現れる。しかし，f を徐々に増加させると，図 3.14(b)，(c) のように，それぞれ節の数が 2 個，3 個，$\cdots$ と増えながら，定常波の形が変わっていく。ここで，節の数が 1 個の場合の定常波の波長を λ_1 [m] とおくと，図 3.14(a) からわかるように，管の中に生じる定常波の長さは波長 λ_1 の 1/2 倍となる。したがって，

$$l = \frac{1}{2}\lambda_1 \quad \rightarrow \quad \lambda_1 = 2l$$

が成り立つ。同様に，節の数が 2 個，3 個の場合の定常波の波長をそれぞれ，λ_2 [m]，λ_3 [m] とおくと，図 3.14(b)，(c) からそれぞれ，

$$l = \frac{1}{2}\lambda_2 \times 2 \quad \rightarrow \quad \lambda_2 = \frac{2l}{2}$$

$$l = \frac{1}{2}\lambda_3 \times 3 \quad \rightarrow \quad \lambda_3 = \frac{2l}{3}$$

という関係が得られる。よって，開管に生じる定常波の節の数を n とおくと，この定常波の波長 λ_n は次式のように求められる。

公式 3.8（開管に生じる定常波の波長） ─────────────────────

$$\lambda_n = \frac{2l}{n} \quad (n = 1, 2, 3, \cdots)$$

──

　図 3.14(a)，(b)，(c) で示したような，開管内の音波による空気の振動のことを，**開管の固有振動**とよぶ。図 3.14(a) で示した定常波の波長は，$\lambda_1/2$ の 1 倍であり，これが開管の場合の**基本振動**となる。また，図 3.14(b)，(c) で示した定常波の波長はそれぞれ，$\lambda_2/2$ の2 倍，$\lambda_3/2$ の 3 倍となる。そのため，図 3.14(b)，(c) のような開管の固有振動をそれぞれ，**2 倍振動**，**3 倍振動**とよぶ。

　以上のように，閉管と開管の開いている口から音波を発すると，いずれの管内でも固有振動とよばれる定常波が生じる。また，図 3.13 と図 3.14 からわかるように，いずれの管でも開いている管の口の位置が定常波の腹の位置[11]となるので，この位置でスピーカーの

───────────────────────

11)　図 3.13 と図 3.14 で，腹の位置は管の口の位置と一致するように描かれているが，実際にはいずれの場合も，腹の位置が管の口の位置よりも少し外に出る。このときの腹と管の口の位置とのずれを，**開口端補正**とよぶ。開口端補正の距離は，管の半径の 0.6 ～ 0.8 倍程度の長さである。

音波の振幅が 2 倍に増幅される。すなわち，閉管と開管で音波の定常波が生じると，これらの管の口付近では，スピーカーの音が 2 倍の大きさで聞こえるのである。このように，音波の定常波が音の大きさを増幅させる現象のことを，**音の共鳴**とよぶ。ただし，閉管と開管の双方において，スピーカーの振動数 f がどんな値でも管内に定常波が生じるわけではない。それは，空気の温度が一定であれば，空気中を伝わる音の速さも一定だからである。

ある温度で空気中を伝わる音の速さを，V [m/s] と定義しよう。閉管の場合，管内に生じる節の数が n 個の定常波の波長 λ_n [m] は，公式 3.7 より $\lambda_n = 4l/(2n-1)$ と表せるので，スピーカーが発する音波の振動数 f_n [Hz] は次式を満たす。

公式 3.9（閉管で固有振動を生じさせる振動数）

$$f_n = \frac{V}{\lambda_n} = \frac{(2n-1)V}{4l} \quad (n = 1, 2, 3, \cdots)$$

一方，開管の場合，管内に生じる節の数が n 個の定常波の波長 λ_n は，公式 3.8 より $\lambda_n = 2l/n$ と表せるので，スピーカーが発する音波の振動数 f_n は次式を満たす。

公式 3.10（開管で固有振動を生じさせる振動数）

$$f_n = \frac{V}{\lambda_n} = \frac{nV}{2l} \quad (n = 1, 2, 3, \cdots)$$

このように，閉管，開管のいずれの場合も，管内で音の定常波をつくり，音を共鳴させるためには，スピーカーの振動数 f_n はそれぞれ n を 1 以上の整数として，公式 3.9 と公式 3.10 を満たす値に合わせる必要がある。

例 3.4 図のように，長さ 0.80 m の閉管の管口（管の開いた部分）で，振動数 500 Hz の音を出す音叉を鳴らしたところ，管内に図中の点線のような定常波が生じた。このとき，以下の問いに答えよ。ただし，開口端補正（定常波の腹と管口との間のずれ）は無視できるものとする。

(1) 定常波の節の数を求めよ（閉管の底面も考慮せよ）。
(2) 定常波の波長を求めよ。
(3) 音叉が発した音の周期を求めよ。
(4) 音叉が発した音の速さを求めよ。

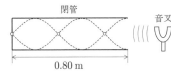

[解] (1) 図のように，管内に生じた定常波の節は，図中の「白丸」の位置にあるので，節の数は3個である。

(2) 閉管の長さを $l = 0.80$ m とおく。また，(1) の結果から，管内に生じる定常波の節の数は $n = 3$ である。このとき，閉管の定常波の波長 λ [m] は次式より求まる。

$$\lambda = \frac{4l}{2n-1} = \frac{4 \times 0.80}{2 \times 3 - 1} = \frac{3.2}{5} = \underline{0.64 \text{ m}}$$

(3) 音叉が発した音の振動数を $f = 500$ Hz とおくと，この音の周期 T [s] は，

$$T = \frac{1}{f} = \frac{1}{500} = \underline{0.0020 \text{ s}}$$

(4) (2) の結果から，定常波（音波）の波長は $\lambda = 0.64$ m であり，音の振動数は $f = 500$ Hz なので，音叉が発した音の速さ V [m/s] は次のように求まる。

$$V = \lambda f = 0.64 \times 500 = \underline{320 \text{ m/s}}$$

3.2.3 ドップラー効果

図 3.15 のように，円形波の形をした振動数 f_0 [Hz] の音波を発しつづける救急車が，x 軸の正の向きに移動する場合を考える。図に描かれた実線の円は，音波を横波とみなしたときの山を示している。このとき，空気中を伝わる音の速さを V [m/s] とおくと，救急車の速さ v_S [m/s] は V よりも小さいものとする。このように，円形波を発しつづける音源が一定の速度で動くとき，音源の前方に発せられる波の，隣り合う山と山の間の距離は縮まる。そのため，救急車の前方で観測者 L が静止しているとき，L が観測する音波の振動数 f [Hz]（L が 1 s 間に観測する音波の山の数）は

$$f = \frac{V}{V - v_S} f_0$$

となり，救急車が発する本来の振動数 f_0 よりも多くなる。一方で，音源の後方に発せられる波の，隣り合う山と山の間の距離は長くなる。そのため，救急車の後方で観測者 L′ が静止しているとき，L′ が観測する音波の振動数 f は

$$f = \frac{V}{V + v_S} f_0$$

となり，f_0 よりも少なくなる。

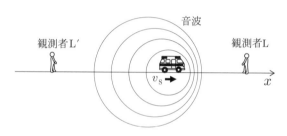

図 3.15 音源が動く場合のドップラー効果

次に，図 3.16 のように，同じ振動数 f_0 の音波を発しつづける救急車が x 軸上に静止しており，観測者が x 軸上を動く場合を考える。はじめに，観測者 L が V よりも小さい速さ v_L で救急車に近づく場合を考えると，これは相対的に L に対して救急車が近づく場合と同じである。そのため，L が観測する音波の振動数 f は

$$f = \frac{V + v_L}{V} f_0$$

となり，救急車が発する本来の振動数 f_0 よりも多くなる。逆に，観測者 L′ が速さ $v_{L'}$ で救急車から遠ざかる場合を考えると，これは相対的に L′ に対して救急車が遠ざかる場合と同じである。よって，L′ が観測する音波の振動数 f は

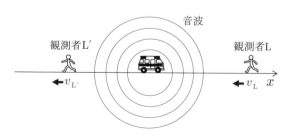

図 3.16 観測者が動く場合のドップラー効果

$$f = \frac{V - v_{\mathrm{L}'}}{V} f_0$$

となり，f_0 よりも少なくなる。

このように，音源や観測者が動くことで，観測者が聞く音波の振動数が本来の値よりも変わってしまう現象を，**ドップラー効果**とよぶ。すなわち，救急車がこちらに近づいてくるときに聞こえるサイレンの音と，救急車が通り過ぎた後で遠ざかるときに聞こえるサイレンの音の高さが異なるのは，ドップラー効果によるものである。

最後に，ドップラー効果を定式化しよう。図 3.17 のように，直線上を運動する音源 S と，観測者 L を考える。音源 S は，振動数 f_0 [Hz] の音波を発しつづけている。ここで，「音源 S が観測者 L に近づく向きを正として」，S の速度を v_{S} [m/s] と定義する。また，「観測者 L が音源 S に近づく向きを正として」，L の速度を v_{L} [m/s] と定義する。さらに，空気中を伝わる音の速さを V [m/s] とし，v_{S} と v_{L} の大きさはともに V と比べて小さいものとする。このとき，観測者 L が観測する音波の振動数 f [Hz] は，次式より求められる。

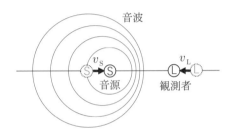

図 3.17　ドップラー効果の定式化

公式 3.11（ドップラー効果による振動数の変化）────────────

$$f = \frac{V + v_{\mathrm{L}}}{V - v_{\mathrm{S}}} f_0$$

例 3.5　図のように，右向きに速さ 30 m/s で移動している自動車に向かって，速さ 70 m/s の電車が左から近づいてくる場合を考える。電車の警笛が発する音の振動数を 700 Hz，音の速さを 350 m/s とおくとき，以下の問いに答えよ。

(1)　警笛が発する音の波長を求めよ。

(2)　自動車が観測する警笛の音の振動数を求めよ。

[解]　(1)　電車が発する警笛の音の振動数を $f_{\mathrm{S}} = 700$ Hz，音の速さを $V = 350$ m/s とおくと，電車が発する警笛の音の波長 λ_{S} [m] は次のように求まる。

$$V = \lambda_{\mathrm{S}} f_{\mathrm{S}} \rightarrow \quad \lambda_{\mathrm{S}} = \frac{V}{f_{\mathrm{S}}} = \frac{350}{700} = \underline{0.50 \text{ m}}$$

(2)　電車が自動車に近づく速度は $v_{\mathrm{S}} = 70$ m/s，自動車が電車から遠ざかる速度は

$v_{\mathrm{L}} = -30$ m/s と書ける（相手から遠ざかる速度はマイナスがつくことに注意せよ）。これより，自動車が観測する警笛の音の振動数 f_{L} [Hz] は，

$$f_{\mathrm{L}} = \frac{V + v_{\mathrm{L}}}{V - v_{\mathrm{S}}} f_{\mathrm{S}} = \frac{350 + (-30)}{350 - 70} \times 700 = \frac{8}{7} \times 700 = \underline{800\ \mathrm{Hz}}$$

3.2.4 うなり

図 3.18 のように，振動数 f_1 [Hz] の音を発する音叉 1 と，振動数 f_2 [Hz] の音を発する音叉 2 を用意しよう。f_2 の方が f_1 よりもやや大きく，その差は微小であるものとする。このような 2 つの音叉を同時に鳴らすと，何が起こるだろうか。

図 3.18 の (a) と (b) はそれぞれ，音叉 1 と音叉 2 が発した音波の，観測地点における媒質の変位を縦軸にとり，時間を横軸にとったグラフである。いまは f_2 の方が f_1 に比べてやや大きいため，(b) が (a) の波に比べてやや横に縮んでいるのがわかるだろう。これらの 2 つの音波を同時に鳴らすと，重ね合わせの原理により，(c) のような 2 つの音波の合成波が観測される。ただし，この合成波はある周期で，振幅の増加と減少を繰り返しているのがわかるだろう。これは，振動数が少し異なる 2 つの音を同時に鳴らすと，その合成波による音はある決まった周期で，大きくなったり小さくなったりすることを示している。この現象を**うなり**とよぶ。

例として，うなりは楽器のチューニング（正しい音が出るように調節すること）に利用されている。例えば，チューニングしたい楽器で 300 Hz の振動数の音を出したいとき，この楽器とは別に正確な 300 Hz の音を出す音叉を用意しておく。楽器と音叉の音を同時に鳴らしたときにうなりが生じれば，楽器から生じる音の振動数は 300 Hz からずれていることになるので，うなりが生じないように楽器を調整するのである。

また，最初のうなりを聞いてから，次のうなりを聞くまでの時間（うなりの音が最大に達してから，次に最大に達するまでの時間）のことを，**うなりの周期**とよぶ。このうなりの周期を T [s] とおくと，単位時間（1 s）あたりに観測されるうなりの回数は $1/T$ [回] となる。この回数（$1/T$）は，うなりを生じさせる 2 つの音波の振動数（f_1 と f_2）の差から，次式のように求められる。

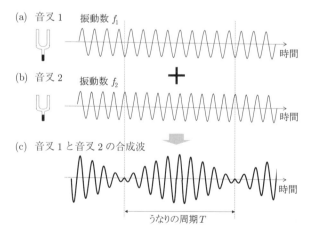

図 3.18 2 つの音波の合成波によるうなり

公式 3.12（うなりの回数）

$$\frac{1}{T} = |f_1 - f_2|$$

3.3 光

日中に浴びる太陽光や，夜にともす蛍光灯，パソコンのディスプレイの光など，光は私たちの生活を支える欠かせないものである。1 章（電磁気学）ですでに学んだように，電場と磁場が作り出す横波のことを電磁波とよび，中でも波長が約 380 〜 770 nm の範囲にある，目で色として視認できる電磁波のことを光とよぶ。したがって，光は音と同じく，私たちの日ごろの生活に最も近い波動現象の 1 つである。本節では，これまでに学んだ波の基本的な知識を生かして，光の性質について学んでいこう。

3.3.1 光の反射と屈折

上記で述べたように，光とは波長が約 380 〜 770 nm の範囲にある，目で見ることができる電磁波のことである。したがって，光のことは**可視光線**ともよばれる。可視光線の中で最も波長が短い（380 nm に近い）光の色は紫色であり，そこから波長を徐々に長くしていくと，その色は

紫 → 藍 → 青 → 緑 → 黄 → 橙（オレンジ）→ 赤

の順に変化する。最終的に，最も波長が長い（770 nm に近い）光の色は赤色となる。このとき，ある特定の波長（色）の光のことを**単色光**とよび，人工的につくられた振幅の大きい強い光のことを，**レーザー光**とよぶ。一般に，太陽光や白色電球の光などは白い色の光であり，様々な波長の電磁波が集まった光なので，これらは単色光ではない。また，近代まで光の速さ（光速）は瞬間的なものであり，無限に大きいものだと思われていたが，現在では真空中の光の速さ c [m/s] は有限で，次のような値であることがわかっている。

$$c = 2.99792458 \times 10^8 \text{ m/s}$$

物理学者たちの間ではいまだに議論されているが，現状では世の中のすべての物質が，この光の速さ c を超えることはないと考えられている[12]。さらに，光の媒質についても議論されているが，現状では光（電磁波）の媒質はないと考えられている。したがって，光（電磁波）は真空中を伝わることができる唯一の波である。

光も電磁波とよばれる「波」であるため，水面波や音波などと同じように，異なる媒質にはさまれた境界面で反射と屈折をする。図 3.19 で示すように，2 つの異なる媒質 1 と媒質 2 ではさまれた境界面を考える。ここで，媒質 1 から境界面に向けて，単色光を入射角 θ_i で入射させた場合を考えよう。この光を**入射光**とよぶ。入射光の一部は境界面において，θ_i と同じ大きさの反射角 θ_r で反射される。この光を**反射光**とよぶ。また，残りの

12）　光の速さは約 30 万 km/s であるが，例えば速さ 20 万 km/s で打ち上げられたロケット 1 から，同じ向きに速さ 20 万 km/s で別のロケット 2 を発射すると，地球から見たロケット 2 の速さは 40 万 km/s となり，光の速さを超えそうである。しかし，現実にはそれでもロケット 2 の速さが約 30 万 km/s を超えることはない。これを理解するためには，「相対性理論」とよばれる別の学問に手を伸ばす必要がある。

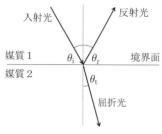

図 3.19 光の反射と屈折

光は境界面を通過し，屈折角 θ_t で屈折してから媒質 2 を進んだとする。この光を**屈折光**とよぶ。

ここで，媒質 1 を通過する光の波長を λ_1 [m]，光の速さを c_1 [m/s] とし，媒質 2 を通過する光の波長を λ_2 [m]，光の速さを c_2 [m/s] としよう。光も波なので，3.1.4 で導出した屈折率の公式（公式 3.4）が成り立つ。したがって，媒質 1 に対する媒質 2 の相対屈折率を n_{12} とおくと，次の関係式が成り立つ。

$$n_{12} = \frac{c_1}{c_2} = \frac{\lambda_1}{\lambda_2} = \frac{\sin\theta_i}{\sin\theta_t} \tag{3.13}$$

この式が公式 3.4 と異なるのは，波の速さ v_1 [m/s]，v_2 [m/s] がそれぞれ，光の速さ c_1，c_2 に置き換わった点のみである。

ところで，媒質 1 が真空であり，媒質 2 が適当な物質である場合を考えよう。この場合，式 (3.13) の c_1 は，真空での光の速さ c に置き換わる。また，n_{12} は真空に対する媒質 2 の相対屈折率となるが，これは媒質 2 の絶対屈折率のことなので，n_{12} は絶対屈折率 n_2 に置き換わり，n_2 は次式より求められる。

$$n_2 = \frac{c}{c_2}$$

したがって，ある媒質 A の絶対屈折率 n_A を求める際は，媒質 A を通過する光の速さ c_A [m/s] を用いて，次式のように求めればよい。

$$n_A = \frac{c}{c_A} \tag{3.14}$$

このように，ある媒質の絶対屈折率とは，真空中を通る波がその媒質に進入したときの，屈折の度合いを表す量である。しかし，そもそも真空中を通る波とは電磁波（光）以外に存在しないので，絶対屈折率はほとんどの場合において，光の屈折に対してのみ使用される。

● 全反射

光の反射で特に身近な物理現象として，「全反射」とよばれる現象についておさえておこう。図 3.19 のように，媒質 1 と媒質 2 ではさまれた境界面を再び考える。いま，媒質 1 の絶対屈折率 n_1 よりも，媒質 2 の絶対屈折率 n_2 の方が大きい $(n_1 < n_2)$ として，媒質 2 から単色光を境界面に入射させたとする。このとき，入射角を θ_i，反射角を θ_r，屈折角を θ_t とおく。式 (3.13) を参考にすると，いまは入射光が媒質 2，屈折光が媒質 1 を通過するので，式 (3.13) で 1 と 2 の表記を入れ替えた次式が成立する。

$$n_{21} = \frac{1}{n_{12}} = \frac{n_1}{n_2} = \frac{\sin\theta_i}{\sin\theta_t} \tag{3.15}$$

ここで，入射角 θ_i の大きさを徐々に大きくした場合を考えよう。θ_i を大きくすると，これに伴い屈折角 θ_t も増加するが，$\theta_t = 90°$ となるときに屈折光は境界面と平行になるので，入射光は境界面を超えられなくなる。すなわち，屈折角が $\theta_t \geqq 90°$ という条件を満たすとき，図 3.20 のように，すべての入射光が境界面で完全に反射される。この現象を光の**全反射**とよぶ。

いま，$0 \leqq \theta \leqq 90°$ の範囲内で，$\sin\theta$ は θ とともに単調に増加するので，$\theta_t \geqq 90°$ を満たす条件は

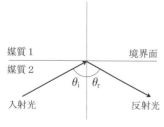

図 3.20 光の全反射

$$\sin \theta_{\mathrm{t}} \geqq \sin 90° \tag{3.16}$$

を満たす条件と同じになる。また，式 (3.15) に式 (3.16) を代入すると，

$$\frac{1}{n_{12}} = \frac{\sin \theta_{\mathrm{i}}}{\sin \theta_{\mathrm{t}}} \leqq \frac{\sin \theta_{\mathrm{i}}}{\sin 90°} = \sin \theta_{\mathrm{i}}$$

という不等式が成り立つ。よって，媒質 2 から媒質 1 に入射する光の入射角 θ_{i} が次の条件を満たすときに，光は境界面で全反射をする。

公式 3.13（全反射の条件） ───────────────────────────

$$\sin \theta_{\mathrm{i}} \geqq \frac{1}{n_{12}} = \frac{n_1}{n_2}$$

───

例えば，プールの中にカギを落としてしまい，プールの上から探してもなかなか見つからない場合がよくあるだろう。プールの水の絶対屈折率 (n_2) は空気の絶対屈折率 (n_1) に対して大きいので，カギが発する光がプールの水面で全反射したことにより，プールの上からカギがまったく見えない状況が起こり得る。全反射は光ではない，別の波に対しても同様の条件で起こるが，日常生活においては光の全反射に出くわす機会の方が多いだろう。

例 3.6 図のように，深さ 0.60 m の透明な液体で満たされたプールの上から，底にあるコインを観察する。コインから出た光は入射角 4° で液面に入射し，屈折角 5° で屈折した後で，空気中の観測者の目に届いた。このとき，以下の問いに答えよ。ただし，空気中の光の速さを 3.0×10^8 m/s とし，入射角 θ_{i} [°] と屈折角 θ_{t} [°] が十分小さい場合に成り立つ近似式，$\sin \theta_{\mathrm{i}} \fallingdotseq \tan \theta_{\mathrm{i}} \fallingdotseq \theta_{\mathrm{i}}$，$\sin \theta_{\mathrm{t}} \fallingdotseq \tan \theta_{\mathrm{t}} \fallingdotseq \theta_{\mathrm{t}}$ を用いよ。

(1) 空気に対する液体の相対屈折率を求めよ。

(2) 液体中での光の速さを求めよ。

(3) 観測者にはコインが液面から，h [m] の深さにあるように見えた。この深さ h [m] を求めよ。

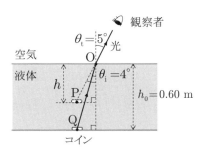

[解] (1) いま，コインから出た光の入射角 $\theta_{\mathrm{i}} = 4°$ と屈折角 $\theta_{\mathrm{t}} = 5°$ は十分小さいので，近似式 $\sin \theta_{\mathrm{i}} \fallingdotseq \theta_{\mathrm{i}}$，$\sin \theta_{\mathrm{t}} \fallingdotseq \theta_{\mathrm{t}}$ を用いる。また，液体を媒質 1，空気を媒質 2 とすると，空気（媒質 2）に対する液体（媒質 1）の相対屈折率は n_{21} と書けるので，n_{21} は次のように求まる。

$$n_{21} = \frac{1}{n_{12}} = \frac{\sin \theta_{\mathrm{t}}}{\sin \theta_{\mathrm{i}}} \fallingdotseq \frac{\theta_{\mathrm{t}}}{\theta_{\mathrm{i}}} = \frac{5}{4} \fallingdotseq \underline{1.3}$$

(2) 空気中（媒質 2）での光の速さを $c_2 = 3.0 \times 10^8$ m/s とおくと，液体中（媒質 1）での光の速さ c_1 [m/s] は次のように求まる。

$$\frac{\sin \theta_{\mathrm{i}}}{\sin \theta_{\mathrm{t}}} \fallingdotseq \frac{\theta_{\mathrm{i}}}{\theta_{\mathrm{t}}} = \frac{c_1}{c_2} \quad \rightarrow \quad c_1 = c_2 \frac{\theta_{\mathrm{i}}}{\theta_{\mathrm{t}}} = 3.0 \times 10^8 \times \frac{4}{5} = \underline{2.4 \times 10^8 \text{ m/s}}$$

(3)　プールの深さを $h_0 = 0.60$ m とおく。このとき，図のように OP，OQ を斜辺とする直角三角形をそれぞれ考えると，

$$h_0 \tan\theta_{\mathrm{i}} = h \tan\theta_{\mathrm{t}}$$

が成り立つ。ここで，近似式 $\tan\theta_{\mathrm{i}} \fallingdotseq \theta_{\mathrm{i}}$，$\tan\theta_{\mathrm{t}} \fallingdotseq \theta_{\mathrm{t}}$ を用いると，観測者が観測するコインの深さ h [m] は次のように求まる。

$$h = h_0 \frac{\tan\theta_{\mathrm{i}}}{\tan\theta_{\mathrm{t}}} \fallingdotseq h_0 \frac{\theta_{\mathrm{i}}}{\theta_{\mathrm{t}}} = 0.60 \times \frac{4}{5} = \underline{0.48 \text{ m}}$$

3.3.2　光 の 回 折

　これまで，光を含めた一般的な波の性質として，波の干渉，反射，屈折については説明した。実は，波の一般的なもう 1 つの性質として，「回折」とよばれる現象がある。ここではまず，一般的な波の回折現象について説明し，つづけて光の回折現象によるいくつかの実験例を紹介しよう。

　図 3.21(a) は，水面を上からながめた様子を示しており，中央には微小な長さの細い隙間があいた壁が立てられている。波の実験において，このような微小な隙間のことを**スリット**とよぶ。この水面で，壁の上側から平面波を下向きに生じさせると，スリットを通り抜けた平面波は円形波となって，壁の下側に広がっていく。このとき，水面波の 1 つの波の軌道を点線の矢印で表すと，図のように波の一部は，壁の裏側に回り込むことがわかる。このように，波が障害物の裏側に回り込む現象のことを，波の**回折**とよぶ。例えば，家で自分の部屋にいると，隣りの部屋の音が聞こえることがよくある。これは，壁にも分子のレベルで見れば，極めて小さいが微小な穴があいており，隣りの部屋で発せられた音波がこの小さな穴をすり抜けて，回折現象を起こすためである。

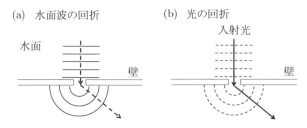

(a)　水面波の回折　　　　(b)　光の回折

図 3.21　水面波と光の回折現象

　本節のテーマである光も波であるので，このような回折現象を引き起こす。図 3.21(b) のように，壁の上側から壁にあいたスリットに向かって，単色光(レーザー光)を入射させた場合を考えよう。光も平面波として考えると，スリットを通過した光の波は壁の下側に円形波として広がる。この光の軌道の 1 つを点線の矢印で表すと，図のように光の一部は，壁の裏側に回り込むことができる。これを**光の回折現象**とよぶ。

● 回折格子

　ガラスでできた平面板に，1 cm あたり数 100 本もの平行な溝を等間隔にほった装置のことを，**回折格子**とよぶ。溝をほった部分に光の線を入射させても，溝の形が光を散乱させてしまうために，光は溝のない平面部分のみを通過する。回折格子のイメージとしては，図 3.22 のように，ある間隔(d [m] とする)で等間隔にいくつものスリットがあいた壁であると考えてよい。この回折格子の上側から，単色光(レーザー光)を入射させると，ス

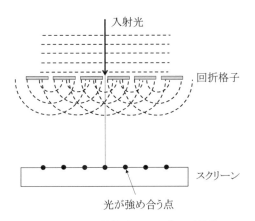

図 3.22 回折格子による光の干渉縞

リットからいくつもの光の円形波が回折格子の下側に広がり，これらの光は回折格子の下側に置かれたスクリーン上に到達する。ここで，破線の円を円形波の山と定義すると，スクリーン上には山と山が重なることで強い光となる点が等間隔に並んだものが観測される。これは，光が波の性質をもつために現れる模様であり，この模様を光の**干渉縞**とよぶ。

　次に，図 3.23(a) のように，回折格子の隣り合う 2 つのスリット A と B を通る，2 つの光の軌道について考えよう。これらの光の軌道はいずれも，スクリーン上の点 P に到達するものとする。また，スクリーン上の点 O は，A からスクリーン上に引いた垂線とスクリーンとの交点であり，AO 間の距離を l [m] とおく。このとき，点 P で A と B を通過した光が強め合う条件と，弱め合う条件を考えよう。

　スリット A と B の近辺を拡大した図を，図 3.23(b) に示す。いま，スリットの間隔 d に比べて AO 間の距離 l が十分に長い場合を考えよう。このとき，A と B のスリットの近辺では，線分 AP（$\overline{\rm AP}$）と線分 BP（$\overline{\rm BP}$）は近似的に，平行であるとみなすことができる。ここで，スクリーンと垂直な向き（直線 AO）に対する光が進む向きの角度を θ と定義しよう。すると，図 3.23(b) のように，斜辺の長さが d，1 つの鋭角の角度が θ の直角三角形 ABQ を定義できる。これより，線分 AP と線分 BP の長さの差は近似的に次式より求められる。

$$\overline{\rm AP} - \overline{\rm BP} = d\sin\theta \tag{3.17}$$

ここで，レーザー光の波長を λ [m] としよう。いま，スクリーン上の点 P で 2 つの光の山

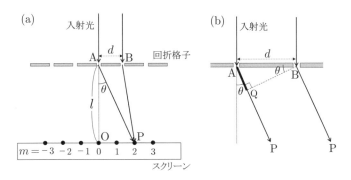

図 3.23 回折格子を通る光が強め合う条件

と山(もしくは谷と谷)が重なり合って強め合うためには,2つの光の軌道の差(**光路差**とよぶ)がちょうど,波長 λ の整数倍であればよい。すなわち,m を整数として,

$$\overline{\mathrm{AP}} - \overline{\mathrm{BP}} = m\lambda \tag{3.18}$$

が成り立つときである。これはスリット A と B に限らず,B と C,C と D など,レーザー光が通過する範囲内のすべての隣り合うスリットに対して,同じ条件が成り立つ。結果として,式 (3.17) と式 (3.18) より,スクリーン上の点 P で光が強め合う条件は,次式のように書ける。

公式 3.14（回折格子を通る光が強め合う条件）

$$d\sin\theta = m\lambda \quad (m = 0, \pm1, \pm2, \cdots)$$

　一方,スリット A と B を通過した光が,スクリーン上の点 P で山と谷(もしくは谷と山)が重なり合って弱め合うためには,2つの光の光路差が m を整数として次式を満たせばよい。

$$\overline{\mathrm{AP}} - \overline{\mathrm{BP}} = \left(m + \frac{1}{2}\right)\lambda \tag{3.19}$$

これは,B と C,C と D など,レーザー光が通過する範囲のすべての隣り合うスリットに対して同じである。したがって,式 (3.17) と式 (3.19) より,スクリーン上の点 P で光が弱め合う条件は,次式のように書ける。

公式 3.15（回折格子を通る光が弱め合う条件）

$$d\sin\theta = \left(m + \frac{1}{2}\right)\lambda \quad (m = 0, \pm1, \pm2, \cdots)$$

　ここで,図 3.23(a) の干渉縞について改めて考えよう。干渉縞の中央の点のことを 0 次の明線とよぶが,これはレーザー光が直接あたる位置に生じる点である。また,0 次の明線から右へ順に,1 次,2 次,3 次,⋯,左へ順に,−1 次,−2 次,−3 次,⋯,の明線と名前がつけられているが,これらは公式 3.14 の m の値に相当する。例えば,スクリーン上に現れる 2 次の明線とは,光が強め合う条件式(公式 3.14)で,m = 2(2 つの光の光路差が波長 λ の 2 倍)のときに現れる明線である。

例 3.7　図のように,回折格子に単色光をあてると,スクリーンには光が強め合う点が等間隔に並ぶ干渉縞が現れる。このとき,光が強め合う点の 1 つを P とおくと,回折格子から P に

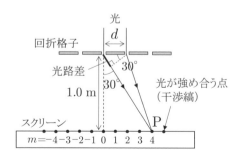

到達する光の 1 つは，もとの角度から 30° 回折していた。回折格子からスクリーンまでの距離を 1.0 m，光の波長を 6.0×10^{-7} m として，回折格子の隣り合うスリット間の距離 d [m] を求めよ。

[解] 図のように，回折格子から P に到達する 2 つの光の経路の差（光路差）は $d \sin 30°$ とみなせるので，光が強め合う条件から次式が成り立つ。

$$d \sin 30° = m\lambda$$

ここで，光の波長は $\lambda = 6.0 \times 10^{-7}$ m であり，m は整数であるが，図のように P は $m = 4$ の条件で強め合う点であることがわかる。よって，回折格子の隣り合うスリット間の距離 d [m] は，次のように求まる。

$$d \times \frac{1}{2} = 4 \times 6.0 \times 10^{-7} \rightarrow d = 2 \times 4 \times 6.0 \times 10^{-7} = \underline{4.8 \times 10^{-6}\ \text{m}}$$

3.3.3 光の散乱と分光

図 3.24 のように，真空から物質の面に対して単色光を進入させる場合を考えよう。このように，一般的な物質に光を入射させると，光の波長によって次の 3 つの現象が考えられる。

(1) 光は物質と真空との境界面で反射する。

(2) 光は物質の中の原子や分子にぶつかり，あらゆる方向に反射する。

(3) 光は物質の中を通り抜ける。

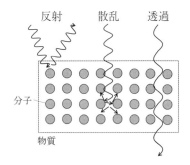

図 3.24 真空から物質に入射する光の散乱

特に，(2) の現象のことを，光の**散乱**とよぶ。実は一般的に，波長が比較的短い光（紫や青の光）ほど，(1) や (2) の現象を起こしやすく，波長が比較的長い光（橙や赤の光）ほど，(3) の現象を起こしやすいことが知られている。これは，光の波長によって，物質中を進む光の速さが変わるためである[13]。

本書ではやや分野を超えた話になるので簡単な説明にとどめるが，物質中の原子や分子の振動には，光の振動に対して共振しやすい固有振動数とよばれるものが存在する。すな

---

13) 青い光は波長が短いため，大気中で散乱されやすいが，赤い光は波長が長いため，大気中を通過しやすい。図のように，地球上の A の位置では比較的大気の層が薄いので，青い光が地球上に届きやすいが，B の位置では大気の層が厚くなるので，青い光は途中で散乱され，赤い光のみが地球上に届く。昼間に空が青く，夕方に空が赤くなるのはこのような理由によるものである。

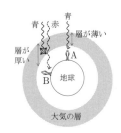

わち，この固有振動数に近い振動数をもつ光を物質中に進入させると，物質中の原子や分子の振動が激しくなるので，物質中の光を散乱させやすくなるのである。一般的な物質の場合，波長が短い(振動数が大きい)光の方が固有振動数に近くなるため，物質中を通る光は散乱されやすくなり，光の速さは遅くなる傾向にある。一方で，波長が長い(振動数が小さい)光は固有振動数から遠くなるので，物資中を通る光は散乱を受けにくくなり，光の速さは遅くなりにくい。

ここで，絶対屈折率の定義式 (3.14) を用いると，真空での光の速さを c [m/s]，物質中での光の速さを c_A [m/s] としたとき，この物質の絶対屈折率 n_A は

$$n_A = \frac{c}{c_A}$$

から求められる。この式から，波長が長い光(赤に近い光)は c_A が比較的大きいので，絶対屈折率 n_A は小さくなり，波長が短い光(紫に近い光)は c_A が比較的小さいので，絶対屈折率 n_A は大きくなることがわかる。すなわち，赤色に近い光ほど屈折しにくく，物資中を通過しやすいが，紫色に近い光ほど屈折しやすく，物質中を通過しにくい傾向がある。

光が波長によって屈折率を変えることを利用して，太陽光や白色電球などが発する白色光を，様々な波長(色)の光に分けることを光の**分光**とよぶ。図 3.25 のように，三角柱型の一様なガラスの側面に，白色光を入射させた場合を考える。このような，三角柱型のガラスのことを**プリズム**とよぶ。白色光には赤から紫まで様々な波長の光が含まれているが，赤に近い光ほど屈折しにくく，紫に近い光ほど屈折しやすいので，スクリーン上に届く光は下から，赤 → 橙（オレンジ）→ 黄 → 緑 → 青 → 藍 → 紫の順に到達する。このように，プリズムを用いることで，白色光を波長の短い光から長い光まで分解できる。

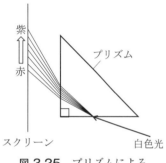

図 3.25 プリズムによる光の分光

3.4 フーリエ解析

前節まで述べてきたように，私たちの社会と深い結びつきをもつ波動現象は数多く存在する。したがって，世の中で起こる波動現象がどのような特徴をもつかを明らかにすることで，社会の発展に結びつく重要な情報が得られることは間違いない。波の特徴を解析する手法として最もよく知られているものが，「フーリエ解析」とよばれる手法である。本節ではこの手法について学んでいこう。

3.4.1 フーリエ級数展開
●周期関数

フーリエ解析の基本となる数学の手法として，「フーリエ級数展開」とよばれるものがある。この計算手法を学ぶ前に，「周期関数」とよばれる関数についておさえておく必要があるので，まずはこの関数について説明しよう。

$f(x)$ を変数 x についての関数として定義する。ここで，T をある定数とおくと，関数 $f(x)$ がすべての x に対して次の関係式を満たすとき，この関数 $f(x)$ のことを**周期関数**とよぶ。

$$f(x + T) = f(x) \tag{3.20}$$

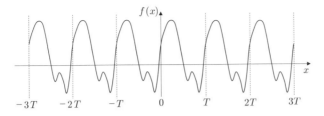

図 3.26 周期 T の周期関数

これは，例えば図 3.26 のように，$0 \leqq x < T$ の範囲で $f(x)$ がある形の曲線になるとすると，同じ形の曲線が

$$T \leqq x < 2T, \ 2T \leqq x < 3T, \ 3T \leqq x < 4T, \ \cdots$$

$$-T \leqq x < 0, \ -2T \leqq x < -T, \ -3T \leqq x < -2T, \ \cdots$$

の範囲で無限に繰り返されることを意味する。このとき，同じ形の曲線が繰り返される x の範囲 T のことを，周期関数の**周期**とよぶ。最も典型的な周期関数として思い浮かぶのは，sin や cos などの三角関数であろう。例えば，$f(x) = \sin x$ や $f(x) = \cos x$ はともに，$T = 2\pi(= 360°)$ を周期にもつ周期関数である。

● フーリエ級数展開

　変数 x に依存する周期関数 $f(x)$ を考えるが，ここでは式を簡素化するために，$f(x)$ は周期 $T = 2\pi$ の周期関数であると考えよう。ジョゼフ・フーリエ(Fourier, J., 1768–1830)は，周期 2π をもつ周期関数 $f(x)$ が，その曲線の形にかかわらず，以下のように正弦関数(sin 関数)と余弦関数(cos 関数)の級数で展開できることを見いだした。フーリエが導入したこの級数展開を，**フーリエ級数展開**とよぶ。

公式 3.16（周期 2π の周期関数のフーリエ級数展開）————————

$$f(x) = \frac{a_0}{2} + \sum_{n=1}^{\infty} (a_n \cos nx + b_n \sin nx)$$

　この数式が，世の中の波の現象を調べるための基礎となる。世の中の多くの波は，ある周期で同じ曲線のパターンを繰り返す場合が多いので，近似的に周期関数とみなすことができる。例えば，心電図が画面に表示する曲線は，ある一定の周期で振動する曲線となるので，近似的に周期関数 $f(x)$ とみなすことができるだろう。すると，この関数 $f(x)$ はそれがどんな形の波形であろうと，必ず正弦波 $\sin x$, $\sin 2x$, $\sin 3x$, $\cdots$ と，余弦波 $\cos x$, $\cos 2x$, $\cos 3x$, $\cdots$ の和として表すことができるのである。ただし，a_0, a_1, a_2, $\cdots$, b_1, b_2, $\cdots$ はいずれも，その周期関数 $f(x)$ の曲線の形を決める定数である。これらの定数をまとめて，**フーリエ係数**とよぶ。

　例えば，心電図のように解析したい波形の形，すなわち周期関数 $f(x)$ の曲線の形があらかじめわかっている状況で，フーリエ係数の値を知りたい場合はどうすればよいかを考えよう。この状況下で仮に a_2 の値がわかれば，心電図の波形の中に $\cos 2x$ という余弦波がどれくらいの割合で含まれているかがわかるので，心電図の波形の特徴を得ることができる。フーリエ級数展開の公式 3.16 から，フーリエ係数の値(a_0, a_1, a_2, $\cdots$, b_1, b_2, $\cdots$)を求めるためには，以下の sin 関数と cos 関数に関する 5 つの公式を用いる必要がある。

$$\int_0^{2\pi} \cos mx \, dx = \begin{cases} 2\pi & (m = 0) \\ 0 & (m = 1, 2, \cdots) \end{cases} \tag{3.21}$$

$$\int_0^{2\pi} \sin mx \, dx = 0 \quad (m = 0, 1, 2, \cdots) \tag{3.22}$$

$$\int_0^{2\pi} \sin mx \cos nx \, dx = 0 \quad (m, n = 0, 1, 2, \cdots) \tag{3.23}$$

$$\int_0^{2\pi} \cos mx \cos nx \, dx = \begin{cases} \pi & (m = n) \\ 0 & (m \neq n) \end{cases} \quad (m, n = 1, 2, \cdots) \tag{3.24}$$

$$\int_0^{2\pi} \sin mx \sin nx \, dx = \begin{cases} \pi & (m = n) \\ 0 & (m \neq n) \end{cases} \quad (m, n = 1, 2, \cdots) \tag{3.25}$$

以上の 5 つの公式 (3.21)–(3.25) を証明することはそれほど難しくはないが, ここではこれらの公式を与えられたものとして使用することにしよう。結果として, フーリエ係数は次式のように表すことができる。

公式 3.17 (周期 2π のフーリエ係数) ―――――――――――――――――――――――――

$$a_m = \frac{1}{\pi} \int_0^{2\pi} f(x) \cos mx \, dx \quad (m = 0, 1, 2, \cdots)$$

$$b_m = \frac{1}{\pi} \int_0^{2\pi} f(x) \sin mx \, dx \quad (m = 1, 2, \cdots)$$

――

［証明］ 公式 3.16 を改めて, 次のように式①と定義しよう。

$$f(x) = \frac{a_0}{2} + \sum_{n=1}^{\infty} (a_n \cos nx + b_n \sin nx) \quad \cdots ①$$

この式の両辺の右側から $\cos mx \ (m = 0, 1, 2, \cdots)$ をかけて, 両辺を $0 \leqq x \leqq 2\pi$ の範囲で定積分した式を, 式②とする。

$$\int_0^{2\pi} f(x) \cos mx \, dx = \int_0^{2\pi} \left(\frac{a_0}{2} \cos mx \right) dx + \int_0^{2\pi} \sum_{n=1}^{\infty} (a_n \cos nx + b_n \sin nx) \cos mx \, dx$$

$$\rightarrow \quad \int_0^{2\pi} f(x) \cos mx \, dx = \frac{a_0}{2} \int_0^{2\pi} \cos mx \, dx + \sum_{n=1}^{\infty} \left(a_n \int_0^{2\pi} \cos mx \cos nx \, dx \right.$$
$$\left. + \, b_n \int_0^{2\pi} \sin nx \cos mx \, dx \right) \quad \cdots ②$$

はじめに, $m = 0$ の場合を考える。式②に $m = 0$ を代入すると, 式② は次のようになる。

$$\int_0^{2\pi} f(x) \, dx = \frac{a_0}{2} \int_0^{2\pi} dx + \sum_{n=1}^{\infty} \left(a_n \int_0^{2\pi} \cos(0 \cdot x) \cos nx \, dx + b_n \int_0^{2\pi} \sin nx \cos(0 \cdot x) \, dx \right)$$

右辺の 1 項目の積分については, $\int_0^{2\pi} dx = 2\pi$ となる。また, 右辺の 2 項目の和の中にある 1 つ目の積分について, いまは $n = 1, 2, \cdots$ であるので, 式 (3.21) より

$\int_0^{2\pi} \cos(0 \cdot x) \cos nx \, dx = 0$ となり，右辺の 2 項目の和の中にある 2 つ目の積分について，式 (3.23) より $\int_0^{2\pi} \sin nx \cos(0 \cdot x) \, dx = 0$ となる。よって，これらの積分の結果を代入すると，a_0 は次のように求められる。

$$\int_0^{2\pi} f(x) \, dx = \frac{a_0}{2} \cdot 2\pi + \sum_{n=1}^{\infty} (a_n \cdot 0 + b_n \cdot 0) = \pi a_0 \quad \rightarrow \quad a_0 = \frac{1}{\pi} \int_0^{2\pi} f(x) \, dx$$

次に，式②で $m = 1, 2, \cdots$ の場合を考える。式②の右辺の 1 項目の積分について，式 (3.21) より $\int_0^{2\pi} \cos mx \, dx = 0$ である。また，右辺の 2 項目の和の中にある 1 つ目の積分 $\int_0^{2\pi} \cos mx \cos nx \, dx$ は，式 (3.24) より $m = n$ の場合にのみ π となり，$m \neq n$ の場合はすべて 0 となる。さらに，右辺の 2 項目の和の中にある 2 つ目の積分は，式 (3.23) より n と m の値に関係なく $\int_0^{2\pi} \sin nx \cos mx \, dx = 0$ となる。よって，これらの結果を式②に代入すると，$m = 1, 2, \cdots$ の場合の a_m は次のように求められる。

$$\int_0^{2\pi} f(x) \cos mx \, dx = 0 + \left(a_m \int_0^{2\pi} \cos mx \cos mx \, dx + b_m \int_0^{2\pi} \sin mx \cos mx \, dx \right)$$
$$= 0 + (a_m \cdot \pi + b_m \cdot 0) = \pi a_m$$
$$\rightarrow \quad a_m = \frac{1}{\pi} \int_0^{2\pi} f(x) \cos mx \, dx$$

つづいて，両辺の右側から $\sin mx$ $(m = 1, 2, \cdots)$ をかけて，両辺を $0 \leqq x \leqq 2\pi$ の範囲で定積分した式を，式③とする。

$$\int_0^{2\pi} f(x) \sin mx \, dx = \int_0^{2\pi} \left(\frac{a_0}{2} \sin mx \right) dx + \int_0^{2\pi} \sum_{n=1}^{\infty} (a_n \cos nx + b_n \sin nx) \sin mx \, dx$$

$$\rightarrow \quad \int_0^{2\pi} f(x) \sin mx \, dx = \frac{a_0}{2} \int_0^{2\pi} \sin mx \, dx + \sum_{n=1}^{\infty} \left(a_n \int_0^{2\pi} \sin mx \cos nx \, dx \right.$$
$$\left. + b_n \int_0^{2\pi} \sin mx \sin nx \, dx \right) \quad \cdots ③$$

いまは，$m = 1, 2, \cdots$ の場合のみを考えればよい。式③の右辺の 1 項目の積分について，式 (3.22) より $\int_0^{2\pi} \sin mx \, dx = 0$ である。また，右辺の 2 項目の和の中にある 1 つ目の積分も，式 (3.23) より m と n の値に関係なく $\int_0^{2\pi} \sin mx \cos nx \, dx = 0$ となる。さらに，右辺の 2 項目の和の中にある 2 つ目の積分は，式 (3.25) より $m = n$ の場合にのみ π となり，$m \neq n$ の場合はすべて 0 となる。よって，これらの結果を式③に代入すると，$m = 1, 2, \cdots$ の場合の b_m は次のように求められる。

$$\int_0^{2\pi} f(x) \sin mx \, dx = 0 + \left(a_m \int_0^{2\pi} \sin mx \cos mx \, dx + b_m \int_0^{2\pi} \sin mx \sin mx \, dx \right)$$
$$= 0 + (a_m \cdot 0 + b_m \cdot \pi) = \pi b_m$$
$$\rightarrow \quad b_m = \frac{1}{\pi} \int_0^{2\pi} f(x) \sin mx \, dx$$

以上の結果をまとめると，フーリエ係数$(a_0, \ a_1, \ a_2, \ \cdots, \ b_1, \ b_2, \ \cdots)$が次式のようになることが証明できた。

$$a_m = \frac{1}{\pi} \int_0^{2\pi} f(x) \cos mx \, dx \qquad (m = 0, 1, 2, \cdots)$$

$$b_m = \frac{1}{\pi} \int_0^{2\pi} f(x) \sin mx \, dx \qquad (m = 1, 2, \cdots) \qquad \qquad \Box$$

　ここで，今後の計算のために，フーリエ係数の公式 3.17 を少し変形しておこう。いま，$f(x)$ が周期 2π の周期関数であるとき，C を任意の値の定数とおくと，次の関係式が成り立つ。

$$\int_C^{2\pi+C} f(x)\, dx = \int_0^{2\pi} f(x)\, dx \tag{3.26}$$

例えば，図 3.26 で示した周期関数 $f(x)$ の曲線と x 軸との間の領域の面積を考えると，$0 \leqq x < T$ の区間の領域の面積（$\int_0^T f(x)\, dx$）と，$C \leqq x < T+C$ の区間の領域の面積（$\int_C^{T+C} f(x)\, dx$）が同じであることは明らかであろう。いまは周期が $T = 2\pi$ の場合を考えているので，式 (3.26) は普遍的に成り立つ。そこで，フーリエ係数を求める公式 3.17 の 2 つの積分の，上限と下限にそれぞれ C を足すと，

$$a_m = \frac{1}{\pi} \int_C^{2\pi+C} f(x) \cos mx\, dx \quad (m = 0, 1, 2, \cdots)$$

$$b_m = \frac{1}{\pi} \int_C^{2\pi+C} f(x) \sin mx\, dx \quad (m = 1, 2, \cdots)$$

となるので，ここでいずれの式の右辺にも $C = -\pi$ を代入すれば，公式 3.17 は次のように書き直すことができる。

$$a_m = \frac{1}{\pi} \int_{-\pi}^{\pi} f(x) \cos mx\, dx \quad (m = 0, 1, 2, \cdots) \tag{3.27}$$

$$b_m = \frac{1}{\pi} \int_{-\pi}^{\pi} f(x) \sin mx\, dx \quad (m = 1, 2, \cdots) \tag{3.28}$$

例 3.8　図のように，

$$f(x) = \begin{cases} 1 & (0 \leqq x < \pi) \\ 0 & (\pi \leqq x < 2\pi) \end{cases}$$

と表せる，周期 2π の周期関数 $f(x)$ がある。この関数 $f(x)$ をフーリエ級数展開せよ。

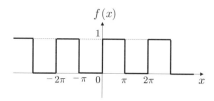

[解]　いま，$0 \leqq x < \pi$ の区間では $f(x) = 1$，$\pi \leqq x < 2\pi$ の区間では $f(x) = 0$ であることを用いると，フーリエ係数 $a_0, a_1, a_2, \cdots$ は，次のように計算できる。

$$a_m = \frac{1}{\pi} \int_0^{2\pi} f(x) \cos mx\, dx = \frac{1}{\pi} \int_0^{\pi} 1 \cdot \cos mx\, dx + \frac{1}{\pi} \int_{\pi}^{2\pi} 0 \cdot \cos mx\, dx$$

$$= \frac{1}{\pi} \int_0^{\pi} \cos mx\, dx = \frac{1}{\pi} \left[\frac{\sin mx}{m} \right]_0^{\pi} = \frac{1}{\pi} \left(\frac{\sin m\pi}{m} - \frac{\sin m \cdot 0}{m} \right) = 0$$

また，フーリエ係数 $b_1, b_2, \cdots$ は，次のように計算できる。

$$b_m = \frac{1}{\pi} \int_0^{2\pi} f(x) \sin mx\, dx = \frac{1}{\pi} \int_0^{\pi} 1 \cdot \sin mx\, dx + \frac{1}{\pi} \int_{\pi}^{2\pi} 0 \cdot \sin mx\, dx = \frac{1}{\pi} \int_0^{\pi} \sin mx\, dx$$

$$= \frac{1}{\pi} \left[-\frac{\cos mx}{m} \right]_0^{\pi} = -\frac{1}{\pi} \frac{\cos m\pi}{m} - \left(-\frac{1}{\pi} \frac{\cos m \cdot 0}{m} \right) = \frac{1 - \cos m\pi}{m\pi}$$

よって，フーリエ級数展開の式は次のように求まる。

$$f(x) = \frac{a_0}{2} + \sum_{n=1}^{\infty} (a_n \cos nx + b_n \sin nx) = \sum_{n=1}^{\infty} \frac{1 - \cos n\pi}{n\pi} \sin nx$$

ここで，n が偶数のときには $1 - \cos n\pi = 0$ となり，n が奇数のときには $1 - \cos n\pi = 1 - (-1) = 2$ となるので，$f(x)$ のフーリエ級数展開の結果は次のように求まる。

$$f(x) = \frac{2}{\pi} \sin x + \frac{2}{3\pi} \sin 3x + \frac{2}{5\pi} \sin 5x + \cdots = \frac{2}{\pi} \left(\frac{\sin x}{1} + \frac{\sin 3x}{3} + \frac{\sin 5x}{5} + \cdots \right)$$

例えば，以下の図のように，足し合わせる項の数 n が増えるに従って，関数は $f(x)$ に近づいていく。

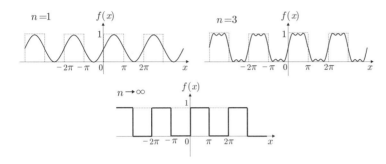

3.4.2 フーリエ正弦級数とフーリエ余弦級数

3.4.1 で学んだように，周期が 2π の周期関数 $f(x)$ は，公式 3.16 より次のようにフーリエ級数展開することができる。

$$f(x) = \frac{a_0}{2} + \sum_{n=1}^{\infty} (a_n \cos nx + b_n \sin nx) \tag{3.29}$$

この級数展開は，波の現象を解析するうえでの基本式となるが，このような式をどのように計算するにしても，式の形はできるかぎり簡単化しておくに越したことはない。ここでは周期関数がある特定の条件を満たす場合に，フーリエ級数展開(式 (3.29))が簡単化できることを学ぼう。

● 偶関数と奇関数

フーリエ級数展開を簡単化する方法を学ぶ前に，「偶関数」と「奇関数」についておさえておこう。x に依存する関数 $g(x)$ が次の関係を満たすとき，この関数 $g(x)$ のことを，**偶関数**とよぶ。

$$g(-x) = g(x) \tag{3.30}$$

偶関数の例を，図 3.27(a) に示す。この図のように，偶関数 $g(x)$ の曲線は，g の軸(縦軸)について線対称の(縦軸を中心に反転するともとに戻る)関数となる。また，x に依存する関数 $h(x)$ が次の関係を満たすとき，この関数 $h(x)$ のことを，**奇関数**とよぶ。

$$h(-x) = -h(x) \tag{3.31}$$

奇関数の例を，図 3.27(b) に示す。この図のように，奇関数 $h(x)$ の曲線は，原点について点対称の(原点を中心に 180° 回転するともとに戻る)関数となる。

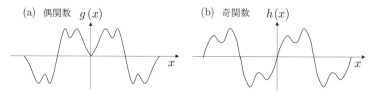

図 3.27 偶関数と奇関数

　ここで，偶関数 $g(x)$ と $h(x)$ をそれぞれ，原点を中心とする積分区間 $-M \leqq x \leqq M$ で積分する場合を考える（M は任意の値の定数とする）。すると，図 3.27(a) より，偶関数 $g(x)$ が x 軸との間につくる領域の面積（積分）は，$-M \leqq x < 0$ の区間と $0 \leqq x < M$ の区間でたがいに等しくなる。よって，次の関係式が成り立つ。

$$\int_{-M}^{+M} g(x)\ dx = 2\int_{0}^{+M} g(x)\ dx \tag{3.32}$$

一方，図 3.27(b) より，奇関数 $h(x)$ が x 軸との間につくる領域の面積（積分）を考えると，$0 \leqq x < M$ の区間の積分を S としたときに，$-M \leqq x < 0$ の区間の積分は $-S$ となる。よって，2 つの区間の積分の和は 0 となるので，次の関係式が成り立つ。

$$\int_{-M}^{+M} h(x)\ dx = 0 \tag{3.33}$$

　また，複数の偶関数や奇関数が掛け算されるとき，次の法則があることをおさえておこう。

偶関数 × 偶関数 = 偶関数，　　　奇関数 × 奇関数 = 偶関数，
偶関数 × 奇関数 = 奇関数，　　　奇関数 × 偶関数 = 奇関数

すなわち，偶関数どうし，または奇関数どうしを掛け合わせた関数は偶関数となり，偶関数と奇関数という異なる対称性の関数どうしを掛け合わせたものは奇関数となる。ここで，a を任意の実数とおくとき，$\cos ax$ は偶関数，$\sin ax$ は奇関数であることもおさえておこう。以上の理論に基づくと，周期関数 $f(x)$ が偶関数の場合と奇関数の場合にそれぞれ，フーリエ級数展開の式 (3.29) を簡単化することができる。

● 周期関数 $f(x)$ が偶関数の場合

　まず，周期関数 $f(x)$ が偶関数の場合を考えよう。ここで，$\cos mx\ (m = 0, 1, 2, \cdots)$ は偶関数なので，$f(x)\cos mx$ は「偶関数 × 偶関数」であり，これは偶関数である。よって，式 (3.32) を用いると，フーリエ係数 a_m の式 (3.27) は，次のように変形することができる。

$$a_m = \frac{1}{\pi}\left(\int_{-\pi}^{\pi} f(x)\cos mx\ dx\right) = \frac{1}{\pi}\left(2\int_{0}^{\pi} f(x)\cos mx\ dx\right)$$
$$\rightarrow\quad a_m = \frac{2}{\pi}\int_{0}^{\pi} f(x)\cos mx\ dx \quad (m = 0, 1, 2, \cdots) \tag{3.34}$$

また，$\sin mx\ (m = 1, 2, \cdots)$ は奇関数なので，$f(x)\sin mx$ は「偶関数 × 奇関数」であり，これは奇関数である。よって，式 (3.33) を用いると，フーリエ係数 b_m の式 (3.28) は，次のように変形することができる。

$$b_m = \frac{1}{\pi}\left(\int_{-\pi}^{\pi} f(x)\sin mx\, dx\right) = \frac{1}{\pi}(0)$$
$$\rightarrow \quad b_m = 0 \quad (m = 1, 2, \cdots) \tag{3.35}$$

よって，式 (3.32) の b_m（$m = 1, 2, \cdots$）はすべて 0 となるので，フーリエ級数展開とフーリエ係数の式は次のように簡単化できる。

公式 3.18（フーリエ余弦級数展開）————————————————

$$f(x) = \frac{a_0}{2} + \sum_{n=1}^{\infty} a_n \cos nx$$

$$a_m = \frac{2}{\pi}\int_0^{\pi} f(x)\cos mx\, dx \quad (m = 0, 1, 2, \cdots)$$

————————————————————————————————

このように，周期関数 $f(x)$ が偶関数の場合に簡単化されたフーリエ級数展開の式（公式 3.18）のことを，**フーリエ余弦級数展開**とよぶ。

● 周期関数 $f(x)$ が奇関数の場合

次に，周期関数 $f(x)$ が奇関数の場合を考えよう。ここで，$\cos mx$（$m = 0, 1, 2, \cdots$）は偶関数なので，$f(x)\cos mx$ は「奇関数 × 偶関数」であり，これは奇関数である。よって，式 (3.33) を用いると，フーリエ係数 a_m の式 (3.27) は，次のように変形することができる。

$$a_m = \frac{1}{\pi}\int_{-\pi}^{\pi} f(x)\cos mx\, dx = \frac{1}{\pi}(0)$$
$$\rightarrow \quad a_m = 0 \quad (m = 0, 1, 2, \cdots) \tag{3.36}$$

また，$\sin mx$（$m = 1, 2, \cdots$）は奇関数なので，$f(x)\sin mx$ は「奇関数 × 奇関数」であり，これは偶関数である。よって，式 (3.32) を用いると，フーリエ係数 b_m の式 (3.28) は，次のように変形することができる。

$$b_m = \frac{1}{\pi}\left(\int_{-\pi}^{\pi} f(x)\sin mx\, dx\right) = \frac{1}{\pi}\left(2\int_0^{\pi} f(x)\sin mx\, dx\right)$$
$$\rightarrow \quad b_m = \frac{2}{\pi}\int_0^{\pi} f(x)\sin mx\, dx \quad (m = 1, 2, \cdots) \tag{3.37}$$

よって，式 (3.32) の a_m（$m = 0, 1, 2, \cdots$）はすべて 0 となるので，フーリエ級数展開とフーリエ係数の式は次のように簡単化できる。

公式 3.19（フーリエ正弦級数展開）————————————————

$$f(x) = \sum_{n=1}^{\infty} b_n \sin nx$$

$$b_m = \frac{2}{\pi}\int_0^{\pi} f(x)\sin mx\, dx \quad (m = 1, 2, \cdots)$$

————————————————————————————————

このように，周期関数 $f(x)$ が奇関数の場合に簡単化されたフーリエ級数展開の式（公式 3.19）のことを，**フーリエ正弦級数展開**とよぶ。

例 3.9　図のように，

$$f(x) = \begin{cases} 1 & (-\pi \leqq x < 0) \\ -1 & (0 \leqq x < \pi) \end{cases}$$

と表せる，周期 2π の周期関数 $f(x)$ がある。このとき，以下の問いに答えよ。

(1)　$f(x)$ は偶関数か奇関数のどちらか。

(2)　$f(x)$ をフーリエ級数展開した式を導出せよ。

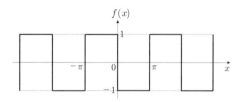

　［解］　(1)　$f(x)$ は原点を中心に 180 度回転させるともとに戻るので（点対称なので），<u>奇関数</u>である。

(2)　(1) の結果から，$f(x)$ は奇関数なので，次のフーリエ正弦級数で展開することができる。

$$f(x) = \sum_{n=1}^{\infty} b_n \sin nx$$

ここで，フーリエ係数 $b_1, b_2, \cdots$ は，次のように計算できる。

$$b_m = \frac{2}{\pi} \int_0^{\pi} f(x) \sin mx \, dx = \frac{2}{\pi} \int_0^{\pi} (-1) \cdot \sin mx \, dx = -\frac{2}{\pi} \int_0^{\pi} \sin mx \, dx$$

$$= -\frac{2}{\pi} \left[-\frac{\cos mx}{m} \right]_0^{\pi} = \frac{2}{\pi} \frac{\cos m\pi}{m} - \frac{2}{\pi} \frac{\cos m \cdot 0}{m} = \frac{2}{m\pi} (\cos m\pi - 1)$$

よって，フーリエ級数展開の式は次のように求まる。

$$f(x) = \sum_{n=1}^{\infty} b_n \sin nx = \sum_{n=1}^{\infty} \frac{2}{n\pi} (\cos n\pi - 1) \sin nx$$

ここで，n が偶数のときには $\cos n\pi - 1 = 0$ となり，n が奇数のときには $\cos n\pi - 1 = -1 - 1 = -2$ となるので，$f(x)$ のフーリエ級数展開の結果は次のように求まる。

$$f(x) = \frac{2}{\pi} (-2) \sin x + \frac{2}{3\pi} (-2) \sin 3x + \frac{2}{5\pi} (-2) \sin 5x + \cdots$$

$$= \underline{-\frac{4}{\pi} \left(\frac{\sin x}{1} + \frac{\sin 3x}{3} + \frac{\sin 5x}{5} + \cdots \right)}$$

3.4.3　フーリエ級数展開の複素表示

　フーリエ級数展開の式の表示を簡単化するもう 1 つの手法として，複素表示がある。複素表示とは文字通り，複素数を用いて式を書き表すことであるが，まずは複素数の基本計算についておさえておこう。以下で説明する複素数の計算方法は，4 章（弾性体・流体・粘弾性体）でも使用する場面がある。

●**複素数**

　$x^2 + 1 = 0$ の解を通常の式変形で求めようとすれば，その解は $x = \sqrt{-1}$ である。しかし，平方根（ルート）の中の数字は 0 以上の数でなければならず，ここに -1 のような負の

数字が入ることは許されない。したがって，本来であれば $x^2 + 1 = 0$ の解は，「ない」と答えるのが正解である。

ところが，この本来ならあり得ない（実在し得ない）$\sqrt{-1}$ を，存在するものとして計算する手法がある。この手法では，$\sqrt{-1}$ を次のように定義する。

$$i = \sqrt{-1}$$

このように定義される i のことを，**虚数単位**とよぶ。この i は本来ならば存在し得ない数なので，i を含んだ数字もまた，現実には存在し得ない数となる。すなわち，a と b をともに現実に存在し得る任意の数（実数）と定義すると，次のように i を用いて定義した数 c は現実には存在し得ない数となる。

$$c = a + ib$$

このように定義される数 c のことを，**複素数**とよぶ。ここで，i がかかっていない1項目の a のことを複素数の**実部**とよび，i がかかった2項目の b のことを複素数の**虚部**とよぶ。また，$c = a \pm ib$ に対して，実部と虚部の間の符号を反転させた $c^* = a \mp ib$ のことを，c の**複素共役**とよぶ。このとき，たがいに複素共役の関係にある2つの複素数 c と c^* の和は，次のように必ず実数となる。

$$c + c^* = a \pm ib + a \mp ib = 2a$$

複素数は現実には表現できない数なので，一見すると何の役にも立たないように思えるが，物理量を導出する過程で複素数を用いた方が，計算が簡単化される場合がよくある。したがって，複素数は「現実に存在する物理量を導くための，計算上便利な道具である」という認識で覚えておくとよい。

ところで，複素数はその指数表記，特にネイピア数とよばれる実数の指数表記が用いられる場合が多い。a を再び任意の実数とおくと，$y = a^x$ という関数の x のことを a の**指数**とよび，このような関数のことを**指数関数**とよぶ。ここで，実数 a が以下のように定義される，**ネイピア数**とよばれる実数である場合を考えよう。

$$e = \lim_{n \to \infty} \left(1 + \frac{1}{n}\right)^n = 2.7182818\cdots$$

すなわち，$y = e^x$ という関数を考えるのであるが，この方程式を左辺が x になるように書き直すと，次式のように表される。

$$y = e^x \quad \to \quad x = \log_e y$$

ここで，$\log_e$ のことを**自然対数**とよぶ。

話を複素数に戻すと，ネイピア数の指数関数 e^x の x を，虚数単位 i と任意の実数 θ の積に置き換えた $e^{i\theta}$ は，sin 関数と cos 関数を用いて次式のようになることが知られている。

公式 3.20（オイラーの公式） ────────────────

$$e^{i\theta} = \cos\theta + i\sin\theta$$

────────────────────────────

これを，**オイラーの公式**とよぶ。この公式から，$e^{i\theta}$ は実部が $\cos\theta$，虚部が $\sin\theta$ の複素数であることがわかる。また，公式 3.20 の θ を $-\theta$ に置き換えれば，

$$e^{-i\theta} = \cos\theta - i\sin\theta \qquad (3.38)$$

が成り立つ。したがって，公式 3.20 と式 (3.38) の両辺を足したり引いたりすることで，$\cos\theta$ と $\sin\theta$ を次のように，複素数の指数関数 $e^{i\theta}$ を用いて書くことができる。

$$\cos\theta = \frac{e^{i\theta} + e^{-i\theta}}{2} \qquad (3.39)$$

$$\sin\theta = \frac{e^{i\theta} - e^{-i\theta}}{2i} \qquad (3.40)$$

● フーリエ級数展開の複素表示

複素数の知識を用いて，以下のフーリエ級数展開の式

$$f(x) = \frac{a_0}{2} + \sum_{n=1}^{\infty} \left(a_n \cos nx + b_n \sin nx \right) \qquad (3.41)$$

を変形してみよう。式 (3.39) と式 (3.40) から，

$$\cos nx = \frac{e^{inx} + e^{-inx}}{2}, \qquad \sin nx = \frac{e^{inx} - e^{-inx}}{2i}$$

が成り立つので，これらを式 (3.41) の右辺に代入すると，次のように変形できる[14]。

$$f(x) = \frac{a_0}{2} + \sum_{n=1}^{\infty} \left[a_n \cdot \frac{1}{2} \left(e^{inx} + e^{-inx} \right) + b_n \cdot \frac{1}{2i} \left(e^{inx} - e^{-inx} \right) \right]$$

$$= \frac{a_0}{2} + \sum_{n=1}^{\infty} \left[a_n \cdot \frac{1}{2} \left(e^{inx} + e^{-inx} \right) - b_n \cdot \frac{i}{2} \left(e^{inx} - e^{-inx} \right) \right]$$

$$\rightarrow \quad f(x) = \frac{a_0}{2} + \sum_{n=1}^{\infty} \left[\frac{1}{2}(a_n - ib_n)e^{inx} + \frac{1}{2}(a_n + ib_n)e^{-inx} \right] \qquad (3.42)$$

ここで，次のような複素数 c_n $(n = -\infty, \cdots, -2, -1, 0, 1, 2, \cdots, +\infty)$ を定義しよう。

$$c_0 = \frac{a_0}{2} \qquad (3.43)$$

$$c_{+m} = \frac{1}{2}(a_m - ib_m) \qquad (m = 1, 2, \cdots) \qquad (3.44)$$

$$c_{-m} = \frac{1}{2}(a_m + ib_m) \qquad (m = 1, 2, \cdots) \qquad (3.45)$$

式 (3.42) の右辺第 1 項に式 (3.43) を代入し，式 (3.42) の右辺第 2 項の和の中の 1 項目と 2 項目にそれぞれ，式 (3.44) と式 (3.45) を代入すると，式 (3.42) は，

$$f(x) = c_0 + \sum_{m=1}^{\infty} \left(c_{+m}e^{imx} + c_{-m}e^{-imx} \right)$$

となるので，結果として，フーリエ級数展開の式 (3.41) は次のように表すことができる。

14）式 (3.42) の導出で，$i^2 = -1$ であることを用いて，次のような複素数の有利化をしていることに注意する。

$$\frac{1}{2i} = \frac{1 \times i}{2i \times i} = \frac{i}{2i^2} = \frac{i}{2(-1)} = -\frac{i}{2}$$

公式 3.21 (周期 2π のフーリエ級数展開の複素表示) ————————————

$$f(x) = \sum_{n=-\infty}^{\infty} c_n e^{inx}$$

このように，フーリエ級数展開の式 (3.41) は，複素数を使うことによって単純な式で表すことができる。ここで，$m = 1, 2, \cdots$ とおくと，$c_m e^{imx}$ と $c_{-m} e^{-imx}$ はたがいに複素共役の関係にあるので，$c_m e^{imx} + c_{-m} e^{-imx}$ は実数となる。また，c_0 も実数であるので，公式 3.21 は複素表記ではあるが，その結果は実数となる。

3.4.4 フーリエ積分

本節はここまで，任意の形の曲線をもつ周期関数 $f(x)$ をフーリエ級数展開することによって，余弦波 $(\cos x, \cos 2x, \cos 3x, \cdots)$ と正弦波 $(\sin x, \sin 2x, \sin 3x, \cdots)$ の和として表せることを説明してきた。すなわち，世の中で生じる波が，ある周期で同じ曲線の形を繰り返す周期関数であれば，このような波はその形にかかわらず，様々な波数をもつ余弦波と正弦波に分解することができる。しかし，世の中で生じるすべての波が，周期関数になるわけではない。例えば，心電図の波形にしても厳密な周期関数ではなく，人間の声の波形やパルス波などの電気信号による波形も，周期関数とはほど遠い曲線である。それでは，周期関数ではない波をフーリエ級数展開のように，正弦波や余弦波に分解する方法は存在するのだろうか。

周期関数ではない一般的な関数のことを**非周期関数**とよぶが，実は非周期関数をフーリエ級数展開のように分解する方法は存在する。ただし，非周期関数の場合はフーリエ級数展開ではなく，「フーリエ積分」とよばれる手法を用いる。ここではこの手法について学んでいこう。

● 一般的な周期に対するフーリエ級数展開

これまで，フーリエ級数展開する周期関数 $f(x)$ の周期 T は，$T = 2\pi$ の場合に限定して説明してきた。しかし，これからフーリエ積分を定式化するにあたり，周期が限定されない一般的な周期関数のフーリエ級数展開を用いる必要がある。そこで，任意の実数 L を用いて，周期が $T = 2L$ の周期関数を $f_L(x)$ と定義しよう。この周期関数 $f_L(x)$ のフーリエ級数展開は，次式のように書くことができる[15]。

公式 3.22 (周期 $2L$ の周期関数のフーリエ級数展開) ————————————

$$f_L(x) = \frac{a_0}{2} + \sum_{n=1}^{\infty} \left(a_n \cos \frac{n\pi x}{L} + b_n \sin \frac{n\pi x}{L} \right)$$

このとき，フーリエ係数 $a_0, a_1, a_2, \cdots$ は，公式 3.22 の両辺に $\cos (m\pi u/L)$ $(m = 0, 1, 2, \cdots)$ をかけて，両辺を $-L \leqq x \leqq L$ の区間で積分することにより求められる。同様

---

15) $f_L(x)$ は周期 $2L$ の周期関数なので，$f_L(x+2L) = f_L(x)$ が成り立つ。ここで，公式 3.16 の $\cos nx$ と $\sin nx$ はともに，$x \rightarrow x+2\pi$ でもとの関数に戻るので，$f(x)$ は周期 2π の周期性をもっていた。そこで，$\cos nx$ と $\sin nx$ をそれぞれ，$\cos (n\pi x/L)$ と $\sin (n\pi x/L)$ に変更すれば，公式 3.16 は $x \rightarrow x+2L$ でもとの形に戻る関数となる。よって，周期 $2L$ の周期関数のフーリエ級数展開は，公式 3.22 のようになる。

に，フーリエ係数 $b_1, b_2, \cdots$ は，公式 3.22 の両辺に $\sin(m\pi u/L)$ $(m = 1, 2, \cdots)$ をかけて，両辺を $-L \leqq x \leqq L$ の区間で積分することにより求められるので，これらのフーリエ係数は次式のように書ける。

$$a_m = \frac{1}{L} \int_{-L}^{L} f_L(u) \cos \frac{m\pi u}{L} \, du \qquad (m = 0, 1, 2, \cdots) \tag{3.46}$$

$$b_m = \frac{1}{L} \int_{-L}^{L} f_L(u) \sin \frac{m\pi u}{L} \, du \qquad (m = 1, 2, \cdots) \tag{3.47}$$

● 非周期関数のフーリエ級数展開

以上の結果を用いて，非周期関数に対するフーリエ級数展開を考えてみよう。はじめに，式 (3.46) と式 (3.47) の m を n に変えて，それぞれ公式 3.22 の a_n と b_n に代入すると，次のように変形できる。

$$f_L(x) = \frac{1}{2} \left(\frac{1}{L} \int_{-L}^{L} f_L(u) \cos \frac{0 \cdot \pi u}{L} \, du \right) + \sum_{n=1}^{\infty} \left[\left\{ \frac{1}{L} \int_{-L}^{L} f_L(u) \cos \frac{n\pi u}{L} \, du \right\} \cos \frac{n\pi x}{L} \right.$$
$$\left. + \left\{ \frac{1}{L} \int_{-L}^{L} f_L(u) \sin \frac{n\pi u}{L} \, du \right\} \sin \frac{n\pi x}{L} \right]$$

$$\rightarrow \quad f_L(x) = \frac{1}{2L} \int_{-L}^{L} f_L(u) \, du + \frac{1}{\pi} \sum_{n=1}^{\infty} \frac{\pi}{L} \left[\cos \frac{n\pi x}{L} \int_{-L}^{L} f_L(u) \cos \frac{n\pi u}{L} \, du \right.$$
$$\left. + \sin \frac{n\pi x}{L} \int_{-L}^{L} f_L(u) \sin \frac{n\pi u}{L} \, du \right]$$

ここで，$\omega_n = n\pi/L$ として，$\Delta\omega = \omega_{n+1} - \omega_n$ を定義すると，

$$\Delta\omega = \frac{(n+1)\pi}{L} - \frac{n\pi}{L} = \frac{\pi}{L}$$

となる。これらの定義を代入すると，$f_L(x)$ は次式のように書ける。

$$f_L(x) = \frac{1}{2L} \int_{-L}^{L} f_L(u) \, du + \frac{1}{\pi} \sum_{n=1}^{\infty} \Delta\omega \left[\cos \omega_n x \int_{-L}^{L} f_L(u) \cos \omega_n u \, du \right.$$
$$\left. + \sin \omega_n x \int_{-L}^{L} f_L(u) \sin \omega_n u \, du \right] \tag{3.48}$$

以上の計算により，周期が $2L$ の周期関数 $f_L(x)$ のフーリエ級数展開を，式 (3.48) のように書くことができた。ここで，非周期関数のフーリエ級数展開を計算するには，どうすればよいかを考えよう。いまは $f_L(x)$ が周期 $2L$ の周期関数であるが，L は任意の実数である。そのため，L を無限に大きな数にとっても，式 (3.48) は成立する。ここで，L の値を無限に大きくするとは，周期関数 $f_L(x)$ の周期 $2L$ を無限に大きくするということであるが，周期が無限に大きい周期関数とは，もはや周期をもたない非周期関数とみなしてもよいだろう。そこで，次のように $L \to \infty$ の極限をとった $f_L(x)$ を，非周期関数 $f_\infty(x)$ と定義する。

$$f_\infty(x) = \lim_{L \to \infty} f_L(x) \tag{3.49}$$

したがって，非周期関数 $f_\infty(x)$ のフーリエ級数展開は，式 (3.48) の両辺に $L \to \infty$ の極限をとることによって，次式のように計算できる。

$$f_\infty(x) = \lim_{L \to \infty} f_L(x)$$

$$= \lim_{L \to \infty} \frac{1}{2L} \int_{-L}^{L} f_L(u)\,du + \frac{1}{\pi} \lim_{L \to \infty} \sum_{n=1}^{\infty} \Delta\omega \left[\cos\omega_n x \int_{-L}^{L} f_L(u) \cos\omega_n u\,du \right.$$

$$\left. + \sin\omega_n x \int_{-L}^{L} f_L(u) \sin\omega_n u\,du \right]$$

ここで，いまは非周期関数 $f_\infty(x)$ が，$x \to +\infty$ と $x \to -\infty$ の極限で 0 に収束する場合を考えよう[16]。すると，右辺第 1 項の積分 $\int_{-L}^{L} f_L(u)\,du$ は $L \to \infty$ の極限で有限であり，$\lim_{L \to \infty} 1/(2L) = 1/(2 \cdot \infty) = 0$ なので，第 1 項は 0 となる。また，$L \to \infty$ の極限で $\Delta\omega = \pi/L$ は 0 に近づくので，第 2 項の $\lim_{L \to \infty}$ は $\lim_{\Delta\omega \to 0}$ に置き換えてもよい。よって，$f_\infty(x)$ は次式のように書ける。

$$f_\infty(x) = \frac{1}{\pi} \lim_{\Delta\omega \to 0} \sum_{n=1}^{\infty} \Delta\omega \left[\cos\omega_n x \int_{-L}^{L} f_L(u) \cos\omega_n u\,du \right.$$

$$\left. + \sin\omega_n x \int_{-L}^{L} f_L(u) \sin\omega_n u\,du \right]$$

この式の $\lim_{\Delta\omega \to 0} \sum_{n=1}^{\infty} \Delta\omega$ は，ω についての積分 $\int_0^\infty d\omega$ に置き換えることができるので，さらに変形すると

$$f_\infty(x) = \frac{1}{\pi} \int_0^\infty \left[\cos\omega x \int_{-\infty}^{\infty} f_\infty(u) \cos\omega u\,du + \sin\omega x \int_{-\infty}^{\infty} f_\infty(u) \sin\omega u\,du \right] d\omega$$

$$= \frac{1}{\pi} \int_0^\infty \left[\int_{-\infty}^{\infty} f_\infty(u) \left(\cos\omega x \cos\omega u + \sin\omega x \sin\omega u \right) du \right] d\omega$$

となる。最後に，加法定理より $\cos(\omega x - \omega u) = \cos\omega x \cos\omega u + \sin\omega x \sin\omega u$ が成り立つことを用いると[17]，$f_\infty(x)$ は次式のように書くことができる。

公式 3.23（フーリエ積分） ─────────────────────────────

$$f_\infty(x) = \frac{1}{\pi} \int_0^\infty \left[\int_{-\infty}^{\infty} f_\infty(u) \cos\omega(x - u)\,du \right] d\omega$$

───

このように，非周期関数のフーリエ級数展開を求めるために，周期を無限に大きくした周期関数 $f_\infty(x)$ のフーリエ級数展開を計算したところ，その結果は級数ではなく公式 3.23 のような積分の式となった。これは「非周期関数のフーリエ級数展開に相当する式」であり，この式を**フーリエ積分**とよぶ。フーリエ積分（公式 3.23）は余弦波 $\cos\omega(x - u)$（または正弦波）についての積分なので，これは非周期関数 $f_\infty(x)$ が様々な波数をもつ余弦波（または正弦波）の和で表せることを示している。すなわち，周期性をもたないまったく任意の波形の関数でも，フーリエ積分を用いることで正弦波と余弦波に分解することができるのである。

────────────

16)　現実に引き起こされる波の多くは，永遠に一定の振幅を保つわけではなく，有限の長さをもって減衰する。そこで，ここで考える非周期関数 $f_\infty(x)$ も，$x \to +\infty$ と $x \to -\infty$ の極限では 0 に収束するものとして考える。

17)　α と β を任意の実数とするとき，次の三角関数の公式を，加法定理とよぶ。

$$\cos(\alpha - \beta) = \cos\alpha \cos\beta + \sin\alpha \sin\beta$$

3.4.5 フーリエ変換

これまでの説明で，周期関数はフーリエ級数展開（公式 3.16）を用いることで，非周期関数はフーリエ積分（公式 3.23）を用いることで，これらの関数を様々な波数（波長）をもつ正弦波と余弦波に分解できることを明らかにしてきた。ここで私たちが興味があるのは，対象とする波形に，どのような波数の正弦波（または余弦波）がどれくらいの割合で含まれているかである。

例えばフーリエ級数展開の場合，対象とする波形に正弦波 $\sin 2x$ が含まれている割合は，フーリエ係数 b_2 を求めることにより知ることができる。そして，フーリエ係数は式 (3.27) と式 (3.28) より求めることができた。しかし，私たちが一般的にターゲットとする波形は周期関数ではなく非周期関数である。その場合，非周期関数に特定の波数の正弦波（または余弦波）がどのくらいの割合で含まれているかを知るためには，フーリエ積分におけるフーリエ係数に相当する量を求める必要がある。以下で説明するように，フーリエ積分におけるフーリエ係数とよべるものは，「フーリエ変換」を用いることで計算することができる。

フーリエ変換の式を導くために，フーリエ積分の式（公式 3.23）から出発しよう。

$$f_\infty(x) = \frac{1}{\pi} \int_0^\infty \left[\int_{-\infty}^\infty f_\infty(u) \cos \omega(x-u) \, du \right] d\omega$$

この式の右辺の $\cos \omega(x-u)$ は，オイラーの公式 3.20 より，次式のように書くことができる。

$$\cos \omega(x-u) = \frac{1}{2} \left[e^{i\omega(x-u)} + e^{-i\omega(x-u)} \right]$$

この式を右辺に代入すると，$f_\infty(x)$ は次式のように変形できる。

$$f_\infty(x) = \frac{1}{\pi} \int_0^\infty \left[\int_{-\infty}^\infty f_\infty(u) \frac{1}{2} \left\{ e^{i\omega(x-u)} + e^{-i\omega(x-u)} \right\} du \right] d\omega$$

$$= \frac{1}{2\pi} \int_0^\infty \left[\int_{-\infty}^\infty f_\infty(u) e^{i\omega(x-u)} du \right] d\omega + \frac{1}{2\pi} \int_0^\infty \left[\int_{-\infty}^\infty f_\infty(u) e^{-i\omega(x-u)} du \right] d\omega$$

$$= \frac{1}{2\pi} \int_{-\infty}^\infty \left[\int_{-\infty}^\infty f_\infty(u) e^{i\omega(x-u)} du \right] d\omega$$

$$\to \quad f_\infty(x) = \int_{-\infty}^\infty \left[\frac{1}{2\pi} \int_{-\infty}^\infty f_\infty(u) e^{-i\omega u} du \right] e^{i\omega x} d\omega \tag{3.50}$$

ここで，ω についての関数 $F(\omega)$ を次のように定義しよう。

$$F(\omega) = \frac{1}{2\pi} \int_{-\infty}^\infty f_\infty(u) e^{-i\omega u} du \tag{3.51}$$

この定義を用いて式 (3.50) を書き換えると，$f_\infty(x)$ は次のように表せる。

$$f_\infty(x) = \int_{-\infty}^\infty F(\omega) e^{i\omega x} d\omega \tag{3.52}$$

式 (3.51) と式 (3.52) をわかりやすくまとめるために，式 (3.51) の積分変数を u から x に変更し，式 (3.51) と式 (3.52) の両方で ω を k という別の文字に置き換える。また，$f_\infty(x)$ は非周期関数であるが，いまは f の添え字の ∞ を取り除いて $f(x)$ としておく。すると，式 (3.52) は次式のようになる。

公式 3.24（フーリエ変換）

$$f(x) = \int_{-\infty}^{\infty} F(k)e^{ikx}dk$$

このように，$f(x)$ を $F(k)$ の k についての積分で表した式のことを，**フーリエ変換**とよぶ。一方で，式 (3.51) は次式のようになる。

公式 3.25（逆フーリエ変換）

$$F(k) = \frac{1}{2\pi}\int_{-\infty}^{\infty} f(x)e^{-ikx}\,dx$$

このように，$F(k)$ を $f(x)$ の x についての積分で表した式のことを，**逆フーリエ変換**とよぶ。

フーリエ変換（公式 3.24）の物理的な意味を考えよう。ここで，e^{ikx} はオイラーの公式を用いると，$e^{ikx} = \cos kx + i\sin kx$ と表せる。これは，e^{ikx} の実部が波数 k の余弦波 $\cos kx$，虚部が波数 k の正弦波 $\sin kx$ であることを示すので，公式 3.24 は一般的な関数 $f(x)$ が，様々な波数 k をもつ余弦波と正弦波の和として表されることを意味する。すなわち，公式 3.24 はフーリエ積分（公式 3.23）を，別の書き方で表したものであるといえる。このとき，$F(k)$ は波数 k をもつ余弦波，または正弦波が，関数 $f(x)$ を分解した波の中にどれくらいの割合で含まれるかを示す値である。そして，この $F(k)$ の値を導くための式が，逆フーリエ変換（公式 3.25）である。したがって，フーリエ変換と逆フーリエ変換を使うことにより，世の中にある複雑な波形の中に，どのような波数（波長）の波がどれくらい含まれているかを解析することができる。

例 3.10 図のように，$-d \leqq x \leqq d$ の区間でのみ値をもつ非周期関数

$$f(x) = \begin{cases} \dfrac{1}{2d} & (-d \leqq x \leqq d) \\ 0 & (x < -d,\ d < x) \end{cases}$$

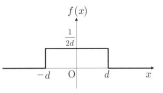

がある。ここで，d は任意の実数であるとする。この関数 $f(x)$ をフーリエ変換せよ。

［解］ いま $f(x)$ は区間 $-d \leqq x \leqq d$ でのみ $1/(2d)$ の値をもつ関数なので，$F(k)$ は次のように計算できる。

$$F(k) = \frac{1}{2\pi}\int_{-\infty}^{\infty} f(x)e^{-ikx}\,dx = \frac{1}{2\pi}\int_{-d}^{d}\frac{1}{2d}e^{-ikx}\,dx = \frac{1}{4\pi d}\int_{-d}^{d}e^{-ikx}\,dx$$

$$= \frac{1}{4\pi d}\left[\frac{1}{-ik}e^{-ikx}\right]_{-d}^{d} = -\frac{1}{4\pi dik}\left[e^{-ikx}\right]_{-d}^{d}$$

$$= -\frac{1}{4\pi dik}(e^{-ikd} - e^{ikd}) = \frac{1}{2\pi dk}\left(\frac{e^{ikd} - e^{-ikd}}{2i}\right)$$

ここで，オイラーの公式より $\sin kd = (e^{ikd} - e^{-ikd})/2i$ が成り立つので，

$$F(k) = \frac{1}{2\pi dk}\sin kd$$

● フーリエ変換の応用例

　図 3.28 のように，ある音楽のデータファイルがこのような複雑な波形で描けたとする。この波形の曲線を $f(x)$ とおくと，フーリエ変換（公式 3.24）を用いることで，音楽データの複雑な波形は様々な波数（波長）k をもつ正弦波と余弦波に分解することができる。さらに，逆フーリエ変換（公式 3.25）を用いることで，各波数 k をもつ正弦波や余弦波が含まれている割合を示す $F(k)$ を計算することができる。ここで，波数 k の中には，$F(k)$ を大きくするものから小さくするものまで存在するが，$F(k)$ が十分に小さい波数 k の正弦波や余弦波は，その音楽データに対してそれほど大きな寄与をもたない。したがって，逆フーリエ変換によって求めた $F(k)$ の中で，その大きさが十分に小さい波数の正弦波や余弦波は $f(x)$ の中から消してしまっても，音楽データの質にそれほどの影響を及ぼさないだろう。このような方法で，含有量の少ない波数の波を削除していくことで，音楽の質をある程度保ちながら，その音楽データの容量を圧縮することができるのである。

　同様の手法は，画像データに対しても使用することができる。例えば，黒い点が 0，白い点が 1 となるように，白黒の画像データを関数 $f(x)$ で置き換える。この $f(x)$ も音楽データと同様に，フーリエ変換によって様々な波数（波長）k をもつ正弦波と余弦波に分解することができ，さらに逆フーリエ変換を使うことによって，画像データに対して比較的影響の少ない波数の波を選択し，除去することができる。これにより，画像データも音楽データと同様に，画像の質をある程度保ちながら，その容量を圧縮できる。

　このように，波動現象とその解析手法は，現代のテクノロジーのあらゆる場面で使用されている。本節では，フーリエ解析の基礎部分の内容にしぼって説明を行ったが，より専門的なところを学びたい読者はフーリエ解析の専門書まで足を運ぶのがよいだろう。

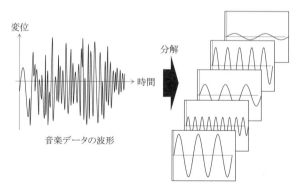

図 3.28　フーリエ変換による音楽データの圧縮

章末問題 3

3.1 時刻 $t = 0$ s に原点 O から生じた正弦波の変位 y [m] が，時刻 t [s]，位置 x [m] で次式に従うとき，以下の問いに答えよ。ただし，π は円周率とする。

$$y(x, t) = \sin\left[\pi\left(4.0t + \frac{x}{3.0}\right)\right]$$

(1) この正弦波の波長を求めよ。

(2) この正弦波の振幅を求めよ。

(3) この正弦波が進む速さとその向き（x 軸の正の向きか負の向きか）を求めよ。

3.2 図のように，たがいに 1.2 m 離れた，2 つの波源 O と P がある。これらの波源から同時に，たがいに近づく方向に同位相で同じ振幅の正弦波を生じさせたところ，OP 間の直線上に定常波が生じた。O と P から生じた正弦波の波長がともに 0.30 m であるとき，OP 間に生じる定常波の節の数を求めよ。

3.3 図のように，複スリット（隣り合う小さい 2 つの隙間）に向けて波長 6.0×10^{-7} m のレーザー光をあてたところ，スクリーンにレーザー光が強め合う点が等間隔に並ぶ干渉縞が現れた。複スリットから P に到達する光の 1 つは，もとの角度から 14° 回折していた。複スリットからスクリーンまでの距離が 1.0 m であるとき，複スリットの 2 つのスリット間の距離 d [m] を求めよ。ただし，$\sin 14° = 0.24$ とする。

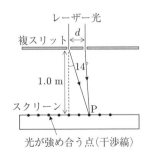

3.4 図のように，

$$f(x) = \begin{cases} 0 & (-\pi \leqq x < -\pi/2) \\ 1 & (-\pi/2 \leqq x < \pi/2) \\ 0 & (\pi/2 \leqq x \leqq \pi) \end{cases}$$

と表せる，周期 2π の周期関数 $f(x)$ がある。この関数 $f(x)$ をフーリエ級数展開せよ。

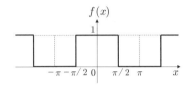

3.5 図のように，$-1 \leqq x \leqq 1$ の区間でのみ値をもつ非周期関数

$$f(x) = \begin{cases} -2 & (-1 \leqq x < 0) \\ 2 & (0 \leqq x \leqq 1) \end{cases}$$

がある。この関数 $f(x)$ をフーリエ変換せよ。

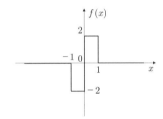

4 弾性体・流体・粘弾性体

　力学で学ぶように，質量はもつが大きさはもたない物質のことを「質点」とよび，大きさはあるが力を加えても変形しない物質のことを「剛体」とよぶ。しかし，これらはいずれも物体の運動の計算を簡単化するためのモデルであり，現実の物質はもっと複雑である。本章では，「弾性体」，「流体」，「粘弾性体」とよばれる，より現実に近い物質の性質を学ぶ。しかし，これらの性質を本格的に理解するためには，1冊の本が書けるくらいのボリュームがあり，取り扱う数学も高度になる。そこで，本章では，四則演算と微分積分で済むくらいの基本的な内容にしぼり，弾性体・流体・粘弾性体についての基礎を学ぼう。

4.1　弾 性 体

　力学では，大きさと形をもつが，変形しない物体のことを「剛体」とよんでいた。しかし，現実の物体は力を加えれば変形するし，変形した後でもとの寸法に戻ろうとする性質をもつ。この性質のことを**弾性**とよび，物体がもとの寸法に戻るために生じる力のことを**弾性力**とよぶ。また，このような弾性の性質をもつ物体のことを，**弾性体**とよぶ。本節では，弾性体と，これに関連する様々な物理法則を学ぼう。

4.1.1　応力と歪み（ひずみ）

　弾性体である物体に力を加えて，その物体が変形する場合を考えよう。このとき，弾性体に加える力のことを**応力**とよび，この応力による弾性体の変形の度合いのことを**歪み（ひずみ）**とよぶ。以降は考えやすくするために，ここで扱う弾性体は以下の2つの特徴をもっているものとする。

　(1) 弾性体に応力を加えると変形する（ひずみが生じる）が，その応力を外すと弾性体は力を加える前の状態に戻る（ひずみはなくなる）。

　(2) 弾性体に加える応力と弾性体のひずみの量は，比例関係にある。

　つまり，ここで扱う弾性体は，「フックの法則」が成立する範囲内で変形するものと考える[1]。

---

　1) フックの法則とは，ばね定数 k のばねに大きさ F の力を加えたときのばねの長さの変化量 x が，$F = kx$ の関係に従う法則のことである。

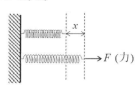

例えば，弾性体の面積 A [m^2] の面に対して，大きさ F [N] の力が加わるとき，応力 σ [N/m^2] は次のように定義される。

公式 4.1（応力の定義） ────────────────────────

$$\sigma = \frac{F}{A}$$

ここで，応力の単位は，力の単位「N（ニュートン）」ではなく，圧力と同じ「N/m^2」（または「Pa（パスカル）」）であることに注意する。弾性体はこれまで力学に出てきた「質点」や「剛体」のように，それぞれを「1 個の質点」や「質点の集まり」として扱うことができない。そのため，弾性体に働く力は「N」を単位とした単純な力ではなく，単位面積（1 m^2）あたりに働く力である応力を考えた方が，大きさの異なる弾性体の間で力を比較することができる。

図 4.1 のように，応力は弾性体の表面に加わる力の方向によって，2 つの種類に分けられる。1 つは，弾性体の表面に対して垂直に力が加わる**法線応力**であり，もう 1 つは弾性体の表面に対して平行に力が加わる**接線応力（ずり応力）**である。また，ひずみは応力に対してどのような量が変化するかによって，いくつかの種類に分けられる。例えば，応力に対して弾性体の長さが変化するとき，そのひずみのことを**長さひずみ**よぶ。応力に対して弾性体

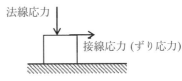

図 4.1　法線応力と接線応力
（ずり応力）

の体積が変化するとき，そのひずみを**体積ひずみ**とよぶ。そして，応力に対して弾性体の辺と辺の間の角度が変化するとき，そのひずみを**角度ひずみ**，または**ずりひずみ**とよぶ。

以下に，フックの法則に基づくいくつかの応力と，ひずみの関係について説明する。弾性体では，フックの法則の力 F [N] に相当する量が応力 $\sigma = F/A$ [N/m^2] であり，ばねの変化量 x [m] に相当する量がひずみとなる。また，フックの法則でばね定数 k [N/m] に相当する比例定数は，弾性体の場合には応力とひずみの組み合わせによって，いくつかの種類が存在する。

(1)「法線応力」と「長さひずみ」が比例関係にあるとき，その比例定数を**ヤング率**とよぶ。

(2)「法線応力」と「体積ひずみ」が比例関係にあるとき，その比例定数を**体積弾性率**とよぶ。

(3)「接線応力」と「角度ひずみ」が比例関係にあるとき，その比例定数を**剛性率**，または**ずり弾性率**とよぶ。

以降は，ヤング率を E [N/m^2]，体積弾性率を K [N/m^2]，剛性率（ずり弾性率）を G [N/m^2] という文字で表す。ヤング率，体積弾性率，剛性率（ずり弾性率）の単位はいずれも，「N/m^2」または「Pa」を用いる。

4.1.2　1 軸方向からの法線応力による長さひずみ

図 4.2(a) に示すように，長さ l [m]，高さ h [m]，奥行き w [m]，断面積 A [m^2] の一様な棒型の弾性体に対して，右の断面には右向きに断面と垂直な大きさ F [N] の力，左の断面には左向きに断面と垂直な大きさ F の力を同時に加えた場合を考える。これらの力によって，棒は Δl [m] だけ長さ方向に伸びて，図 4.2(b) のように変形したとする。これ

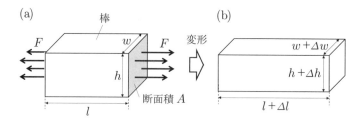

図 4.2　棒に対する法線応力と長さひずみ

は，長さ l の棒に対して，l と同じ方向に法線応力 F/A を加えたことに相当する[2]。いま，棒に加えられた 2 つの力はつり合っているので，棒の位置は変化しない。しかし，法線応力によって棒が l の方向に Δl だけ伸びるのと同時に，l の方向と垂直な h や w の方向にも棒は変形する。このときの，棒の h，w の方向への長さの変化をそれぞれ，Δh [m]，Δw [m] と定義する。

　ここで，Δl が十分に小さいときは，一般に Δh と Δw は Δl よりもさらに小さいので，これらを無視することができる。このとき，次のようなフックの法則が成立する。

$$F = k\,\Delta l \tag{4.1}$$

この式で，k は比例定数である。これまでの力学で学んできたフックの法則では，基本的には大きさや形を無視した「ばね」について考えてきた。しかし，いまの棒型の弾性体は大きさをもち，引っ張る方向の長さ l と断面積 A が存在するので，フックの法則に対して l と A がどのような影響を及ぼすかを真面目に考えなければならない。以下で，これらの影響を順に考えよう。

　図 4.3(a) のように，長さ l，断面積 A の棒に対して右向きと左向きに大きさ F の力を加えたとき，棒の長さが l から $l+\Delta l$ に伸びたとする。このとき，もとの棒の長さが l ではなく，$2l$ だった場合はどうなるかを考えよう。これは，長さが l の棒をばねに置き換えて，2 つのばねを直列につないだ場合と同じように考えればよい。すなわち，図 4.3(b) のように，長さ $2l$ の棒の左右に大きさ F の力を加えると，この棒を長さ l の棒（ばね）が 2 本直列につないだものとみなせば，長さ l の棒はそれぞれ Δl だけ伸びるので，結果として長さ $2l$ の棒は $2\,\Delta l$ 伸びるのがわかる。これは，棒に加える法線応力が一定であっても，棒

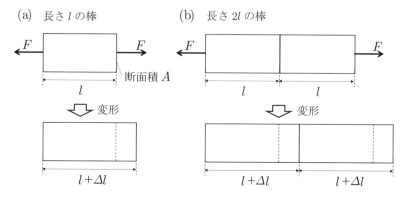

図 4.3　長さ l の棒に加えた法線応力と長さひずみ

---

　2)　図 4.2 のように加えた法線応力 F/A は，たびたび「張力」とよばれる。

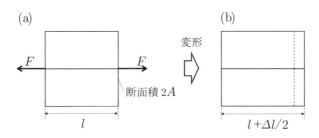

図 4.4 断面積 $2A$ の棒に加えた法線応力と長さひずみ

の長さが 2 倍になれば，ひずみである棒の伸びも 2 倍になることを意味する。したがって，応力とひずみの関係を考えるときに棒の長さの影響をなくすためには，長さひずみとして変化量 Δl を，力を加える前の棒の長さ l で割った値 $(\Delta l/l)$ で定義する必要がある。

次に，図 4.3(a) で考えた棒を平行に 2 つ並べた形をした，図 4.4(a) のような，長さ l，断面積 $2A$ の棒について考えよう。この棒に対して右向きと左向きに大きさ F の力を加えたとき，棒の伸びがどのように変わるかを考える。これは，長さ l の 2 本のばねを，並列につないだ場合と同じように考えればよい。すなわち，棒に加えた大きさ F の力は，2 本のばねに対して $F/2$ ずつ分散するので，それぞれのばねの伸びは $\Delta l/2$ となり，結果として図 4.4(b) のように棒の伸びも $\Delta l/2$ となる。また，棒に加える力 F は変わらないが，断面積は $2A$ なので，棒に加える応力は $F/(2A)$ となる。このように，長さ l，断面積 A の棒と比べて，断面積 $2A$ の棒の伸びは半分 $(\Delta l/2)$ となり，この棒に加わる応力も半分 $(F/(2A))$ となる。これは逆にいえば，棒の断面積を 2 倍にしたとき，棒の伸びをもとの伸びと変わらず Δl に保つには，棒に加わる応力，すなわち力 F も 2 倍にする必要があることを意味する。つまり，断面積が 2 倍 $(2A)$ になれば，加える力も 2 倍 $(2F)$ にしなければならないので，大きさ F の力の代わりに大きさ F/A の法線応力を用いれば，断面積 A の影響はなくなる。

以上のことから，長さ l，断面積 A の棒型の弾性体に対して大きさ F の力を加えたとき，F と棒の伸び Δl の間にフックの法則 $F = k \, \Delta l$（式 (4.1)）が成り立つためには，次のことを考慮する必要がある。

- 棒の長さ l の影響をなくすために，Δl は長さひずみ $\Delta l/l$ に置き換える。
- 棒の断面積 A の影響をなくすために，F は法線応力 F/A に置き換える。

これらを踏まえて，式 (4.1) の左辺の F を F/A に置き換えて，右辺の Δl を $\Delta l/l$ に置き換えると，次の関係が成り立つ。

$$F = k \, \Delta l \quad \rightarrow \quad \frac{F}{A} = E\frac{\Delta l}{l} \tag{4.2}$$

ここで，右辺の E は，k の代わりに新たに定義した比例定数である。また，左辺は応力なので $\sigma = F/A$ を用いると，次式のように法線応力 σ と長さひずみ $\Delta l/l$ の関係式が導かれる。

公式 4.2（ヤング率の定義）

$$\sigma = E\frac{\Delta l}{l}$$

　　ここで，比例定数 E は 4.1.1 で学んだ**ヤング率である**[3]。ヤング率は，弾性体に対して面に垂直な力を加えたとき，その力と同じ方向へのひずみにくさを示した量である。ヤング率は物質によって異なる値をもつので，物質の種類を推定するときによく用いられる。

● ポアソン比

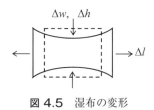

$\Delta w,\ \Delta h$

Δl

図 4.5　湿布の変形

　　次に，応力を加えた方向（l 方向）のひずみと，それと垂直な方向（h 方向と w 方向）のひずみの関係について考えよう。例として，図 4.5 のように，引っ張ったら伸びる湿布（しっぷ）について考える。このような弾性体に対して l 方向に応力を加えて，l 方向の長さが Δl [m] だけ伸びたとき（$\Delta l > 0$），それと垂直な h 方向と w 方向の長さは縮む。これらの縮みをそれぞれ，Δh [m]，Δw [m] とおくと，$\Delta h < 0$，$\Delta w < 0$ となる。また，Δl が微小な変化であれば，Δl と Δh，または Δl と Δw の間には，それぞれ比例関係が成り立つ。これらの内容を定式化すると，次のように表すことができる。

公式 4.3（ポアソン比の定義） ────────────────────────────

$$\frac{\Delta h}{h} = \frac{\Delta w}{w} = -\nu \frac{\Delta l}{l}$$

──

　　この式の右辺にマイナスの符号がついているのは，弾性体を l 方向に伸ばしたら，その方向と垂直な h 方向と w 方向には縮むことを示している。ここで，ν は比例定数であり，この比例定数を**ポアソン比**とよぶ[4]。公式 4.3 は，弾性体に加えた応力と同じ向きの長さひずみと，これと垂直な向きの長さひずみの間に成り立つ関係を示している。

棒

l

x

例 4.1　図のような棒の法線応力と長さひずみについて，以下の問いに答えよ。

(1)　密度 ρ，長さ l の一様な棒を鉛直につり下げたとき，上から x の位置における応力 σ を求めよ。ただし，伸びや幅の変化は無視できるほど小さいとする。

(2)　密度 ρ，長さ l，ヤング率 E の一様な棒を鉛直につり下げたとき，棒が自分の重さで伸びる長さを求めよ。

　　［解］　(1)　棒の質量を M，重力加速度を g とすると，上から x の位置では棒は全体の重さ Mg の $(l-x)/l$ 倍の重みがかかっている。よって，位置 x で受ける重力を $F(x)$ とすると，

$$F(x) = M \frac{(l-x)}{l} g \quad \cdots ①$$

となる。また，棒の断面積を S とすると，密度 ρ は次式のように書ける。

$$\rho = \frac{M}{Sl} \quad \cdots ②$$

　　x の位置での応力を $\sigma(x)$ とすると，$\sigma(x)$ は $\sigma(x) = F(x)/S$ なので式 ① を代入して，式 ② を用いて変形すると，$\sigma(x)$ は次式のように書ける。

$$\sigma(x) = \frac{M(l-x)g}{Sl} = \underline{\rho(l-x)g}$$

(2)　微小部分の自然長の長さ dx の部分で，棒は $d(\Delta l)$ 伸びたとする。(1) の結果から，x の位置での法線応力は $\rho(l-x)g$ なので，応力とひずみの関係より

────────────────────────

3)　ヤング率は，イギリスの物理学者トマス・ヤング（Young, T., 1773–1829）に由来する。
4)　ポアソン比は，フランスの物理学者シメオン・ポアソン（Poisson, S., 1781–1840）に由来する。

$$\rho(l-x)g = E\frac{d(\Delta l)}{dx} \rightarrow \quad d(\Delta l) = \frac{\rho g}{E}(l-x)\ dx$$

となる。ここで，両辺を積分することにより Δl が求まる。

$$\Delta l = \int d(\Delta l) = \int_0^l \frac{\rho g}{E}(l-x)\ dx = \frac{\rho g}{E}\left[lx - \frac{1}{2}x^2\right]_0^l = \frac{\rho g}{E}\left(l^2 - \frac{1}{2}l^2\right) = \underline{\frac{\rho g l^2}{2E}}$$

4.1.3 全方向からの法線応力による体積ひずみ

弾性体である物体に対して，全方向から均一に法線応力が加わる場合の，弾性体の体積変化について考えよう。例として，図 4.6 のように，水中に沈められた物体について考える。このように，流れていない静止した液体中で物体に加わる圧力のことを，**静水圧**とよぶ。静水圧が働いている（静水圧下にある）物体に対しては，あらゆる方向から同じ大きさの圧力（応力）が均一に加わっている。また，これらの圧力は物体の面に対して垂直に加わるので，これらは法線応力である。

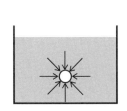

図 4.6　静水圧

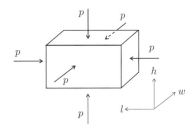

図 4.7　静水圧下にある直方体

もう少しわかりやすくするために，図 4.7 のように，直方体型の弾性体である物体を水中に沈めた場合を考えよう。長さ方向に l 軸，高さ方向に h 軸，奥行き方向に w 軸をとると，このように静水圧下にある直方体に対しては，6 つの面に対して同じ大きさ $p\ [\mathrm{N/m^2}]$ の圧力（法線応力）が，面と垂直な方向（l，h，w 軸のそれぞれの正と負の向き）から加わるのである。このような状況下で，物体に働く静水圧 p により，物体の体積が $\Delta V\ [\mathrm{m^3}]$ だけ変化した（圧縮された）とすると，p と ΔV との間にはどのような関係が成り立つか。これを明らかにするために，以下のように場合分けしながら考えていこう。

(1) l 方向の応力が l 方向に与える長さひずみ

まずは，静水圧のうち，l 方向の圧力が物体に加わったことで，物体の l 方向の長さが $\Delta l_1\ [\mathrm{m}]\,(< 0)$ だけ変化した場合を考える。これは，4.1.2 で考えた場合と同じであり，応力を加えた方向と同じ向きの長さひずみが弾性体に生じた場合に相当する。したがって，公式 4.2 の左辺の σ を $-p$ に，右辺の Δl を Δl_1 に置き換えると，次の関係が成り立つ[5]。

$$p = -E\frac{\Delta l_1}{l} \tag{4.3}$$

この式を変形すると，長さひずみ $\Delta l_1/l$ はヤング率 $E\ [\mathrm{N/m^2}]$ を用いて次式のように表される。

$$\frac{\Delta l_1}{l} = -\frac{p}{E} \tag{4.4}$$

---

5)　公式 4.2 の応力 σ は，物体を外側に引っ張る向きを正としていたので，静水圧である p の向きとは逆向きである。したがって，公式 4.2 の左辺を p で置き換えるときは，σ の代わりに $-p$ で置き換えることに注意する。

(2) w 方向の応力が l 方向に与える長さひずみ

次に，静水圧のうち，l 方向と垂直な w 方向の圧力が物体に加わったことで，物体の l 方向の長さが Δl_2 [m](> 0) だけ変化した場合を考える。その前に，w 方向の応力が w 方向に与える物体の長さ変化を Δw_1 [m] とおくと，式 (4.3) の l を w に置き換えて，

$$p = -E\frac{\Delta w_1}{w} \tag{4.5}$$

という関係が成り立つ。また，公式 4.3 から，w 方向の応力と同じ向きの長さひずみ $\Delta w_1/w$ と，w 方向と垂直な向きの長さひずみ $\Delta l_2/l$ の間には，ポアソン比 ν を用いて次の関係が成り立つ。

$$\frac{\Delta l_2}{l} = -\nu\frac{\Delta w_1}{w} \tag{4.6}$$

式 (4.5) と式 (4.6) から $\Delta w_1/w$ を消去して式変形すると，長さひずみ $\Delta l_2/l$ は次のように表される。

$$p = -E\frac{\Delta w_1}{w} = -E\left(-\frac{1}{\nu}\frac{\Delta l_2}{l}\right) = \frac{E}{\nu}\frac{\Delta l_2}{l} \quad \rightarrow \quad \frac{\Delta l_2}{l} = \nu\frac{p}{E} \tag{4.7}$$

(3) h 方向の応力が l 方向に与える長さひずみ

最後に，静水圧のうち，l 方向と垂直な h 方向の圧力が物体に加わったことで，物体の l 方向の長さが Δl_3 [m](> 0) だけ変化した場合を考える。このときの長さひずみ $\Delta l_3/l$ は，(2) の場合の w を h に置き換えればよいので，次式のように表される。

$$\frac{\Delta l_3}{l} = \nu\frac{p}{E} \tag{4.8}$$

(1)，(2)，(3) の結果から，水中に沈められた物体に対して l，w，h 方向から受けるすべての応力により生じる，l 方向の長さひずみの和 Δl [m] は，

$$\Delta l = \Delta l_1 + \Delta l_2 + \Delta l_3 \tag{4.9}$$

より求められる。ここで，式 (4.9) の両辺をもとの棒の長さ l で割って，式 (4.4)，(4.7)，(4.8) の結果を代入すると，次の関係を得ることができる。

$$\frac{\Delta l}{l} = \frac{\Delta l_1}{l} + \frac{\Delta l_2}{l} + \frac{\Delta l_3}{l} \quad \rightarrow \quad \frac{\Delta l}{l} = -\frac{p}{E}(1 - 2\nu) \tag{4.10}$$

ところで，いま考えている 3 次元空間は一様なので，l，w，h 軸に対して等方的である。また，水中に沈めた直方体の形も，長さ l，高さ h，奥行き w の値は任意であるので，式 (4.9) の関係は l 方向の長さひずみ Δl に対して特別なものではなく，(1)，(2)，(3) で述べた議論は w，h 方向に対しても同様に成り立つ。したがって，次式が成り立つ。

$$\frac{\Delta l}{l} = \frac{\Delta w}{w} = \frac{\Delta h}{h} = -\frac{p}{E}(1 - 2\nu) \tag{4.11}$$

ここまでの準備ができて，やっと本来の目的である，全方向からの法線応力(静水圧 p)と体積ひずみ(弾性体の体積変化 ΔV [m³])の関係について議論することができる。いまは物体として，長さ l，高さ h，奥行き w の直方体型の弾性体を考えているので，物体の体積 V [m³] は，

$$V = lwh \tag{4.12}$$

と表すことができる。したがって，微小な体積変化 ΔV については，

$$\frac{\Delta V}{V} = \frac{\Delta l}{l} + \frac{\Delta w}{w} + \frac{\Delta h}{h} \tag{4.13}$$

という関係が成立する[6]。ここで，式 (4.13) の右辺の 3 つの項に式 (4.11) を代入すれば，体積ひずみ $\frac{\Delta V}{V}$ は

$$\frac{\Delta V}{V} = -3\frac{p}{E}(1 - 2\nu) \tag{4.14}$$

と表される。

　また，式 (4.14) を変形すると，

$$p = -\frac{E}{3(1 - 2\nu)}\frac{\Delta V}{V}$$

となるが，この式で E はヤング率，ν はポアソン比なので，K を定数として，

$$K = \frac{E}{3(1 - 2\nu)} \tag{4.15}$$

と定義することができる。これより，弾性体に対して全方向から加わる法線応力（静水圧 p）と，この応力により生じる体積ひずみ $\Delta V/V$ との間には，次の比例関係が成り立つ。

公式 4.4（体積弾性率の定義）━━━━━━━━━━━━━━━━━━━━━━━

$$p = -K\frac{\Delta V}{V}$$

━━

　ここで，比例定数 K は 4.1.1 ですでに述べた，**体積弾性率**である。式 (4.15) より，体積弾性率 K はヤング率 E とポアソン比 ν から求めることができるが，K は物理的に必ず正（$K > 0$）であることから[7]，ポアソン比は $\nu < \frac{1}{2}$ を満たす必要がある。また，体積弾性率は静水圧のように，全方向から法線応力を加えられたときの，弾性体の体積の変わりにくさを示す量である。

4.1.4　接線応力による角度ひずみ

　これまでは，「法線応力」に対する「長さひずみ」と「体積ひずみ」の関係について述べ

─────────

6) 式 (4.13) は次のように証明できる。式 (4.12) の関係より，微小な体積変化 ΔV は両辺を微分することにより $(V)' = (l \cdot w \cdot h)'$ を計算すればよい（( )' は微分を示す記号である）。l, w, h はそれぞれ変数なので，右辺は 3 変数となる。したがって，

$$V' = l' \cdot w \cdot h + l \cdot w' \cdot h + l \cdot w \cdot h'$$

の「'」の記号を微小変化量 Δ で置き換えて，

$$\Delta V = (\Delta l) \cdot w \cdot h + l \cdot (\Delta w) \cdot h + l \cdot w \cdot (\Delta h)$$

この式の両辺を体積 V で割ると，

$$\frac{\Delta V}{V} = \frac{w \cdot h \cdot (\Delta l)}{V} + \frac{l \cdot h \cdot (\Delta w)}{V} + \frac{l \cdot w \cdot (\Delta h)}{V}$$

また，式 (4.12) の関係より，右辺の V に $l \cdot w \cdot h$ を代入して右辺の分母と分子を約分すると，次のように式 (4.13) が得られる。

$$\frac{\Delta V}{V} = \frac{\Delta l}{l} + \frac{\Delta w}{w} + \frac{\Delta h}{h}$$

7) 体積弾性率 K が必ず正である理由について，もし仮に K が負（$K < 0$）であれば，公式 4.4 より，静水圧 p が増加するほど弾性体の体積も増加（膨張）してしまい，これは物理に反する。

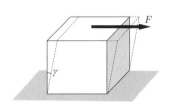

図 4.8　接線応力による弾性体の変形

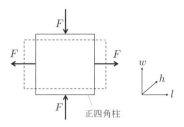

図 4.9　正四角柱に加わる4つの法線応力

てきたが，ここでは「接線応力」に対する「角度ひずみ」について議論する。

　図 4.8 は，立方体型の弾性体に対して接線応力（ずり応力）を加えたときの，角度ひずみによる変形を示している。立方体の上面に面と平行な力 F [N] を加えたとき，上面が少し動くのに対して下面が固定されていた場合，立方体は図 4.8 のように傾いて変形する。この変形による角度ひずみは，立方体の高さが鉛直方向から傾いた角度 γ で表すことができる。以下で，この接線応力と角度ひずみの関係について，いくつかの手順を踏みながら説明する。

● 正四角柱に加わる法線応力と長さひずみの関係

　はじめに，後の計算で必要となるので，法線応力が正四角柱（正方形を底面にもつ直方体）の側面に働く場合の，長さひずみについて考えよう。図 4.9 は，正四角柱型の弾性体を高さ方向（h 方向）から見た，1 辺が a [m] の正方形型の断面の様子を示している。この弾性体の長さ，奥行きの向きをそれぞれ，l, w 方向と定義する。ここで，正方形型の面と隣り合う 4 つの側面の面積を A [m²] として，これらの側面に対して 4 方向から法線応力が同時に働く場合を考えよう。ただし，l 方向には弾性体を引っ張る向きに大きさ F [N] の 2 つの力が働いており，w 方向には弾性体をへこませる向きに，大きさ F の 2 つの力が働いているものとする。また，h 方向に力は加わっていないものとする。

　4.1.2 で考えたように，各方向から弾性体に加わる法線応力が，l 方向に生じさせる長さひずみを考えよう。まずは，l 方向に働く応力 $\sigma = F/A$ [N/m²] が，l 方向に生じさせる長さひずみを $\Delta l_1/a$ とおくと，公式 4.2 より次式が成り立つ。

$$\sigma = E\frac{\Delta l_1}{a} \quad \rightarrow \quad \frac{\Delta l_1}{a} = \frac{\sigma}{E} \quad \rightarrow \quad \frac{\Delta l_1}{a} = \frac{1}{E}\cdot\frac{F}{A} \tag{4.16}$$

また，w 方向に働く応力 $\sigma = -F/A$（l 方向の場合とは力が逆向きなのでマイナスがつくことに注意）が，l 方向に生じさせる長さひずみを $\Delta l_2/a$ とおくと，式 (4.5)–(4.7) と同じ考え方で，l を a，p を F/A で置き換えることにより次式が得られる[8]。

8）式 (4.17) について，公式 4.2 より，

$$\frac{\Delta w_1}{a} = -\frac{1}{E}\cdot\frac{F}{A}$$

が成り立ち，さらに w 方向に働く応力が l 方向に生じさせる長さひずみを $\Delta l_2/a$ とおくと，公式 4.3 から次式が成り立つ。

$$\frac{\Delta l_2}{a} = -\nu\frac{\Delta w_1}{a} \quad \rightarrow \quad \frac{\Delta w_1}{a} = -\frac{1}{\nu}\frac{\Delta l_2}{a}$$

よって，次のように式 (4.17) を得ることができる。

$$-\frac{1}{\nu}\frac{\Delta l_2}{a} = -\frac{1}{E}\cdot\frac{F}{A} \quad \rightarrow \quad \frac{\Delta l_2}{a} = \frac{\nu}{E}\cdot\frac{F}{A}$$

$$\frac{\Delta l_2}{a} = \frac{\nu}{E} \cdot \frac{F}{A} \tag{4.17}$$

ところで，h 方向の応力が l 方向に生じさせる長さひずみを $\Delta l_3/a$ とおくと，いまは h 方向に応力は加わっていないので，$\Delta l_3/a = 0$ となる。したがって，l 方向に生じる長さひずみの和を $\Delta l/a$ とおくと，式 (4.16) と式 (4.17) の結果を用いて，次のように求められる。

$$\frac{\Delta l}{a} = \frac{\Delta l_1}{a} + \frac{\Delta l_2}{a} + \frac{\Delta l_3}{a} = \frac{1}{E} \cdot \frac{F}{A} + \frac{\nu}{E} \cdot \frac{F}{A} + 0 \quad \rightarrow \quad \frac{\Delta l}{a} = \frac{1+\nu}{E} \cdot \frac{F}{A} \tag{4.18}$$

この式 (4.18) の関係は，後で使うことになる。

●法線応力を用いた接線応力の導出

ここから，本題である接線応力（ずり応力）について議論しよう。図 4.10 は，空中で静止している，各面の面積が A [m^2] の立方体型の弾性体を正面から見た，正方形型の断面の様子を示している。この弾性体の上面に (a)，下面に (b)，右面に (c)，左面に (d) の，いずれも大きさ F [N] の接線応力を加えた場合を考えよう。

いま，右方向に加えた (a) の接線応力に対して，力のつり合いを保つためには，左方向に (b) の接線応力を加える必要がある。しかし，(a) と (b) の接線応力だけでは偶力になり[9]，弾性体が中心軸まわりで回転してしまうので，回転させないためには上方向に (c)，下方向に (d) の接線応力を加える必要がある。つまり，いまのように外部から他の力を受けていない物体に対して，接線応力を加えながらその物体を静止させるためには，(a)，(b)，(c)，(d) のように，同じ大きさで複数の接線応力を同時に加えなければならない[10]。

次に，接線応力の分解を考える。図 4.11 は，図 4.10 の (b) の接線応力を，上と下に 45° 離れた 2 つの方向に分解した様子を示している。いま，(b) の接線応力の大きさは F なので，分解した 2 つの力の大きさはともに $\frac{1}{\sqrt{2}}F$ となる。同様の力の分解を (a)，(c)，(d) の接線応力に対しても適用すると，(a)，(b)，(c)，(d) の 4 つの接線応力を分解した計 8 つの応力は，図 4.12 の左図のように，8 つの白抜きの矢印で描くことができる。

ここで，立方体の断面の対角線に沿って，弾性体を左斜め上方向に切断した面を A と

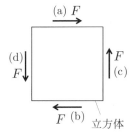

図 4.10 接線応力がつり合っている状態

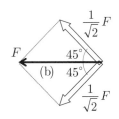

図 4.11 接線応力 (b) の分解

---

9) 剛体内の異なる位置に加えられた，たがいに逆向きで同じ大きさの 2 つの力のことを，力学で**偶力**とよぶ。

10) 図 4.10 のように，外部から他の力を受けていない物体に対して，物体が静止するように加わる接線応力のことを，**純粋な接線応力（ずり応力）**とよぶ。図 4.8 のように，地面で静止している物体に加わる接線応力は，この物体に対して地面から摩擦力が働いているので，このような接線応力は「純粋な接線応力」ではない。

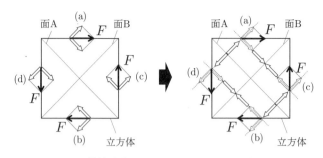

図 4.12　接線応力 (a), (b), (c), (d) を分解した力

し，右斜め上方向に切断した面を B とおく。すると，図 4.12 の右図のように，(a), (b), (c), (d) の接線応力を分解した 8 つ力（白抜きの矢印）を，それぞれの作用線上に沿って面 A と面 B の位置まで移動させることができる[11]。これらの分解した力はいずれも，面 A に対しては外向きに引っ張る力となり，面 B に対しては内向きに押す力となる。また，8 つの力（白抜きの矢印）のうち，同じ方向を向く 2 つの力を足し合わせると[12]，これらの力はそれぞれ，図 4.13 の左図のように，正方形の中心を作用点とした大きさ $\frac{1}{\sqrt{2}}F + \frac{1}{\sqrt{2}}F = \frac{2}{\sqrt{2}}F = \sqrt{2}F$ の 4 つの力（灰色の矢印）とみなすことができる。さらに，これらの 4 つの力（灰色の矢印）の作用線はいずれも，正方形の対角線（面 A と面 B）上にあるので，これらの力をそれぞれ正方形の各頂点まで移動させると，図 4.13 の右図に示すような，4 つの矢印（灰色の矢印）で描くことができる。

ところで，大きさ $\sqrt{2}F$ [N] の 4 つの力（灰色の矢印）はいずれも，これらの力と垂直な

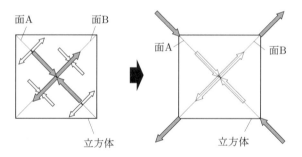

図 4.13　分解して足し合わせた合力の移動

---

11)　剛体中に加える力は，力の始点（作用点）をその力の矢印に沿う直線上（作用線上）のどこに移動しても，力が剛体に及ぼす影響は変わらない（図 1）。

12)　剛体中の異なる位置 O と P に，それぞれ大きさ F_1 [N] と F_2 [N] の平行な力を同時に加えたとき，これらは OQ : QP = F_2 : F_1 となる位置 Q を作用点とした，2 つの力に平行な大きさ $F_1 + F_2$ の力とみなすことができる（図 2）。

図 1　　　　　　　　　　　**図 2**

面から $45°$ 傾いた立方体の側面に対して働いている。このような場合は，大きさ $\sqrt{2}F$ の力が，面積 A の面の力と垂直な成分(面積が $A\cos 45° = A/\sqrt{2}$ の面)に働いているとみなすことができるので[13]，立方体の 4 つの側面(上面，下面，右面，左面)をすべて，力と垂直な成分に書き直すことができる。すなわち，図 4.13 の右図で，面 A を正方形の右上と左下の頂点に平行移動させた面をそれぞれ，面 A′，面 A″ と定義し，面 B を左上と右下の頂点に平行移動させた面をそれぞれ，面 B′，面 B″ と定義すると，これら面は立方体の側面の力と垂直な成分になる。このとき，面 A′，A″，B′，B″ の面積はいずれも，$A\cos 45° + A\cos 45° = A/\sqrt{2} + A/\sqrt{2} = \sqrt{2}A$ となる。

　結果として，もともと立方体の 4 つの側面(面積 A)に平行に働いていた接線応力(大きさ F)は，図 4.14 のように，新たに定義された正四角柱の 4 つの側面(面積 $\sqrt{2}A$)に対して垂直に働く法線応力(大きさ $\sqrt{2}F$)に変換することができた。ここで，新たに定義された正四角柱の側面である面 A′ と面 A″ に加わる力は正四角柱を引っ張る向きに働き，面 B′ と面 B″ に加わる力は正四角柱をへこませる向きに働く。また，面 A′ と面 A″ に働く法線応力を σ_A とおくと，いまは面積 $\sqrt{2}A$ の面に大きさ $\sqrt{2}F$ の力が加わっているので，σ_A は

$$\sigma_A = \frac{\sqrt{2}F}{\sqrt{2}A} = \frac{F}{A}$$

となる。同様に，面 B′ と面 B″ に働く法線応力を σ_B とおくと，σ_B の向きは σ_A に対して逆向きなので，

$$\sigma_B = \frac{-\sqrt{2}F}{\sqrt{2}A} = -\frac{F}{A}$$

となる。

　改めて，面積 $\sqrt{2}A$ の側面 A′，A″，B′，B″ をもつ正四角柱に対して，大きさ $\sqrt{2}F$ の

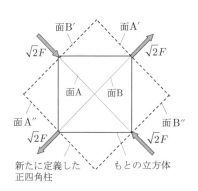

図 4.14　面 A と面 B の平行移動により新たに定義された正四角柱

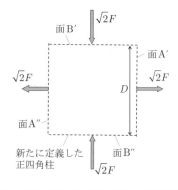

図 4.15　新たに定義された正四角柱に加わる 4 つの法線応力

---

13)　大きさ F の力が，その力と垂直な面から $45°$ 傾いた面積 A の面に加わる場合を考える。これは，面積 A の面の力と垂直な成分，すなわち面積 $A\cos 45°$ の面に対して，大きさ F の力が垂直に加わっているものとみなすことができる(図 3)。

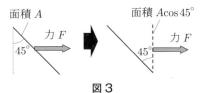

図 3

4つの法線応力がこれらの側面に働いている様子を図 4.15 に示す。図 4.15 は，図 4.14 を
45°右回りに傾けて描いたものである。図 4.15 の正四角柱の断面である正方形の1辺の
長さ（もとの立方体の断面の対角線の長さ）を D [m] とおいて，4つの法線応力による正四
角柱の長さひずみを考えよう。ここで，図 4.9 と図 4.15 を比較してほしい。これらの比較
からわかるように，図 4.15 のような正四面体に加わる4つの法線応力による長さひずみ
は，図 4.9 においてすでに計算しており，その結果は式 (4.18) で表すことができた。

いまは，4つの接線応力の大きさはいずれも F/A で，図 4.9 の場合と同じであり，各側
面に加わる応力の向きも同じである。したがって，図 4.9 の場合と異なるのは，正方形の
1辺の長さが a [m] から D に変わったのみなので，応力による長さ D の変化を ΔD [m]
とおけば，4つの法線応力による長さひずみ $\Delta D/D$ は次式のように書ける。

$$\frac{\Delta D}{D} = \frac{1+\nu}{E} \cdot \frac{F}{A} \tag{4.19}$$

これは，図 4.10 の立方体に4つの接線応力 (a)，(b)，(c)，(d) を加えると，立方体の断面
の対角線に沿う向きに，式 (4.19) のような長さひずみ $\Delta D/D$ が生じることを示している。

● 接線応力による長さひずみと角度ひずみの関係

図 4.16(a) のように，1つの側面が地面に接するように置かれた，1辺の長さが a [m] の
正方形の断面をもつ，立方体型の弾性体を考える。図 4.16(a) は，弾性体を高さ方向から
見た正方形型の断面の様子を表している。この弾性体の上面に対して，大きさ F [N] の右
向きの力（接線応力）を加えた場合を考える。このとき，弾性体は静止状態を保つために，
下面と地面との間には左向きに大きさ F の摩擦力（接線応力）が働き，さらに弾性体が回
転しないために，右面には上向きに大きさ F の力（接線応力），左面には下向きに大きさ F
の力（接線応力）が同時に働く[14]。これは，図 4.10 の立方体に対して，4つの接線応力 (a)，
(b)，(c)，(d) が同時に働いている状況と同じである。したがって，式 (4.19) に基づいて，
立方体の断面の対角線 D [m] は，$D + \Delta D$ [m] となるように変形する。このとき，接線応
力により弾性体の上面が移動した距離を δ [m] とし，弾性体の高さが鉛直方向から傾いた
角度を γ とおく。この γ が，いまの弾性体に加えた接線応力による角度ひずみである。

ここで，接線応力により変形した弾性体の断面の左上の部分を拡大したものが，図
4.16(b) である。この図から，δ と ΔD はそれぞれ，直角二等辺三角形の斜辺と底辺であ

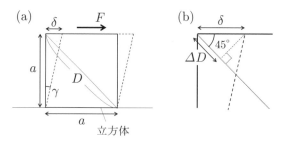

図 4.16 地面に置かれた立方体の接線応力による変形

---

14) 図 4.16(a) で，地面に置かれた弾性体の上面に大きさ F の右向きの力を加えるとき，実際に
は弾性体が回転しないように，弾性体を上から押さえる必要がある。このとき，左面に大きさ F の
下向きの力が加わり，その作用・反作用の関係にある力として，右面に大きさ F の上向きの力（垂直
抗力）が加わったと考えればよい。

ることがわかるので，

$$\Delta D = \delta \cos 45^\circ = \frac{\delta}{\sqrt{2}} \quad \rightarrow \quad \delta = \sqrt{2}\,\Delta D \tag{4.20}$$

という関係が成り立つ。また，正方形の対角線の長さ D と 1 辺の長さ a も，それぞれ直角二等辺三角形の斜辺と底辺であるので，

$$a = D \cos 45^\circ = \frac{D}{\sqrt{2}} \tag{4.21}$$

という関係が成り立つ。さらに，図 4.16(a) から，γ を鋭角とした底辺 a，高さ δ の直角三角形を見つけることができるので，

$$\tan \gamma = \frac{\delta}{a} \tag{4.22}$$

という関係が成り立ち，いまは γ が十分に小さい場合を考えると $\tan \gamma \fallingdotseq \gamma$ という近似が使えるので[15]，式 (4.22) は，

$$\gamma \fallingdotseq \frac{\delta}{a} \tag{4.23}$$

と書くことができる。

　最後に，式 (4.23) の δ と a にそれぞれ，式 (4.20) と式 (4.21) を代入すると，次の関係を得ることができる。

$$\gamma = \frac{\delta}{a} = \frac{\sqrt{2}\,\Delta D}{D/\sqrt{2}} = 2\frac{\Delta D}{D} \tag{4.24}$$

この式から，地面に置かれた弾性体の上面に接線応力を加えたとき，弾性体の変形による角度ひずみ γ が微小であれば，γ と長さひずみ $\Delta D/D$ の間には，

$$\gamma = 2\frac{\Delta D}{D} \tag{4.25}$$

という関係が成り立つことが導かれた。

●接線応力と角度ひずみの関係

　これまで導出した式を用いて，接線応力と角度ひずみの関係を導く。式 (4.19) を式 (4.25) の右辺に代入して変形すると，次の関係を得ることができる。

$$\gamma = 2 \cdot \frac{1+\nu}{E} \cdot \frac{F}{A} \quad \rightarrow \quad \frac{F}{A} = \frac{E}{2(1+\nu)} \cdot \gamma \tag{4.26}$$

ここで，$E\,[\mathrm{N/m^2}]$ はヤング率，ν はポアソン比なので，次のような定数 G を定義することができる。

$$G = \frac{E}{2(1+\nu)} \tag{4.27}$$

この G を用いると，式 (4.26) は次のように書くことができる。

---

15)　$\tan \gamma \fallingdotseq \gamma$ という近似は次のように求められる。$\tan \gamma$ は次のように級数展開（**テイラー展開**）することができる。

$$\tan \gamma \fallingdotseq \gamma + \frac{\gamma^3}{3} + \cdots$$

いまは，γ が十分に小さい場合を仮定しているので，γ^3 以降の項は無視できる。よって，$\tan \gamma \fallingdotseq \gamma$ という近似が成り立つ。

公式 4.5（剛性率の定義）————————————————————————

$$\frac{F}{A} = G\gamma$$

————————————————————————

　この式で，左辺の F/A [N/m^2] は，もともとは空中で静止させた立方体型の弾性体の，上面，下面，右面，左面に与えた 4 つの接線応力を分解して，これらを 4 つの法線応力に変換したうちの 1 つである。しかし，いまの場合は，地面に置いた弾性体の上面に加えた接線応力であると考えてよい。そして，右辺の γ はこの接線応力により生じた角度ひずみなので，公式 4.5 は接線応力と角度ひずみの間に比例関係が成り立つことを示している。この比例定数 G が，4.1.1 で述べた**剛性率**（または**ずり弾性率**）である。

　剛性率は弾性体に対して接線応力を加えたときの，弾性体の変形のしにくさを示す量である。また，剛性率 G も物理的に，必ず正の値をとる（$G > 0$）。したがって，式 (4.27) からポアソン比 ν は，$-1 < \nu$ の範囲でなければならない。また，4.1.2 で述べたように，体積弾性率 K が物理的に必ず正の値をとる（$K > 0$）条件から，ν は $\nu < 1/2$ の範囲でなければならない。結果としてポアソン比 ν は，

$$-1 < \nu < \frac{1}{2}$$

の範囲で値をもつことがわかる。

例 4.2　1 辺の長さが 30 cm のゼラチンの立方体の面に 0.98 N の力を加えたら，立方体の面が平行に 1.0 cm ずれた。このとき，以下の問いに答えよ。ただし，$\tan\gamma \fallingdotseq \gamma$ とする。

(1)　ずれの角 γ を求めよ。

(2)　ずれの応力 $\frac{F}{A}$ を求めよ。

(3)　このゼラチンの剛性率 G を求めよ。

　［解］　(1)　$\gamma \fallingdotseq \tan\gamma = \frac{\delta}{l}$ の関係で，この場合 $\delta = 1.0$ cm，$l = 30$ cm なので代入して，

$$\gamma = \frac{\delta}{l} = \frac{1.0}{30} \fallingdotseq 0.033$$

よって，ずれの角は $\gamma = \underline{3.3 \times 10^{-2}}$ である。

　(2)　$F = 0.98$ N，30 cm $= 3.0 \times 10^{-1}$ m なので，面積 $A = (3.0 \times 10^{-1}$ m$)^2$ で表される。したがって，応力 $\frac{F}{A}$ は，

$$\frac{F}{A} = \frac{0.98}{9.0 \times 10^{-2}} \fallingdotseq \underline{11 \ \text{N/m}^2}$$

　(3)　$\frac{F}{A} = G\gamma$ より，式を変形して $G = \frac{F}{A}\frac{1}{\gamma}$ となる。これに $\gamma = 3.3 \times 10^{-2}$，$\frac{F}{A} = 11$ N/m^2 を代入すると，剛性率 G は，

$$G = 11 \times \frac{1}{3.3 \times 10^{-2}} \fallingdotseq \underline{3.3 \times 10^2 \ \text{N/m}^2}$$

例 4.3　銅のヤング率は 12.98×10^{10} N/m^2 であり，ポアソン比は 0.343 である。このとき，銅の体積弾性率および剛性率を求めよ。

　［解］　ヤング率 E，ポアソン比 ν，体積弾性率 K の間には，$K = \frac{E}{3(1-2\nu)}$ の関係が成立しているので，この式に $E = 12.98 \times 10^{10}$ N/m^2，$\nu = 0.343$ を代入して，体積弾性率 K は次のように求まる。

$$K = \frac{12.98 \times 10^{10}}{3(1 - 2 \times 0.343)} \fallingdotseq \underline{13.8 \times 10^{10} \ \text{N/m}^2}$$

　また，ヤング率 E，ポアソン比 ν，剛性率 G の間には，$G = \frac{E}{2(1+\nu)}$ の関係が成立しているの

で，剛性率 G は次のように求まる。

$$G = \frac{12.98 \times 10^{10}}{2(1 + 0.343)} \fallingdotseq \underline{4.83 \times 10^{10} \text{ N/m}^2}$$

4.1.5　弾性体に蓄えられるエネルギー

　ここでは，弾性体が応力によってひずみをもつことにより蓄える，弾性力による位置エネルギーについて説明する。はじめに，力学で習う「仕事」と「位置エネルギー」の定義を思い出そう。ある物体に対して，物体の位置 $\vec{r}$ に依存した力 $\vec{f}(\vec{r})$ を加えて，物体が位置 A から位置 B に移動したとき，この力が物体にした仕事 W [J] は，

$$W = \int_A^B \vec{f}(\vec{r}) \, ds \tag{4.28}$$

と定義される[16]。ここで，$\int_A^B ds$ は A から B までの経路に沿った積分(線積分)であり，力 $\vec{f}$ が保存力であれば，仕事 W は A から B までの経路によらず常に同じ値となる。一方で，物体に対して位置 $\vec{r}$ に依存した保存力 $\vec{f}(\vec{r})$ が働いているとき，この保存力に逆らう力 $\vec{F}(\vec{r})(= -f(\vec{r}))$ で物体を，基準となる位置 O から任意の位置 P まで移動させたとき，物体は次式で定義されるエネルギー U [J] を蓄える。

$$U = \int_O^P \vec{F}(\vec{r}) \, ds \left(= -\int_O^P \vec{f}(\vec{r}) \, ds \right) \tag{4.29}$$

この U のことを，保存力 $\vec{f}$ による**位置エネルギー**，または**ポテンシャルエネルギー**とよぶ。以上を踏まえて，応力とひずみの関係に仕事の定義をあてはめて，弾性体が蓄える弾性力による位置エネルギーを求めよう。

● 法線応力の長さひずみによる位置エネルギー

　はじめに，法線応力による長さひずみを受けた弾性体がもつ，弾性力による位置エネルギーを計算する。4.1.2 で求めたように，法線応力 F/A [N/m²] と長さひずみ $\Delta l/l$ の間には，式 (4.2) より

$$\frac{F}{A} = E\frac{\Delta l}{l}$$

という関係が成り立つ。この式から，弾性体に加えた力 F は，次式のように表される。

$$F = AE\frac{\Delta l}{l} \tag{4.30}$$

この F は，弾性体が本来の形を保とうとする力 (弾性力) に逆らって加えた力である。また，弾性体の長さの変化を s [m] とおき，s が弾性力に逆らう力 F によって，0 から Δl まで変化したと考える。このとき，式 (4.29) と式 (4.30) を用いて，弾性力による位置エネルギー U は次のように計算できる。

$$U = \int_O^P F(s) \, ds = \int_0^{\Delta l} \left(AE\frac{s}{l} \right) ds = \frac{AE}{l} \int_0^{\Delta l} s \, ds$$
$$= \frac{AE}{l} \left[\frac{s^2}{2} \right]_0^{\Delta l} = \frac{AE}{l} \frac{\Delta l^2}{2} = \frac{1}{2} EAl \left(\frac{\Delta l}{l} \right)^2 \tag{4.31}$$

---

16)　式 (4.28) で，A から B までどのような経路で積分しても仕事 W が一定の値をもつとき，物体に働く力 $\vec{f}$ のことを**保存力**とよぶ。力学で代表的な保存力といえば，万有引力(重力)やフックの法則に従う弾性力があげられる。

ここで，Al [m³] は図 4.2 で考えた直方体型の棒の体積なので，この体積を $V = Al$ と定義しよう。結果として，体積 V [m³] の弾性体に法線応力を加えて，長さひずみ $\Delta l/l$ が生じるとき，この弾性体に蓄えられる位置エネルギー U は次式より求めることができる。

$$U = \frac{1}{2}EV\left(\frac{\Delta l}{l}\right)^2 \tag{4.32}$$

ところで，弾性体が蓄える位置エネルギーを定義するときは，このエネルギーを体積で割った，単位体積(1 m³)あたりに蓄えられるエネルギーを評価するのが一般的である。この量のことを，**エネルギー密度**とよぶ。したがって，法線応力による長さひずみが生じた弾性体が蓄えるエネルギー密度 U/V [J/m³] は，ヤング率 E [N/m²] を用いて次のように表される。

公式 4.6（法線応力の長さひずみによる弾性体のエネルギー密度）

$$\frac{U}{V} = \frac{1}{2}E\left(\frac{\Delta l}{l}\right)^2$$

● 法線応力の体積ひずみによる位置エネルギー

次に，法線応力による体積ひずみを受けた弾性体がもつ，弾性力による位置エネルギーを計算する。このエネルギーについては，エネルギー密度の式のみを以下に記す。

結果として，弾性体に法線応力を加えて体積ひずみが生じるとき，弾性体に蓄えられる位置エネルギーは次式のようになる。

$$U = \frac{1}{2}KV\left(\frac{\Delta V}{V}\right)^2 \tag{4.33}$$

また，この式の両辺を弾性体の体積 V で割ると，エネルギー密度 U/V [J/m³] は次式のように表される。

公式 4.7（法線応力の体積ひずみによる弾性体のエネルギー密度）

$$\frac{U}{V} = \frac{1}{2}K\left(\frac{\Delta V}{V}\right)^2$$

ここで，K [N/m²] は体積弾性率である。式 (4.33) の U は，弾性力に逆らう力を静水圧 p [N/m²] として，弾性体の体積を V [m³] から $V + \Delta V$ [m³] に変化させるために，p が弾性体に行う仕事を求めることで計算することができる(ウェブコンテンツを参照)。

● 接線応力の角度ひずみによる位置エネルギー

最後に，接線応力による角度ひずみを受けた弾性体がもつ，弾性力による位置エネルギーについて説明する。このエネルギーについても，エネルギー密度の式のみを以下に記述する。

公式 4.8（接線応力の角度ひずみによる弾性体のエネルギー密度）

$$\frac{U}{V} = \frac{1}{2}G\gamma^2$$

　ここで，G [N/m^2] は剛性率である。4.1.4 で，弾性体に働く接線応力は，法線応力に変換できることを説明した。この法線応力を弾性力に逆らう力であるとみなして，その力が角度ひずみを 0 から γ にするまでの間に弾性体に行う仕事を計算すれば，公式 4.6 と同様に，上記の公式 4.8 も導くことができる（ウェブコンテンツを参照）。

4.2　流　　体

　液体や気体のように，容器に入れない限りそれ自体では形を保てないような流動性のある物質のことを**流体**とよぶ。流体には大きく分けて，「静止流体」と「運動流体」とよばれる 2 種類のものが存在する[17]。以下では，静止流体と運動流体の特徴と，これらの説明に必要な用語の定義を行いながら，流体について学んでいく。静止流体については，この流体の特徴から導かれる「パスカルの原理」，「アルキメデスの原理」とよばれる 2 つの物理法則を学ぶ。一方，運動流体については，質量保存則やエネルギー保存則に対応する，定常流かつ完全流体のもとで成立する，「連続の方程式」と「ベルヌーイの定理」について説明する。最後に，粘性体（粘性をもつ流体）で成立する「ストークスの法則」について説明を行う。

4.2.1　静止流体

　静止流体は，図 4.17(a) のように，容器に入れられて静止した水をイメージしてもらえればよい。分子レベルの視点（微視的な視点）では流体中の分子が様々な向きに運動しているが，私たちが普段目で見るレベルの視点（巨視的な視点）では静止している。このような流体のことを，**静止流体**とよぶ。静止流体はその流体中に物体を沈めたとき，「流体中の物体に生じる応力は面に垂直な圧力（法線応力，または静水圧）のみであり，接線応力は 0 である」という特徴をもつ。つまり，図 4.17(b) のように，静止流体中の物体に加わる応力（静水圧）は，全方向から均一に面に対して垂直な力を及ぼす。静止流体のこの特徴は，「パスカルの原理」と「アルキメデスの原理」とよばれる物理法則に関連している。まずは，パスカルの原理から説明しよう。

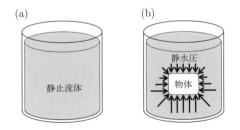

図 4.17　静止流体と流体中の物体に働く応力

---

17)　流体のもう 1 つの分類として，「縮まない流体」と「縮む流体」がある。**縮まない流体**とは，外部から加わる圧力が変化しても密度が変化しない流体（例えば液体）のことである。**縮む流体**とは，外部から加わる圧力の変化とともに，密度も変化する流体（例えば気体）のことである。これらの分類について，本書ではこれ以上詳しく言及せず，静止流体の特徴を説明する際に用いる程度にする。

●パスカルの原理

　ブレーズ・パスカル(Pascal, B., 1623–1662)によって見いだされた次の原理を，**パスカルの原理**とよぶ。

> **定理 4.1**（パスカルの原理）　容器に閉じ込められた液体(縮まない流体)に加えた圧力の変化は，その大きさを一定に保ちながら液体のあらゆる部分に伝達される。

　以下で，パスカルの原理がどのようにして成立するかを説明する。図 4.18 は，左右で異なる直径のパイプをもつ容器に入れられた液体を，横から見た様子を示している。左のパイプの断面積を A_1 [m²]，右のパイプの断面積を A_2 [m²] とおく。はじめ，左右のパイプの液面の高さは等しいが，左のパイプの液面に対して垂直に力 F_1 [N] を加えると，この液面が d_1 [m] だけ下降し，右のパイプの液面が d_2 [m] だけ上昇したとする。このとき，F_1 の力を加えたことによる液体の圧力の変化を Δp [N/m²] とおくと，次式が成り立つ。

$$\Delta p = \frac{F_1}{A_1}$$

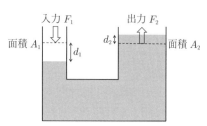

図 4.18　直径の異なるパイプを伝わる力

　このとき，右のパイプの液面が大きさ F_2 [N] の力を受けて上昇したとすると，右のパイプの液面が内側から受けた圧力の変化は F_2/A_2 [N/m²] となる。ここで，パスカルの原理によると，左のパイプの液面に加えられた圧力の変化 Δp は，そのままの大きさで右のパイプの液面に伝わるので，次式が成り立つ。

$$\Delta p = \frac{F_1}{A_1} = \frac{F_2}{A_2} \tag{4.34}$$

　この式から，左のパイプの断面積 A_1 が，右のパイプの断面積 A_2 よりも小さかったとすると($A_1 < A_2$)，左の液面に外側から加わる力 F_1（入力）と右の液面に内側から加わる力 F_2（出力）の大小関係は $F_1 < F_2$ となる。したがって，図 4.18 のような液体を入れた容器では，小さな入力で大きな出力が得られることがわかる。

　また，パスカルの原理は液体(縮まない流体)に対して成り立つので，左のパイプで下降した液体の体積変化($A_1 d_1$ [m³])と，右のパイプで上昇した液体の体積変化($A_2 d_2$ [m³])はたがいに等しくなる。よって，これらの体積変化を ΔV [m³] とおくと，

$$\Delta V = A_1 d_1 = A_2 d_2 \tag{4.35}$$

という関係が成り立つ。ここで，式 (4.35) を変形すると，d_2 は

$$d_2 = d_1 \frac{A_1}{A_2} \tag{4.36}$$

と表すことができる。この式から，左のパイプの断面積 A_1 が右のパイプの断面積 A_2 よりも小さかったとすると($A_1 < A_2$)，右のパイプの液面変化 d_2 は，左のパイプの液面変化 d_1 よりも小さくなる($d_1 > d_2$)。

　さらに，左のパイプと右のパイプで液体が圧力から受けた仕事 W [J] を考えると，右のパイプで圧力が液面を上昇させるのにした仕事は $W = F_2 d_2$ と表される。この式の右辺の F_2 に，式 (4.34) から得られる

$$\frac{F_1}{A_1} = \frac{F_2}{A_2} \quad \rightarrow \quad F_2 = F_1 \frac{A_2}{A_1}$$

を代入し，d_2 には式 (4.36) を代入すれば，仕事 W について

$$W = F_2 d_2 = F_1 \frac{A_2}{A_1} \cdot d_1 \frac{A_1}{A_2} = F_1 d_1 \qquad (4.37)$$

という関係が成り立つ。これは，左のパイプの液面になされた仕事($F_1 d_1$)と，右のパイプの液面になされた仕事($F_2 d_2$)が等しいことを示している。

つまり，図 4.18 のような液体を使った装置を用いることで，パスカルの原理により，一定の仕事のもとで(外部からエネルギーをもらうことなく)小さな入力から大きな出力を得ることが可能となる。この原理が利用されている例としては，自動車のブレーキがある。改めて考えると，人間の足の力だけで大きくて重い自動車の運動を止めることは不可能に思うだろう。実は，足で踏むブレーキペダルと，車輪の動きを止めるブレーキドラムの間には，液体の詰まったホースがつなげられている。このとき，ブレーキペダルを足で踏む動きに対して，車輪を押さえるブレーキドラムの動きは短い。このことから，パスカルの原理を利用して，人間の足による小さな入力から，自動車を止められるほどの大きな出力を生み出しているのである。また，坂道などでブレーキを使い過ぎると，ホースに詰められた液体の一部が加熱されて気化し，ホースの中の液体に気泡が混じる。すると，ホースの中の液体に対してパスカルの原理が成立しなくなるので，小さな入力から大きな出力が得られなくなり，結果としてブレーキが効かなくなる現象(フェード現象とよぶ)が起こるのである。

● アルキメデスの原理

紀元前 300 年から 200 年までの間に，アルキメデス(Archimedes)によって発見された次の原理を，**アルキメデスの原理**とよぶ。

> **定理 4.2 (アルキメデスの原理)**　流体に沈められた物体に働く浮力の大きさは，その物体と同じ体積の流体の重さに等しくなる。また，その浮力の作用点は，物体を流体で置き換えたときの流体の重心と一致する。

まずは，アルキメデスの原理を理解するために，**浮力**について説明する。浮力とは，流体中に存在する物体に働く力のことである。図 4.19(a) のように，大きな容器に入れられた密度 ρ [kg/m^3] の液体の中に，断面積が S [m^2]，高さが l [m] の円筒型の物体が，液面から上面までの距離が h [m] となる位置に沈められている場合を考える。物体は容器の底から離れた位置にあるものとする。重力加速度の大きさを g [m/s^2] として，物体のそれぞれの面に加わる力を考えよう。

はじめに，円筒の上面が液体から受ける下向きの力の大きさを F_1 [N] とおく。いま，円筒の上面には，体積 Sh [m^3] の液体が乗った状態であるので，F_1 とはこの体積の液体が

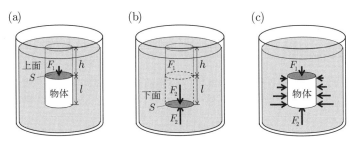

図 4.19　流体中の物体に働く力

物体にもたらす重力の大きさである。液体の密度は ρ なので，体積 Sh の液体の質量は ρSh [kg] であり，円筒の上面が液体から受ける重力の大きさ F_1 は次式のように書ける。

$$F_1 = \rho Sh \times g = \rho Shg \tag{4.38}$$

次に，円筒の下面が液体から受ける上向きの力の大きさを F_2 [N] とおく。F_2 について考える際は，図 4.19(b) のように，円筒の下面のみを薄い円板だと考えて，この円板が深さ $h + l$ [m] の位置にあると考えた方がわかりやすい。パスカルの原理により，液体内に働く力(圧力)は，液体中のあらゆる方向からあらゆる位置に伝わるので，深さ $h + l$ [m] の位置にある円板に対しては，上からと下からで同じ大きさ F_2 の力が働く。ここで，円板に働く大きさ F_2 の力とは，円板の上に乗っている体積 $S(h + l)$ [m³] の液体の重力である。したがって，式 (4.38) のときと同様に，F_2 は次式のように求められる。

$$F_2 = \rho S(h + l) \times g = \rho S(h + l)g \tag{4.39}$$

結果として円筒の下面に対して上向きに働く力の大きさ F_2 とは，式 (4.39) で得られた力となる。また，円筒の側面に働く力について，これらの力は図 4.19(c) のように，たがいに逆向きで同じ大きさのペアが常に存在するため，その合力は 0 となる。よって，物体の側面に加わる力の影響は考えなくてよい。

以上の議論から，液体に沈められた物体に対しては，上面に対して下向きに働く大きさ F_1 の力と，下面に対して上向きに働く大きさ F_2 の力のみが働いていると考えてよい。いま，鉛直上向きを力の正の向きにとると，物体が液体から受ける浮力 f [N] は，F_2 と F_1 の差から求められるので，式 (4.38) と式 (4.39) より

$$f = F_2 - F_1 = \rho S(h + l)g - \rho Shg = \rho Slg$$

と計算できる。ここで，円筒の体積は $V = Sl$ [m³] と書けるので，浮力の大きさ f は次式のように表される。

公式 4.9（浮力の公式） ─────────────────────────────

$$f = \rho V g$$

───

このようにして得られた浮力の公式は，円筒以外の任意の形の物体に対して成立する。また，この式で ρV は「物体の体積分の液体の質量」であり，これに重力加速度 g をかけたのが $\rho V g$ なので，浮力とは物体を液体に沈めたときに，「物体が押しのけた体積分の液体の重さ」に相当する。浮力がこのような大きさになることを示したのが，アルキメデスの原理である。

例 4.4　1.00 atm，273 K での空気とヘリウムの密度はそれぞれ，1.29 kg/m³ と 0.178 kg/m³ である。容積 1.00 m³ の気球にヘリウムを詰めると，気球が持ち上げられる荷物の質量を求めよ。ただし，気温は 273 K，気球の質量は 200 g とする。

[解]　気球が持ち上げられる限界の状態は，気球，荷物，ヘリウムのすべての質量の和 M，重力加速度を g とすると，(浮力：f)＝(重力：Mg)のときである。$f < Mg$ なら気球は持ち上がらない。

気球に働く浮力 f は，$f = \rho V g$ の関係に，$\rho = 1.29$ kg/m³ (空気の密度)，$V = 1.00$ m³ (ヘリウムの占める体積)を代入して，

$$\text{浮力:}\quad F = 1.29 \times 1.00 \times g = 1.29g \ [\text{N}]$$

また，気球が持ち上げる荷物の質量を m [kg] とすると，気球の質量が $200 \ \text{g} = 0.200 \ \text{kg}$，気球内に封入したヘリウムの質量が $0.178 \ \text{kg/m}^3 \times 1.00 \ \text{m}^3$ であるので，荷物を持ち上げる気球に働く重力の大きさ Mg は，次式のように書ける。

$$\text{重力:}\quad Mg = (0.200 + 0.178 \times 1.00 + m) \times g \ [\text{N}]$$

よって，荷物の質量 m は次のように求まる。

$$1.29\,g = (0.200 + 0.178 + m)g \rightarrow \quad m = 1.29 - 0.200 - 0.178 = \underline{0.912 \ \text{kg}}$$

4.2.2　運動流体

運動流体は図 4.20 のように，川が流れている様子をイメージするとよい。分子レベルの視点（微視的な視点）では流体中の分子が様々な向きに運動しているが，私たちが普段目で見るレベルの視点（巨視的な視点）でも，時間とともに流体が入れ替わっていく様子を確認できるとき，このような流体のことを**運動流体**とよぶ。運動流体をどのように捉えるかは，大きく 2 つの視点がある。1 つは，運動している流体と一緒に動いて流体を観察する視点と，もう 1 つは運動している流体（川）を，静止した状態で外部（河原）から観測する視点である。本書では，後者の定点観測する視点（図 4.21 のような視点）から説明を行う。

運動流体を定点観測した場合，ある地点で運動している流体の速度 $\vec{v}$ は，$\vec{v}(x,y,z,t)$ と表すことができる。つまり，$\vec{v}$ は運動流体の中の位置 (x,y,z) と，時間 t を変数とした関数である。ここで，4 つの変数 x，y，z，t はそれぞれ，独立した変数であることに注意する。すなわち，質点の力学では位置 x，y，z をそれぞれ時間 t の関数として議論していたが，運動流体の速度 $\vec{v}(x,y,z,t)$ では，変数 x,y,z が時間 t の関数ではないということである。このとき，$\vec{v}(x,y,z,t)$ のように表される流体の流れの速度ベクトル（ベクトル場）のことを，**流速の場**とよぶ[18]。図 4.21 の場合，川が流れているところにはすべて 0 ではない流速の場が存在し，河原での流速の場は 0 である。以降，$\vec{v}(x,y,z,t)$ のように定義される流体の速度ベクトル（流速の場）のことを，単に**流速**とよぶ。また，接線が $\vec{v}(x,y,z,t)$ の方向に一致する曲線のことを，**流線**とよぶ。運動流体を図で表すときは，流線で流体が流れている様子を表す。「流速の場」，「流速」，「流線」という言葉は以降の説明で用いるので，

図 4.20　川の流れ（運動流体）

図 4.21　川の流れの外からの観測

---

18)　ある空間で，ベクトル $\vec{A}$ が位置 $\vec{r}$ の関数として，位置に依存した向きと大きさをもつとき，$\vec{A}(\vec{r})$ と表記されるベクトルのことを**ベクトル場**とよぶ。いまは，流体中の位置 (x,y,z) と時間 t に依存した速度ベクトルとして $\vec{v}(x,y,z,t)$ が定義されているので，$\vec{v}(x,y,z,t)$ のことを流体の速度のベクトル場，すなわち「流速の場」とよぶ。

少しずつ慣れてもらいたい。

$\vec{v}(x,y,z,t)$ で表される流速は場所と時間を含むので，あらゆる運動流体を示すことができるという意味で一般的である。しかし，その反面で一般的過ぎるので，抽象的でイメージしにくいという難点がある。そこで，ここでは運動流体の主要な点のみを理解してもらうことを目標とするため，以降は考えやすくするために，運動流体に対して次の2つの制限を設ける。

1. 定常流を考える

流速が $\vec{v}(x,y,z,t)$ ではなく，$\vec{v}(x,y,z)$ と表される流れのことを**定常流**とよぶ。これは，時間 t に依存しない運動流体であることを意味する。すなわち，流体中のそれぞれの場所で流速は異なっていてもよいが，時間に関係なく一定の速さで流れている流体を扱う。

2. 完全流体を考える

4.2.5 で述べるように，流体の流れにくさを表す量を**粘性**とよぶが[19]，粘性のない流体のことを**完全流体**とよぶ。粘性は，流体が流れる方向（流線）に逆らう向きに生じる，接線応力が原因で起こる。つまり，粘性のない完全流体には接線応力が働いておらず，法線応力（圧力）のみが働いている。また，完全流体は「縮まない流体（いわゆる液体）」で「渦がない」という特徴をもつ[20]。

4.2.3 完全流体の定常流の性質

4.2.2 で述べたように，本書では運動流体として，完全流体の定常流を扱う。ここでは運動流体のモデルとして，図 4.22 で示すように，完全流体が1束の流線からなる管をなして流れる場合を考える。この流線からなる管のことを**流管**とよぶ。完全流体は左の入口 A から右の出口 B に向かって流れており，A の断面積を S_A [m^2]，B の断面積を S_B [m^2] とおく。また，A の位置を流れる流体の密度を ρ_A [kg/m^3]，A の位置での流速を v_A [m/s] とし，B の位置を流れる流体の密度を ρ_B [kg/m^3]，B の位置での流速を v_B [m/s] とする。

このとき，流速に変化がないくらいの微小な時間 δt [s] の間に，A と B の断面を通過する流体の質量を考えよう。流管の任意の位置での断面積を S [m^2]，流速を v [m/s] とおくと，$Sv\delta t$ [m^3] が時間 δt の間に S の断面を通過する流体の体積となる。この体積に密度 ρ [kg/m^3] をかけた $\rho S v \delta t$ [kg] が，S の断面を時間 δt の間に通過する流体の質量になるの

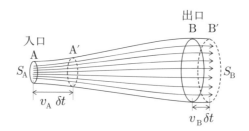

図 4.22 流管

---

19) 粘性に似た例としては，粗い水平な床面上で物体を水平方向に押したとき，床と物体の間に生じる摩擦力をイメージするとよい。

20) 「渦がない」とは，任意の点のまわりの流体の角運動量が 0 ということである。つまり，流体が角運動量をもたないことに対応する。

で，A と B の断面を時間 δt の間に通過する流体の質量 m_A [kg] と m_B [kg] はそれぞれ，次のように求められる。

$$m_A = \rho_A S_A v_A \delta t \tag{4.40}$$

$$m_B = \rho_B S_B v_B \delta t \tag{4.41}$$

ところで，いまは定常流を考えているので，流管のどこかの位置の断面積が時間とともに変化することはない。これは，時間 δt の間に A から流入する流体の質量 m_A と，B から流出する流体の質量 m_B が一致することを示すので，次式が成り立つ。

$$m_A = m_B \quad \rightarrow \quad \rho_A S_A v_A = \rho_B S_B v_B \tag{4.42}$$

また，定常流であれば式 (4.42) の関係は，流管内の任意の位置にある面積 S の断面に対して成り立つので，

$$\rho S v = 一定 \tag{4.43}$$

が成り立つ。

式 (4.42) および式 (4.43) のことを，**連続の方程式**，または**連続の式**とよぶ。連続の方程式は，完全流体の定常流で質量の保存則が成り立つことを示しており，運動流体を考えるうえでの基本式となる。また，式 (4.43) で流体の密度 ρ が位置によらず一定であれば，

$$S v = 一定$$

が成り立つ。これは，完全流体の定常流において流体の密度が一様であれば，「流管に沿うすべての位置において，断面積と流速の積は常に一定である」ことを示している。

4.2.4　ベルヌーイの定理

ダニエル・ベルヌーイ（Bernoulli, D., 1700–1782）によって，完全流体の定常流に対して成り立つ以下の定理が導き出された。この定理を，**ベルヌーイの定理**とよぶ。

> **定理 4.3（ベルヌーイの定理）** 完全流体の定常流からなる流管を考えたとき，流体がもつエネルギーは流管内の任意の位置で保存される。

すなわち，ベルヌーイの定理とは運動流体におけるエネルギー保存則を表している。この定理の導出には高度な数学を要するため，他の専門書に譲るとして，本書では四則演算の範囲でベルヌーイの定理の内容を説明する。

図 4.23 で示すような，完全流体からなる流管がある。図 4.22 の場合と同じように，完全流体がこの流管の左の入口 A から流入し，右の出口 B から流出している場合を考えよう。ここでは問題を簡単にするために，流体の密度はどの位置でも ρ [kg/m^3] で一定であるものとする。重力加速度の大きさを g [m/s^2] として，鉛直上向きに z 軸の正の向きをとる。入口 A の高さを z_A [m]，断面積を S_A [m^2]，A の位置での流速を v_A [m/s] とし，A の位置の流体には圧力 p_A [N/m^2] が加わっているものとする。また，出口 B の高さを z_B [m]，断面積を S_B [m^2]，B の位置での流速を v_B [m/s] とし，B の位置の流体には圧力 p_B [N/m^2] が加わっているものとする。このとき，流速を一定とみなせるような微小な時間 δt [s] の間に，A から流入する流体と B から流出する流体のエネルギーを考える。

ここで，流体が蓄えるエネルギーとして考えられるのは，「運動エネルギー」と「重力

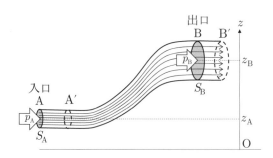

図 4.23　ベルヌーイの定理を説明するための流管

による位置エネルギー」である。しかし，流体が外部から圧力のような力を受けているのであれば，この力が流体に仕事をする（流体を移動させる）ことで，流体は「外部の力による仕事」をエネルギーとして蓄えることも考えられる。したがって，流体が蓄えるエネルギーとしては，「運動エネルギー」，「重力による位置エネルギー」，「外部の力（圧力）による仕事」の3つが考えられる。

　はじめに，入口 A の位置にある流体に対して，これらの3つのエネルギーを順に計算しよう。いま，時間 δt の間に A の断面を通過する流体の質量を m_A [kg] とおくと，式 (4.40) より $m_A = \rho S_A v_A \delta t$ と書くことができる。よって，A を通過する流体がもつ運動エネルギー K_A [J] は，

$$K_A = \frac{1}{2} m_A v_A^2 = \frac{1}{2} \rho S_A v_A \delta t v_A^2 \tag{4.44}$$

となる。また，z 軸の原点を基準にとると，A を通過する流体がもつ重力による位置エネルギー U_A [J] は，

$$U_A = m_A g z_A = \rho S_A v_A \delta t g z_A \tag{4.45}$$

となる。さらに，A の流体には圧力 p_A が加わっているので，A の位置で流体が外部から受ける力を F_A [N] とおくと，$F_A = p_A S_A$ と書くことができる。また，この力により A の流体は $x_A = v_A \delta t$ [m] だけ移動するので，A の流体が圧力による仕事を受けたことで蓄えるエネルギー W_A [J] は，次のように書ける。

$$W_A = F_A x_A = p_A S_A v_A \delta t \tag{4.46}$$

　次に，出口 B の位置にある流体がもつ，運動エネルギー K_B [J]，重力による位置エネルギー U_B [J]，外部の力（圧力）による仕事 W_B [J] について考える。これらのエネルギーはそれぞれ，入口 A の流体がもつエネルギー K_A，U_A，W_A と同様の計算により求まるので，式 (4.44)–(4.46) の添え字 A をすべて B に書き換えるだけでよい。したがって，以下のように書くことができる。

$$K_B = \frac{1}{2} \rho S_B v_B \delta t v_B^2 \tag{4.47}$$

$$U_B = \rho S_B v_B \delta t g z_B \tag{4.48}$$

$$W_B = p_B S_B v_B \delta t \tag{4.49}$$

　ここで，いまはベルヌーイの定理により，流管内の任意の位置におけるエネルギーは保存されるので，時間 δt の間に A から流入する流体のエネルギー $(K_A + U_A + W_A)$ と，B から流出する流体のエネルギー $(K_B + U_B + W_B)$ は等しくなる。よって，

$$K_\mathrm{A} + U_\mathrm{A} + W_\mathrm{A} = K_\mathrm{B} + U_\mathrm{B} + W_\mathrm{B}$$

が成り立つので，この方程式に式 (4.44)–(4.49) を代入すると，

$$\frac{1}{2}\rho S_\mathrm{A} v_\mathrm{A} \delta t v_\mathrm{A}^2 + \rho S_\mathrm{A} v_\mathrm{A} \delta t g z_\mathrm{A} + p_\mathrm{A} S_\mathrm{A} v_\mathrm{A} \delta t$$
$$= \frac{1}{2}\rho S_\mathrm{B} v_\mathrm{B} \delta t v_\mathrm{B}^2 + \rho S_\mathrm{B} v_\mathrm{B} \delta t g z_\mathrm{B} + p_\mathrm{B} S_\mathrm{B} v_\mathrm{B} \delta t \qquad (4.50)$$

となる。ここで，連続の方程式 (式 (4.43)) より $S_\mathrm{A} v_\mathrm{A} = S_\mathrm{B} v_\mathrm{B}$ が成り立つので，これを式 (4.50) の左辺に代入すると，

$$\frac{1}{2}\rho S_\mathrm{B} v_\mathrm{B} \delta t v_\mathrm{A}^2 + \rho S_\mathrm{B} v_\mathrm{B} \delta t g z_\mathrm{A} + p_\mathrm{A} S_\mathrm{B} v_\mathrm{B} \delta t$$
$$= \frac{1}{2}\rho S_\mathrm{B} v_\mathrm{B} \delta t v_\mathrm{B}^2 + \rho S_\mathrm{B} v_\mathrm{B} \delta t g z_\mathrm{B} + p_\mathrm{B} S_\mathrm{B} v_\mathrm{B} \delta t$$

となる。最後に，この式の両辺を $S_\mathrm{B} v_\mathrm{B} \delta t$ で割ると，

$$\frac{1}{2}\rho v_\mathrm{A}^2 + \rho g z_\mathrm{A} + p_\mathrm{A} = \frac{1}{2}\rho v_\mathrm{B}^2 + \rho g z_\mathrm{B} + p_\mathrm{B} \qquad (4.51)$$

という関係を得ることができる。式 (4.51) は，図 4.23 の流管内のどの位置においても成り立つので，流管の任意の位置における流速を v [m/s]，原点を基準としたこの位置の高さを z [m] とおくと，次式が導かれる。

公式 4.10（ベルヌーイの定理）

$$\frac{1}{2}\rho v^2 + \rho g z + p = 一定$$

この式が，縮まない流体（例えば液体）で，かつ完全流体の定常流に対して成り立つベルヌーイの定理を示した式である[21]。

例 4.5 図に示すように，水が入っている容器の底近くに蛇口がついており，そこから水が流出する。水の深さを h，密度を ρ，大気圧を p_0，重力加速度を g としてベルヌーイの式をつくり，水の流出速度の大きさを求めよ[22]。

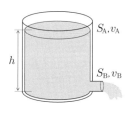

[解] ベルヌーイの定理より，

$$\frac{1}{2}\rho v_\mathrm{A}^2 + \rho g z_\mathrm{A} + p_\mathrm{A} = \frac{1}{2}\rho v_\mathrm{B}^2 + \rho g z_\mathrm{B} + p_\mathrm{B}$$

が成立する。ここで，水面を場所 A，小孔を場所 B として，流速をそれぞれ v_A，v_B，高さを z_A，z_B，それぞれの場所での気圧を p_A，p_B とする。また，連続の方程式より

$$S_\mathrm{A} v_\mathrm{A} = S_\mathrm{B} v_\mathrm{B}$$

---

21) 気体のように，圧力や温度により密度が大きく変化してしまう流体（縮む流体）の場合には，ベルヌーイの定理は体積変化に伴うエネルギー変化も考慮する必要があり，次のような式となる。

$$\frac{1}{2}v^2 + gz + \int \frac{1}{\rho}\,dp = 一定$$

22) 例 4.5 で導かれた関係を，**トリチェリーの定理**という。小孔からの流出速度は，水深 h の平方根に比例する。つまり，最初に水がたくさん入っているときは，勢いよく水が出て水かさも速く減っていくのだが，水深が浅くなるにつれて流出速度は遅くなることをトリチェリーの定理は示している。

が成立する。ここで，容器の水面と小孔の面積の関係を考えると $S_A \gg S_B$ なので，連続の方程式から $v_A \ll v_B$ となる。そこで，v_A^2 は微少量として無視すると，ベルヌーイの定理を表した式は，

$$\rho g z_A + p_A = \frac{1}{2}\rho v_B^2 + \rho g z_B + p_B$$

となる。ここで，$p_A = p_B = p_0$（大気圧）なので，

$$\rho g z_A + p_0 = \frac{1}{2}\rho v_B^2 + \rho g z_B + p_0 \rightarrow \quad \rho g z_A = \frac{1}{2}\rho v_B^2 + \rho g z_B$$

$$\rightarrow \quad g z_A = \frac{1}{2}v_B^2 + g z_B \rightarrow \quad v_B^2 = 2g(z_A - z_B)$$

また，$z_A - z_B = h$ より，水の流出速度の大きさ v_B は，

$$v_B^2 = 2gh \rightarrow \quad v_B = \underline{\sqrt{2gh}}$$

4.2.5　粘性と抵抗

これまでは運動流体の1つの例として，完全流体を扱ってきた。完全流体とは粘性をもたない運動流体のことであるが，これは計算を簡単化するために仮定した運動流体のモデルであり，現実の運動流体は一般に粘性をもつ。4.2.2で学んだように，粘性とは流体の流れにくさの度合いを表す量で，流体が流れる向きと逆向きに働く接線応力が原因で起こる。ここでは粘性の性質と，粘性による抵抗力を求める式である「ストークスの法則」について学ぼう。

はじめに，図 4.24 を用いて，粘性と接線応力との関係を説明する。図 4.24 のように，厚さ l [m] の液体からなる薄い一様な膜（板状の形をした液体と考えてよい）の上面に対して，大きさ F [N] の力を面と平行な向きに加えた場合を考える。膜の上面の面積は A [m^2] であるとする。このような接線応力を上面に加えると，上面に最も近い液体の層が，一定の流速 v [m/s] で流れ始めた。このときの，力を加えてから微小な時間 δt [s] の間に生じる，液体の角度ひずみについて計算する。

膜の上面と下面に平行な向きに x 軸，膜の厚さの向きに y 軸を定義しよう。いま，液体の膜の上面に加えられた接線応力の大きさは，F/A [N/m^2] と表される[23]。また，接線応力により，上面に最も近い液体の層が δx [m] だけ移動したとすると，接線応力により生じる微小な角度ひずみ γ は，$\gamma \fallingdotseq \tan\gamma = \delta x/l$ と近似することができる。ここで，δx とは上面に最も近い液体の層が，時間 δt の間に流速 v で移動した距離なので，$\delta x = v\,\delta t \rightarrow v = \delta x/\delta t$ という関係が成り立つ。よって，単位時間（1 s）あたりの角度ひずみ $\gamma/\delta t$ は，次式のように書くことができる。

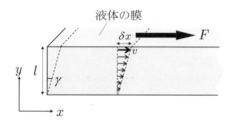

図 4.24　接線応力と粘性

---

23)　4.1.4 で学んだように，面積 A の面と平行に加えられた大きさ F [N] の力による接線応力は，大きさ F/A [N/m^2] の法線応力とみなすことができる。

$$\frac{\gamma}{\delta t} = \frac{\delta x/l}{\delta t} = \frac{\delta x/\delta t}{l} = \frac{v}{l} \tag{4.52}$$

これより，v/l は単位時間 (1 s) あたりの接線応力による，角度ひずみの変化の度合いを表す量となるので，これを**ずりの変化率**とよぶ。

一方で，値が 1 のずりの変化率 (**単位ずり変化率**とよぶ) に対する接線応力 η [N·s/m²] は，接線応力の大きさ F/A をずりの変化率 v/l で割ることで求まるので，次式で与えられる。

公式 4.11（粘性率の定義）───────────────

$$\eta = \frac{F/A}{v/l} = \frac{Fl}{Av}$$

───────────────────────────

このように定義される η のことを，**粘性率**，または**粘性係数**とよぶ。粘性率は流体がもつ粘性の度合いを表す量で，その単位は「N·s/m²」を用いる[24]。

ところで，公式 4.11 は，ずりの変化率が一定の場合にのみ成立する式である。粘性率の意味を考えるうえでこの式は比較的わかりやすいが，実はこの式の適用範囲はそれほど広くない。粘性率の適用範囲を広げて一般的な式にするためには，ずりの変化率である v/l を，ある時刻における瞬間的なずりの変化率 dv/dy に置き換える必要がある。したがって，公式 4.11 は

$$\eta = \frac{F/A}{dv/dy}$$

となり，これを式変形すると接線応力の大きさ F/A [N/m²] は，

$$\frac{F}{A} = \eta \frac{dv}{dy}$$

と表される。ここで，流速の微小な変化 dv [m/s] を $dv = dx/dt$ と書き換えて右辺に代入すると，

$$\frac{F}{A} = \eta \frac{dx/dt}{dy} = \eta \frac{dx}{dy} \cdot \frac{1}{dt} \tag{4.53}$$

となる。また，角度ひずみの微小な変化 $d\gamma$ は $d\gamma \fallingdotseq \tan(d\gamma) = dx/dy$ と近似できるので，これを式 (4.53) の右辺に代入すると，

$$\frac{F}{A} = \eta \frac{d\gamma}{dt} \tag{4.54}$$

となる。ここまで考えてきた粘性をもつ流体のことを**粘性体**（**粘性流体**）とよぶが，式 (4.54) は粘性体の性質を表す基本式であり，以降で粘性体を扱う場合にはたびたび用いられる。

運動流体に粘性が存在すると，運動流体中にある物体は粘性による抵抗力を受ける。いま，図 4.25 のように，粘性率が η の運動流体の中に，半径 a [m] の球体型の物体が沈められている場合を考えよう。流体に対する物体の相対速度の大きさを v [m/s]，物体が受ける粘性による抵抗力を f [N] で表すと，次式で表すことができる。

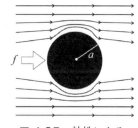

図 4.25　粘性による抵抗力

───────────────

24)　昔の文献では，粘性率の単位として「P（ポアズ）」がよく用いられている。P（ポアズ）は CGS 単位系で表される量で，1 P = 1 dyn·s/cm² となる。ここで，1 dyn（ダイン）は力の単位で，1 dyn = 1×10^{-5} N である。

公式 4.12（ストークスの法則） ━━━━━━━━━━━━━━━━━━━━━

$$f = 6\pi a \eta v$$

━━

　この粘性によって生じる抵抗力の式は，ジョージ・ストークス(Stokes, G., 1819–1903)によって見いだされた式であり，これを**ストークスの法則**とよぶ。公式 4.12 は球面に加わる応力を球面に対して積分することで求まるが，導出には高度な数学を必要とするため，その証明については流体力学の専門書に譲ることとする。

例 4.6　ストークスの法則について，以下の問いに答えよ。

(1)　半径 a の小球が重力の作用の下で流体中を落下するとき，流体の抵抗によって速さ v が一定となる。球および流体の密度をそれぞれ d, ρ とし，流体の抵抗はストークスの法則 $f = 6\pi a \eta v$（η は粘性率）が成り立つとき，その一定となる速さを求めよ。ただし，重力加速度を g とする。

(2)　血液沈降速度の測定を行うと，健康な状態の人では 1 時間に 15 mm の速さで赤血球が沈降するという。(1) の結果を用いて，赤血球を浮かべている血漿（けっしょう）の粘性率 η を求めよ。ただし，赤血球の密度を 1.088 g/cm^3，血漿の比重を 1.028 g/cm^3 とし，赤血球は直径が 75 μm$(= 75 \times 10^{-6}$ m$)$の球とする。

　[解]　(1)　粘性抵抗を f，浮力を F，小球の質量を m，重力加速度を g とすると，一定速度 v で落下しているので(加速度運動をしていないので)，粘性抵抗，浮力，重力はつり合っている。粘性抵抗，浮力は鉛直上向き，重力は鉛直下向きに働いているので

$$f + F = mg \quad \cdots ①$$

また，ストークスの法則より粘性抵抗は

$$f = 6\pi a \eta v \quad \cdots ②$$

浮力は

$$F = \frac{4}{3}\pi a^3 \rho g \quad \cdots ③$$

となる。ここで，$\frac{4}{3}\pi a^3$ は半径 a の小球の体積である。小球の質量 m は，小球の半径 a と小球の密度 d を用いて $m = \frac{4}{3}\pi a^3 d$ と表されるので，小球に働く重力は，

$$mg = \frac{4}{3}\pi a^3 d g \quad \cdots ④$$

　式②，③，④を式①に代入して，小球が一定となる速さ v は

$$6\pi a \eta v + \frac{4}{3}\pi a^3 \rho g = \frac{4}{3}\pi a^3 d g \rightarrow \quad 6\pi a \eta v = \frac{4}{3}\pi a^3 (d - \rho)g \rightarrow \quad v = \underline{\frac{2a^2}{9\eta}(d - \rho)g}$$

(2)　(1) の結果より，粘性率 η は

$$\eta = \frac{2a^2}{9v}(d - \rho)g \quad \cdots ⑤$$

また，赤血球の直径は 75 μm なので，

$$a = \frac{1}{2} \times 75 \times 10^{-6} = 37.5 \times 10^{-6} \text{ m}$$

さらに，$v = 15$ mm/h $= \frac{15 \times 10^{-3} \text{ m}}{3.6 \times 10^3 \text{ s}}$, $d = 1.088$ g/cm$^3 = 1.088 \times 10^3$ kg/m^3, $\rho = 1.028$ g/cm^3 $= 1.028 \times 10^3$ kg/m^3, $g = 9.8$ m/s^2 を式⑤に代入すると，

$$\eta = \frac{2 \times (37.5 \times 10^{-6})^2 \times 3.6 \times 10^3}{9 \times 15 \times 10^{-3}} \times (1.088 - 1.028) \times 10^3 \times 9.8$$
$$= \underline{4.4 \times 10^{-2} \text{ N} \cdot \text{s/m}^2 \ (= \text{Pa} \cdot \text{s})}$$

4.3 粘弾性体

　前節までは，弾性（力を受けるともとの寸法に戻ろうとする性質）をもつ弾性体と，粘性（流体が流れる方向とは逆向きの接線応力を受ける性質）をもつ粘性体について，それぞれの性質を学んできた。しかし，日常でよく使われるゴムやプラスチックなどの高分子物質は，弾性と粘性を同時にもつ物質として知られている。このような物体を，**粘弾性体**とよぶ。本節では，弾性体や粘性体よりもさらに現実的な，粘弾性体の性質について学んでいこう。

4.3.1 粘弾性体の基本式

　粘弾性体の性質は，粘性をもつからこそ生じる接線応力と，その応力により生じる角度ひずみ（ずりひずみ）の関係を知ることにより明らかとなる。粘弾性体は，弾性と粘性の両方の性質（**粘弾性**とよぶ）をもつので，はじめに最も簡単な場合として，粘弾性体が弾性と粘性を単純に足し合わせた性質をもつものとして考えよう。

　弾性体に加えられた角度ひずみを γ，このひずみにより生じる接線応力の大きさを σ [N/m^2] とおくと，公式 4.5 の左辺の F/A を σ で置き換えて，接線応力と角度ひずみの関係は次式で与えられる。

$$\sigma = G\gamma \tag{4.55}$$

この式は弾性体の性質を表しており，以降は**弾性体の基本式**とよぶ。ここで，物体に与えられたひずみのことを**刺激**，または**インプット**とよび，ひずみの結果として生じた応力のことを**応答**，または**アウトプット**とよぶことにする。一方で，式 (4.55) を変形して，角度ひずみ γ は次式で表すこともできる。

$$\gamma = J\sigma \tag{4.56}$$

ここで，J [m^2/N] は剛性率 G [N/m^2] の逆数であり，

$$J = \frac{1}{G} \tag{4.57}$$

と定義される。この J のことを，**ずりコンプライアンス**とよぶ。式 (4.56) は，刺激（インプット）が接線応力 σ，応答（アウトプット）が角度ひずみ γ の場合に用いられる関係式である。

　次に，粘性体について，式 (4.54) より接線応力と角度ひずみの関係は，粘性率 η [N·s/m^2] を用いて次式で表される。

$$\sigma = \eta \frac{d\gamma}{dt} \tag{4.58}$$

この式は粘性体の性質を表しており，以降は**粘性体の基本式**とよぶ。また，この基本式で表される粘性体のことを，**ニュートン流体**とよぶ。

　以降で扱う粘弾性体は，弾性の性質については式 (4.55) の弾性体の基本式で表すことが

でき，粘性の性質については式 (4.58) の粘性体の基本式で表せる場合を扱うことにする。式 (4.55) のように，弾性をもつ物質については応力 σ とひずみ γ が比例関係を示し，式 (4.58) のように，粘性をもつ物質については応力 σ とひずみの時間微分 $\frac{d\gamma}{dt}$ が比例関係を示す。このように，弾性と粘性でそれぞれ上記のような比例関係を満たす粘弾性体のことを，**線形粘弾性体**とよぶ。また，式 (4.55) と式 (4.58) の 2 つの基本式のことを，**粘弾性体の基本式**とよぶことにする。

4.3.2　刺激と応答の時間変化

4.3.1 では，粘弾性体に対して，応力 σ とひずみ γ の間で，式 (4.55) と式 (4.56) で表される 2 つの基本式（粘弾性体の基本式）が成り立つことを述べた。これらの基本式に基づき，粘弾性体に対してひずみを刺激として加えれば，応力が応答として返ってくるし，逆に応力を刺激として加えれば，ひずみが応答として返ってくる。粘弾性体における刺激と応答の関係を，典型的な場合に限って順に理解しよう。

●刺激がひずみで応答が応力の場合

粘弾性体に対して，時刻 0 s から γ_0 のひずみを「刺激」として与え始めて，その後ひずみの値を γ_0 に保ちつづけたときの「応答」である応力について考えよう。すなわち，ひずみ γ の時間 t [s] による変化は，図 4.26 のような階段状の関数で描ける[25]。

まずは典型的な例として，粘弾性体が弾性の性質を 100 % もち，粘性の性質をまったくもたない場合を考える。このような物質を，**完全弾性体**とよぶ。このとき，ひずみ γ_0 の刺激に対する応力 σ [N/m²] は，弾性体の基本式である式 (4.55) に完全に従うので，応力 σ の時間 t による変化は図 4.27 のような階段状の関数となる。すなわち，ひずみ γ_0 が刺激として与えられ始めた時刻 0 s の時点から，完全弾性体は $\sigma = G\gamma_0$ の応力をもつことがわかる。

もう 1 つの典型的な例として，粘弾性体が粘性の性質を 100 % もち，弾性の性質をまったくもたない場合を考えよう。このような物質を，**完全粘性体**とよぶ。このとき，ひずみ

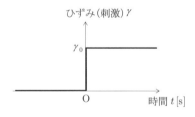

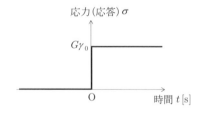

図 4.26　階段状の関数として与えられたひずみの時間変化

図 4.27　ひずみを与えられた完全弾性体の応力の時間変化

---

25)　$f(x)$ が $x = 0$ から突然増加して，その後一定の値をもつ階段状の関数のことを，**階段関数**とよぶ（図 (a)）。また，階段関数の微分 $df(x)/dx$ を縦軸にとると，$x = 0$ でのみ値をもつ関数となり，このような関数を**デルタ関数**とよぶ（図 (b)）。

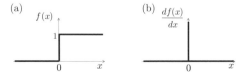

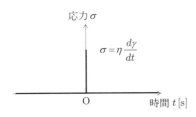

図 4.28 ひずみを与えられた完全
粘性体の応力の時間変化

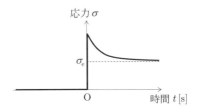

図 4.29 ひずみを与えられた粘弾
性固体の応力の時間変化

γ_0 の刺激に対する応力 σ は，粘性体の基本式である式 (4.58) に完全に従う。そのため，応力 σ の時間 t による変化は，図 4.28 のように，時刻 $t = 0\,\mathrm{s}$ の一瞬だけ応力をもつが，その前後の時間はすべて応力が 0 となる関数(デルタ関数)となる。

以上の 2 つの典型的な例を参考に，弾性と粘性を同時にもつ粘弾性体に対して，ひずみ(刺激)を与えたときの応力(応答)の時間変化を考えよう。この場合，粘弾性体の応力の時間変化は，完全弾性体と完全粘性体の応力の時間変化を単純に足し合わせたものとなる。

粘弾性体の中でも，弾性の方が粘性よりも顕著な性質をもつものを，**粘弾性固体**とよぶ。粘弾性固体の場合，図 4.27 のような階段状のひずみに対する応力は，図 4.29 のように時刻 0\,s で，0 から突然ある大きさまで増加する。しかし，この応力は時間 t とともに減少し，ある一定値 $\sigma_\mathrm{e}\,[\mathrm{N/m^2}]$ に近づいていく。この一定値に近づいたときの剛性率を $G_\mathrm{e}\,[\mathrm{N/m^2}]$ とおくと，式 (4.55) より

$$G_\mathrm{e} = \frac{\sigma_\mathrm{e}}{\gamma_0}$$

という関係が成り立つ。

一方で，粘弾性体の中でも粘性の方が弾性よりも顕著な性質をもつものを，**粘弾性液体**とよぶ。粘弾性液体の場合，図 4.27 のような階段状のひずみに対する応力は，図 4.30 のように時刻 0\,s で，0 から突然ある大きさ(σ_0 とおく)まで増加する。しかし，この応力は時間 t とともに減少し，最終的には 0 となる。このとき，時刻 0\,s での応力の最大値 σ_0 が，$1/e$ 倍(e はネイピア数[26])まで減少するのにかかる時間を $\tau\,[\mathrm{s}]$ とおくと，この τ のことを**緩和時間**とよぶ。緩和時間 τ は，粘弾性体の流体としての流れやすさを示すための，1 つの指標となる。すなわち，緩和時間が短いほど，粘弾性体は流体として流れやすいことを示している。

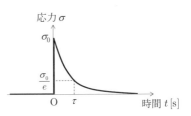

図 4.30 粘弾性液体の応力の
時間変化

このように，粘弾性体は弾性と粘性の配分にかかわらず，その物体に与えられたひずみによって生じる応力は，時刻 t の増加とともに減少する。この現象を，**応力緩和**とよぶ。応力緩和が起こるということは，応力は時間に依存して変化するということなので，応力 σ は $\sigma(t)$ のように，時間 t の関数として表すことができる。また，時刻 0\,s から刺激

---

26)　e は次のように定義される「ネイピア数」である。

$$e = \lim_{n \to \infty} \left(1 + \frac{1}{n} \right) = 2.718\cdots$$

e を用いて，$y = e^x$ が成り立つときに $x = \log_e y$ という関係も成り立つが，この $\log_e(= \ln)$ を自然対数とよぶ。

として与えられるひずみは γ_0 で一定なので，応力とひずみの関係から考えると，剛性率 $G\,(=\sigma(t)/\gamma_0)$ も時間に依存する。よって，剛性率 G も $G(t)$ のように，時間 t の関数として表される。このように，時間に依存する剛性率 $G(t)$ のことを，**緩和弾性率**とよぶ。

したがって，応力緩和が生じる粘弾性体に対して，応力とひずみの関係(式 (4.55))を時間依存性を考慮して書き直すと，

$$\sigma(t) = G(t)\gamma_0 \tag{4.59}$$

となり，緩和弾性率 $G(t)$ は

$$G(t) = \frac{\sigma(t)}{\gamma_0} \tag{4.60}$$

と表せる。ここで，緩和弾性率 $G(t)$ を，時間に依存する項と時間に依存しない項(定数項)の和として定義すると，$G(t)$ は

$$G(t) = \Phi(t) + G_\mathrm{e} \tag{4.61}$$

と表すことができる。このとき，時間に依存する項として定義した $\Phi(t)$ のことを，**応力緩和関数**とよぶ。また，時間に依存しない項として定義した G_e は，粘弾性体の弾性成分を表す。粘弾性固体の場合，その値は $G_\mathrm{e} = \sigma_\mathrm{e}/\gamma_0$ となり，粘弾性液体の場合，その値は $G_\mathrm{e} = 0$ となる。

● 刺激が応力で応答がひずみの場合

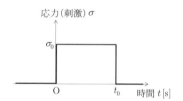

図 4.31 階段状の関数として
与えられた応力の時間
変化

次に，粘弾性体に対して，図 4.31 のように，刺激として時刻 $0\,\mathrm{s}$ から $\sigma_0\,[\mathrm{N/m^2}]$ の一定の応力を与えつづけて，時刻 $t = t_0\,[\mathrm{s}]$ で応力を $0\,\mathrm{N/m^2}$ に戻したときの，応答であるひずみについて考えよう。

典型的な例として，完全弾性体に図 4.31 の応力 $\sigma\,[\mathrm{N/m^2}]$ の刺激を与えたときの，応答としてのひずみ γ の時間 $t\,[\mathrm{s}]$ による変化は，図 4.32(a) のようになる。完全弾性体の場合，一定の応力 σ_0 が加えられている間は式 (4.55) より，ひずみは $\gamma_0 = \sigma_0/G$ の値で一定となるが，時間が t_0 に達した時点ですぐに 0 となる。

また，別の典型的な例として，完全粘性体に図 4.31 の応力 $\sigma\,[\mathrm{N/m^2}]$ を与えたときの，ひずみ γ の時間 $t\,[\mathrm{s}]$ による変化は，図 4.32(b) のようになる。完全粘性体の場合，応力 σ とひずみ γ は式 (4.58) に従うので，この方程式から $\gamma(t)$ の式を導く必要がある。いまは，時間 $0\,\mathrm{s}$ から $t_0\,[\mathrm{s}]$ の間は，応力 σ が一定の値 σ_0 で置き換えられるので，式 (4.58) の両辺を時間 t について積分すると，

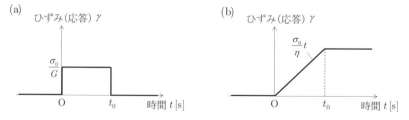

図 4.32 完全弾性体と完全粘性体に応力を与えられたときのひずみの時間変化

$$\int \sigma_0 \, dt = \int \eta \frac{d\gamma}{dt} \, dt \ \rightarrow \ \sigma_0 \int dt = \eta \int d\gamma$$
$$\rightarrow \ \sigma_0 t = \eta\gamma(t) + C \tag{4.62}$$

となる。ここで, 時間 $t = 0\,\mathrm{s}$ のときのひずみは, この時点ではまだ応力 σ_0 が加えられていないので, $\gamma(0) = 0$ となる。よって, 式 (4.62) から積分定数 C は, $\sigma_0 \cdot 0 = \eta \cdot 0 + C \ \rightarrow \ C = 0$ となり, 式 (4.62) は次式のようになる。

$$\sigma_0 t = \eta\gamma(t) \quad \rightarrow \quad \gamma(t) = \frac{\sigma_0}{\eta} t \tag{4.63}$$

この式から, 完全粘性体に応力 σ_0 が加えられている間は, 時間 t に比例してひずみ $\gamma(t)$ は大きくなり, このときの傾きは σ_0/η となる。しかし, 時間が t_0 に達して応力 σ が $0\,\mathrm{N/m^2}$ になった後は, 式 (4.58) より

$$\eta\frac{d\gamma}{dt} = \sigma = 0 \quad \rightarrow \quad \frac{d\gamma}{dt} = 0$$

を満たすので, この両辺を時間 t で積分すると, 積分定数 C' を用いて $\gamma = C'$ が得られる。ここで, C' の値は, 式 (4.63) に $t = t_0$ を代入した値と一致するので,

$$C' = \gamma(t_0) = \frac{\sigma_0}{\eta} t_0$$

となる。よって, 時間が t_0 に達した後のひずみ γ は,

$$\gamma = C' = \frac{\sigma_0}{\eta} t_0$$

で, 一定の値を保ちつづける。

　粘弾性体の中でも, 弾性の方が粘性よりも顕著な性質をもつ粘弾性固体に対して, 図 4.31 のような階段状の応力を加えた場合を考えよう。このときのひずみの時間変化は, 図 4.33(a) のように, 時刻 $0\,\mathrm{s}$ で応力が加わると, ひずみが 0 からある値 γ_i まで瞬時に増加する。これは, 完全弾性体 (図 4.32(a)) の特徴である。その後, ひずみは時間とともに増加しながら, γ_i よりも大きな一定値 γ_e に近づいていく。このように, ひずみが時間とともに徐々に増加していく現象のことを, **クリープ (現象)** とよぶ。また, 時刻 $t = t_0$ で応力が $0\,\mathrm{N/m^2}$ になると, ひずみは瞬時に減少した後で, 0 に向かってゆるやかに近づいていく。このように, ひずみが解消していく現象のことを, **クリープ回復** とよぶ。

　次に, 粘弾性体の中でも, 粘性の方が弾性よりも顕著な性質をもつ粘弾性液体に対して, 図 4.31 のような階段状の応力を加えた場合を考えよう。このときのひずみの時間変化は, 図 4.33(b) のように, 時刻 $0\,\mathrm{s}$ で応力が加わると, 粘弾性固体の場合と同様に, ひずみが γ_i だけ瞬時に増加し, その後は時間とともに徐々に増加する。これは, 粘弾性液体の

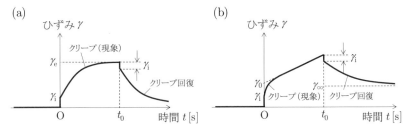

図 4.33 粘弾性固体と粘弾性液体に与えられた応力に対するひずみの時間変化

場合の「クリープ(現象)」である。ここで，粘弾性液体が粘弾性固体の場合(図 4.33(a))と異なるのは，時間が十分に経過すると，ひずみが時間に対して一定の傾きで直線的に増加する点である。しかし，時刻 $t = t_0$ で応力が $0\,\mathrm{N/m^2}$ になると，瞬時にひずみが減少した後で，ひずみが 0 でないある一定値 γ_∞ に向かって，徐々に減少しながら近づいていく。これは，粘弾性液体の場合の「クリープ回復」である。

このように，粘弾性体は弾性と粘性の配分にかかわらず，その物体に与えられた応力によって生じるひずみは，クリープ現象とクリープ回復を引き起こす。このようなひずみの時間変化を観測する場合には，ずりコンプライアンス($J(t) = 1/G(t)$)を評価するとよい。ここで，ずりコンプライアンスの時間変化のことは，ずりの**クリープコンプライアンス**ともよばれる。いまの場合，$J(t)\,[\mathrm{m^2/N}]$ は次のように書くことができる。

$$J(t) = \frac{\gamma(t)}{\sigma_0} = J_\mathrm{g} + \varphi(t) + At \tag{4.64}$$

ここで，1 項目の $J_\mathrm{g}\,[\mathrm{m^2/N}]$ は

$$J_\mathrm{g} = \frac{\gamma_\mathrm{i}}{\sigma_0}$$

であり，これを**瞬間コンプライアンス**，または**ガラスコンプライアンス**とよぶ。瞬間コンプライアンスは物質の種類によって決まる，時間に依存しない量である。2 項目の $\varphi(t)$ は**クリープ関数**とよび，時間に依存する関数である[27]。3 項目の At は，粘弾性体における粘性の性質を担う項であり，A を定数として時間に比例する。ここで，時刻 $0\,\mathrm{s}$ で応力を加え始めてから十分な時間が経過して，応力とひずみの変化が時間によらない「定常状態」に達した場合を考えよう[28]。粘弾性固体の場合は，ひずみが γ_e で一定になるので，このときのずりコンプライアンスを $J_\mathrm{e}\,[\mathrm{m^2/N}]$ とおくと，

$$J_\mathrm{e} = \frac{\gamma_\mathrm{e}}{\sigma_0}$$

と表せる。このずりコンプライアンス J_e のことを，**平衡コンプライアンス**とよぶ。粘弾性液体の場合は，粘弾性固体の「定常状態」が実現する条件で，次式で定義される $J_\mathrm{e}^0\,[\mathrm{m^2/N}]$ が時間によらない定数となる。

$$J_\mathrm{e}^0 = J(t) - At$$

この J_e^0 のことを，**定常状態コンプライアンス**とよぶ。

また，時刻 t_0 で応力が 0 になった後，ひずみがクリープ回復する際に時間の経過とともに変化するクリープコンプライアンスを $J_\mathrm{R}(t)\,[\mathrm{N/m^2}]$ とおくと，

$$J_\mathrm{R}(t) = J(t_0) - J_\mathrm{g} - \varphi(t - t_0) \tag{4.65}$$

と表すことができる。このように，時刻が t_0 以降のクリープコンプライアンスは，時刻 t_0 でのクリープコンプライアンス $J(t_0)$ から，瞬間コンプライアンス J_g とクリープ関数 $\varphi(t - t_0)$ を引く式で表すことができる。この $J_\mathrm{R}(t)$ のことを，**回復コンプライアンス**とよぶ。

以上のように，粘弾性体に対して一定のひずみ，または応力を刺激として 1 回だけ与え

---

27) クリープ関数 $\varphi(t)$ には $1 - e^{-t/\lambda}$ に比例する成分が含まれており，t が十分大きい場合 $(t \to \infty)$に，$\varphi(\infty)$ は定数となる。

28) ここでの「定常状態」とは，応力を 0 にする時刻 t_0 が $t_0 \to \infty$ の極限にあるものとして，$t < t_0$ を満たしつつ十分な時間が立った場合(t が十分に大きい場合)に生じる状態のことである。

たときに，その後の応答の時間変化(応力緩和，またはひずみのクリープ現象)を測定する方法のことを，**静的粘弾性測定**とよぶ。一方で，刺激を周期的に加えて，その後の応答の時間変化を測定する方法のことを，**動的粘弾性測定**とよぶ。動的粘弾性測定については，4.3.6 で詳しく述べる。

ところで，ここまで粘弾性体に対してひずみが刺激，応力が応答になる場合と，応力が刺激，ひずみが応答になる場合をそれぞれ説明してきたが，これらはいずれも接線応力と角度ひずみの関係である。このとき，式 (4.59) のように，接線応力 σ と角度ひずみ γ の関係を特徴づける係数として，緩和弾性率 $G(t)$ が定義された。同様に，粘弾性体に対する 1 軸方向の法線応力と，長さひずみの関係も導くことができ，この関係を特徴づける係数 $E(t)$ [N/m^2] は，**1 軸伸長弾性率**，あるいは**緩和ヤング率**とよぶ。また，粘弾性体に対して，あらゆる方向から均等に加わる法線応力と，体積ひずみの関係も導くことができ，この関係を特徴づける係数 κ [N/m^2] は，**体積緩和弾性率**とよぶ。

さらに，緩和弾性率の逆数 $J(t) = 1/G(t)$ のことを，クリープコンプライアンスとよばれる係数として定義していたが，1 軸伸長弾性率の逆数 $D(t) = 1/E(t)$ [m^2/N] のことを**1 軸伸長クリープコンプライアンス**，体積緩和弾性率の逆数 $B(t) = 1/\kappa(t)$ [m^2/N] のことを**体積クリープコンプライアンス**とよぶ。

4.3.3 力 学 模 型

4.3.2 で説明した粘弾性体の性質は，しばしば**力学模型**とよばれるモデルで説明される。ここでは，力学模型の基本となる考え方と，その基礎となる部分について説明する。

はじめに，力学模型において，弾性体は図 4.34 に示すような「ばね」で表される。ここで，弾性体に加えた応力を σ_e [N/m^2]，ひずみを γ_e としたときに，$\sigma_e = G_0\gamma_e$ を満たすものと考える。このとき，G_0 [N/m^2] は，応力とひずみの種類により，ヤング率，体積弾性率，剛性率などの比例定数となる。ここでは，この比例定数 G_0 のことを，「弾性率」とよぶことにする。

また，力学模型において，粘性体は図 4.35 に示すような「ダッシュポット」で表される。ダッシュポットとは，液体を入れた容器にピストンを差し込んだ装置である[29]。ここで，粘性体に加えた応力を σ_v，ひずみを γ_v としたときに，$\sigma_v = \eta \, d\gamma_v/dt$ を満たす η [N·s/m^2] は「粘性率」である。

力学模型において，粘弾性体は図 4.34 の「ばね」と，図 4.35 の「ダッシュポット」の組み合わせで表される。モデルによって様々な組み合わせ方があるが，ここでは最も単純な 2 種類の組み合わせ方について説明する。

G γ_e
(弾性率) (ひずみ)

弾性体(ばね)

η γ_v
(粘性率) (ひずみ)

粘性体(ダッシュポット)

図 4.34 弾性体をばねで　　　**図 4.35** 粘性体をダッシュポット
　　　　　　表した力学模型　　　　　　　　　で表した力学模型

---

29)　ダッシュポットで，ピストンを液体中でゆっくり動かすためには小さな力を加えればよく，逆にすばやく動かすためには大きな力を要する。この原理を利用して，自動車のドアが音を立てずにゆっくりとしまるように，ドアの先端にダッシュポットが使用されている。

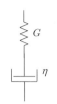

図 4.36　マクスウェル模型　　　　　　図 4.37　フォークト模型

● **マクスウェル模型**

図 4.36 のように，「ばね」と「ダッシュポット」を直列につないだ力学模型である。粘弾性体を表すこのような力学模型を，**マクスウェル(Maxwell)模型**とよぶ。この力学模型の特徴は，「ばね」と「ダッシュポット」に対して，それぞれ一定の応力 σ [N/m^2] が働くことである。つまり，マクスウェル模型に対しては次式が成り立つ。

$$\sigma = \sigma_{\mathrm{e}} = \sigma_{\mathrm{v}} \tag{4.66}$$

いまはこの σ が，マクスウェル模型で表した粘弾性体に加わる応力となる。また，マクスウェル模型で表した粘弾性体に生じるひずみを γ とおくと，このひずみは，「ばね」と「ダッシュポット」のそれぞれのひずみを単純に足し合わせたものになる。よって，次式が成り立つ。

$$\gamma = \gamma_{\mathrm{e}} + \gamma_{\mathrm{v}} \tag{4.67}$$

● **フォークト模型**

図 4.37 のように，「ばね」と「ダッシュポット」を並列につないだ力学模型である。粘弾性体を表すこのような力学模型を，**フォークト(Voigt)模型**とよぶ。この力学模型の特徴は，「ばね」と「ダッシュポット」に生じるひずみ γ が，たがいに等しいことである。つまり，フォークト模型に対しては次式が成り立つ。

$$\gamma = \gamma_{\mathrm{e}} = \gamma_{\mathrm{v}} \tag{4.68}$$

また，フォークト模型で表した粘弾性体に加わる応力を σ とおくと，この応力は，「ばね」と「ダッシュポット」のそれぞれに加わる応力を単純に足し合わせたものになる。よって，次式が成り立つ。

$$\sigma = \sigma_{\mathrm{e}} + \sigma_{\mathrm{v}} \tag{4.69}$$

4.3.4　マクスウェル模型の性質

マクスウェル模型の特徴を表す式 (4.66) と式 (4.67) から，この力学模型の性質を説明する。弾性体と粘性体のそれぞれの基本式(式 (4.55) と式 (4.58))から，力学模型で弾性体を表す「ばね」においては，応力 σ_{e} [N/m^2] について

$$\sigma_{\mathrm{e}} = G_0 \gamma_{\mathrm{e}} \tag{4.70}$$

が成り立ち，粘性体を表す「ダッシュポット」においては，応力 σ_{v} [N/m^2] について

$$\sigma_{\mathrm{v}} = \eta \frac{d\gamma_{\mathrm{v}}}{dt} \tag{4.71}$$

が成り立つ。式 (4.66) より，マクスウェル模型で「ばね」と「ダッシュポット」に加わる応力は，粘弾性体（模型全体）に加わる応力 σ [N/m^2] に等しい。よって，式 (4.70) の左辺は添え字 e を外して，$\sigma = G_0 \gamma_e$ と表すことができる。この式の両辺を時間 t [s] で微分すると，

$$\frac{d\sigma}{dt} = G_0 \frac{d\gamma_e}{dt} \quad \rightarrow \quad \frac{d\gamma_e}{dt} = \frac{1}{G_0} \frac{d\sigma}{dt} \tag{4.72}$$

となる。一方，式 (4.71) の左辺も添え字 v を外して，$\sigma = \eta \, d\gamma_v/dt$ と表すことができるので，この式を変形して

$$\frac{d\gamma_v}{dt} = \frac{\sigma}{\eta} \tag{4.73}$$

を得る。

また，マクスウェル模型で表した粘弾性体に生じるひずみ γ は，式 (4.67) より $\gamma = \gamma_e + \gamma_v$ と表されるので，この式の両辺を時間 t で微分すると

$$\frac{d\gamma}{dt} = \frac{d\gamma_e}{dt} + \frac{d\gamma_v}{dt} \tag{4.74}$$

となる。そこで，この式の右辺に式 (4.72) と式 (4.73) を代入すると，次の関係式を得ることができる。

公式 4.13（マクスウェル模型の構成方程式） ────────────────

$$\frac{d\gamma}{dt} = \frac{1}{G_0} \frac{d\sigma}{dt} + \frac{\sigma}{\eta}$$

────────────────────────────────────

この関係式を，**マクスウェル模型の構成方程式**とよぶ。

図 4.26 のような階段状の関数のひずみ γ が刺激として与えられた場合に，公式 4.13 のマクスウェル模型の構成方程式を解いてみよう。ひずみ γ は時間とともに変わるので，$\gamma = \gamma(t)$ と表すと，応力 σ も時間とともに変わるので，$\sigma = \sigma(t)$ と表される。ひずみは時刻 t が 0 s に達した瞬間に γ_0 となるので，$\gamma(0) = \gamma_0$ が成り立つ。その後，ひずみは $\gamma(t) = \gamma_0$ で一定となるので，$\frac{d\gamma}{dt} = 0$ となる。この値をマクスウェル模型の構成方程式（公式 4.13）の左辺に代入すると，

$$0 = \frac{1}{G_0} \frac{d\sigma}{dt} + \frac{\sigma(t)}{\eta} \quad \rightarrow \quad \frac{d\sigma}{dt} = -\frac{G_0}{\eta} \sigma(t)$$

と変形できる。この微分方程式の両辺を σ で割って，両辺に dt をかけると，

$$\frac{1}{\sigma(t)} \, d\sigma = -\frac{G_0}{\eta} \, dt$$

となり，この式の両辺を積分すると[30]，

$$\int \frac{1}{\sigma(t)} \, d\sigma = \int \left(-\frac{G_0}{\eta} \right) dt \quad \rightarrow \quad \log_e \sigma(t) = -\frac{G_0}{\eta} t + C_0 \tag{4.75}$$

────────────────────

30) $1/x$ の x についての不定積分は，積分定数 C を用いて，以下のように自然対数の関数となる。

$$\int \frac{1}{x} \, dx = \log_e x + C$$

となる。ここで，C_0 は積分定数である。この式の両辺に $t = 0\,\mathrm{s}$ を代入すると，いまは $\sigma(0) = \sigma_0$ が成り立つので，C_0 は

$$\log_e \sigma(0) = -\frac{G_0}{\eta} \cdot 0 + C_0 \quad \rightarrow \quad C_0 = \log_e \sigma_0$$

と求まる。よって，この C_0 を式 (4.75) の右辺に代入して変形すると，

$$\log_e \sigma = -\frac{G_0}{\eta}t + \log_e \sigma_0 \quad \rightarrow \quad \frac{\sigma}{\sigma_0} = e^{-\frac{G_0}{\eta}t} \tag{4.76}$$

が得られるので[31]，粘弾性体に加わる応力 $\sigma(t)$ は，

$$\sigma(t) = \sigma_0 e^{-\frac{G_0}{\eta}t} \tag{4.77}$$

と表すことができる。ここで，

$$\tau = \frac{\eta}{G_0} \tag{4.78}$$

を満たす $\tau\,[\mathrm{s}]$ を定義しよう。すると，式 (4.77) より応力 $\sigma(t)$ は，次式のように書くことができる。

$$\sigma(t) = \sigma_0 e^{-\frac{t}{\tau}} \tag{4.79}$$

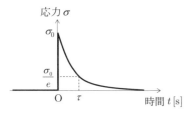

図 4.38 階段関数のひずみに対する応力の時間変化(マクスウェル模型)

このように，マクスウェル模型では階段状の関数のひずみ(刺激)に対して，応力(応答)は時間の経過とともに指数関数的に減少する(図 4.38)。このとき，$t = \tau$ のときに σ は $1/e$ 倍まで減少するので，τ は緩和時間である。また，$t = 0\,\mathrm{s}$ のときのひずみは γ_0，応力は σ_0 であるので，弾性率 G_0 は $G_0 = \gamma_0/\sigma_0$ となる。

さらに，式 (4.60) と式 (4.61) より，緩和弾性率 $G(t)$ の時間依存性の一般式は，

$$G(t) = \frac{\sigma(t)}{\gamma_0} = \Phi(t) + G_{\mathrm{e}}$$

と表すことができる。ここで，粘弾性体が粘弾性液体($G_{\mathrm{e}} = 0$)の場合を考えよう。この式の $\sigma(t)$ に式 (4.79) を代入して変形すると，応力緩和関数 $\Phi(t)$ は次式のように表すことができる。

$$\frac{\sigma_0 e^{-\frac{t}{\tau}}}{\gamma_0} = \Phi(t) + 0 \quad \rightarrow \quad \Phi(t) = \frac{\sigma_0}{\gamma_0}e^{-\frac{t}{\tau}}$$

このように，$G_{\mathrm{e}} = 0$ の場合には，マクスウェル模型によって応力緩和関数を具体的に表すことができる。この結果は，マクスウェル模型が粘弾性体の中でも，粘弾性液体を表すのに優れていることを示している。

---

31)　式 (4.76) は次のように導出される。

$$\log_e \sigma = -\frac{G_0}{\eta}t + \log_e \sigma_0 \ \rightarrow \ \log_e \sigma - \log_e \sigma_0 = -\frac{G_0}{\eta}t$$

$$\rightarrow \ \log_e \frac{\sigma}{\sigma_0} = -\frac{G_0}{\eta}t \ \rightarrow \ \frac{\sigma}{\sigma_0} = e^{-\frac{G_0}{\eta}t}$$

4.3.5 フォークト模型の性質

フォークト模型の特徴を表す式 (4.68) と式 (4.69) から，この力学模型の性質を説明する。式 (4.68) より，フォークト模型では弾性体と粘性体に加わるひずみが γ で一定なので，これらの時間 t [s] による微分も等しい。よって，次式が成り立つ。

$$\frac{d\gamma}{dt} = \frac{d\gamma_e}{dt} = \frac{d\gamma_v}{dt} \tag{4.80}$$

また，弾性体を表す「ばね」において，応力 σ_e [N/m²] については式 (4.70) の関係が成り立つが，フォークト模型ではひずみ γ_e の添え字 e を外すことができるので，

$$\sigma_e = G_0 \gamma \tag{4.81}$$

と表すことができる。さらに，粘性体を表す「ダッシュポット」において，応力 σ_v [N/m²] については式 (4.71) の関係が成り立つが，フォークト模型では式 (4.80) より，ひずみの時間微分 $\frac{d\gamma_v}{dt}$ の添え字 v を外すことができるので，

$$\sigma_v = \eta \frac{d\gamma}{dt} \tag{4.82}$$

と表すことができる。

したがって，式 (4.81) と式 (4.82) を式 (4.69) の右辺に代入すると，次の関係式を得ることができる。

公式 4.14（フォークト模型の構成方程式）

$$\sigma = G_0 \gamma + \eta \frac{d\gamma}{dt}$$

この関係式を，**フォークト模型の構成方程式**とよぶ。

図 4.39 のような階段状の関数の応力 σ [N/m²] が刺激として与えられた場合に，公式 4.14 のフォークト模型の構成方程式を解いてみよう。応力 σ は時間とともに変わるので，$\sigma = \sigma(t)$ と表すと，ひずみ γ も時間とともに変わるので，$\gamma = \gamma(t)$ と表される。応力は時刻 t が 0 s に達した瞬間に σ_0 [N/m²] となるので，$\sigma(0) = \sigma_0$ が成り立つ。この値をフォークト模型の構成方程式（公式 4.14）の左辺に代入すると，

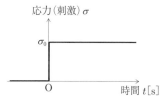

図 4.39 フォークト模型に与えられた応力

$$\sigma_0 = G_0 \gamma(t) + \eta \frac{d\gamma}{dt} \quad \rightarrow \quad \eta \frac{d\gamma}{dt} = \sigma_0 - G_0 \gamma(t)$$

と変形できるるので，この式の両辺を G_0 [N/m²] で割ると

$$\frac{\eta}{G_0} \frac{d\gamma}{dt} = \frac{\sigma_0}{G_0} - \gamma(t)$$

が得られる。この微分方程式の両辺の逆数をとり，$d\gamma$ をかけて変形すると，

$$\frac{G_0}{\eta} \frac{dt}{d\gamma} = \frac{1}{\sigma_0/G_0 - \gamma(t)} \quad \rightarrow \quad \frac{G_0}{\eta} dt = \frac{1}{\sigma_0/G_0 - \gamma(t)} \, d\gamma$$

$$\rightarrow \quad \frac{1}{\gamma(t) - \sigma_0/G_0} \, d\gamma = -\frac{G_0}{\eta} \, dt \tag{4.83}$$

となる。ここで，$P = \gamma(t) - \sigma_0/G_0$ と定義しよう。これにより，$dP/d\gamma = 1 \quad \rightarrow \quad dP = d\gamma$

が成り立つので，式 (4.83) は次のように変形できる。

$$\frac{1}{P}\,dP = -\frac{G_0}{\eta}\,dt$$

この式の両辺を積分して P をもとの式に戻すと，C_0 を積分定数として

$$\log_e P = -\frac{G_0}{\eta}t + C_0 \quad \rightarrow \quad \log_e\left(\gamma(t) - \frac{\sigma_0}{G_0}\right) = -\frac{G_0}{\eta}t + C_0 \tag{4.84}$$

となるので，この式の両辺に $t = 0\,\mathrm{s}$ を代入すると，いまは $\gamma(0) = 0$ が成り立つことから，C_0 は

$$\log_e\left(\gamma(0) - \frac{\sigma_0}{G_0}\right) = -\frac{G_0}{\eta}\cdot 0 + C_0 \quad \rightarrow \quad C_0 = \log_e\left(-\frac{\sigma_0}{G_0}\right)$$

と求まる。これを式 (4.84) に代入すると，

$$\log_e\left(\gamma(t) - \frac{\sigma_0}{G_0}\right) = -\frac{G_0}{\eta}t + \log_e\left(-\frac{\sigma_0}{G_0}\right) \quad \rightarrow \quad \log_e\left[\frac{\gamma(t) - \sigma_0/G_0}{(-\sigma_0/G_0)}\right] = -\frac{G_0}{\eta}t$$

となるので，この式をさらに変形すると，

$$\frac{\gamma(t) - \sigma_0/G_0}{(-\sigma_0/G_0)} = e^{-\frac{G_0}{\eta}t} \quad \rightarrow \quad \gamma(t) - \frac{\sigma_0}{G_0} = -\frac{\sigma_0}{G_0}e^{-\frac{G_0}{\eta}t}$$

となり，この式の両辺を σ_0 で割って，左辺の第 2 項を右辺へ移項すると，

$$\frac{\gamma(t)}{\sigma_0} = \frac{1}{G_0}(1 - e^{-\frac{G_0}{\eta}t}) \tag{4.85}$$

が得られる。ここで，クリープコンプライアンス $J(t)$ $[\mathrm{m^2/N}]$ は，ひずみ $\gamma(t)$ と応力 σ_0 を用いて $J(t) = \gamma(t)/\sigma_0$（式 (4.64)）と表されることを思い出そう。$t = 0$ のときのクリープコンプライアンスを $J(0) = J_0$ $[\mathrm{m^2/N}]$，弾性率を G_0 $[\mathrm{N/m^2}]$ とおくと，$J_0 = 1/G_0$ が成り立つ。

また，

$$\lambda = \frac{\eta}{G_0} \tag{4.86}$$

となる λ $[\mathrm{s}]$ を定義しよう。このとき，$1/\lambda = G_0/\eta$ が成り立つので，結果として，式 (4.85) は次のように書き直される。

$$J(t) = J_0(1 - e^{-\frac{t}{\lambda}t}) \tag{4.87}$$

この式から，λ はクリープコンプライアンスがもとの $(1 - 1/e)$ 倍となる時間であり，これを**遅延時間**とよぶ。式 (4.87) が，フォークト模型のクリープコンプライアンスである。式 (4.87) を，クリープコンプライアンスの一般式である $J(t) = J_\mathrm{g} + \varphi(t) + At$（式 (4.64)）と比較しよう。$t = 0\,\mathrm{s}$ でのクリープコンプライアンスは，式 (4.64) の時間に依存しない項である瞬間コンプライアンス J_g $[\mathrm{N/m^2}]$ に一致するが，式 (4.87) の右辺に $t = 0\,\mathrm{s}$ を代入すると，瞬間コンプライアンスは $J_\mathrm{g} = J(0) = J_0(1 - 1) = 0$ となる。これを式 (4.64) の右辺に代入すると，

$$J(t) = \varphi(t) + At$$

となり，クリープコンプライアンスは $At = 0$ の場合のクリープ関数 $\varphi(t)$ に相当する。つまり，$At = 0$ が成り立っていれば，

$$\varphi(t) = J_0(1 - e^{-\frac{t}{\lambda}t})$$

となるので，クリープ関数を具体的な形で表すことができる。4.3.2 で述べたように，ク
リープコンプライアンス $J(t)$ の一般式における At は，粘弾性体の中でも粘性の性質を担
う項である。したがって，この結果は，フォークト模型が粘弾性体の中でも粘弾性固体を
表すのに優れていることを示している。

4.3.6 動的粘弾性測定

これまでは，粘弾性体に対して階段状の関数をもつ刺激(応力やひずみ)を与えたとき
の，応答(ひずみや応答)ついて考えてきた。これらは，一定の刺激を 1 回だけ与えて，そ
の後の応答の時間変化(応力緩和，またはひずみのクリープ現象)を測定しているので，「静
的粘弾性測定」である。一方で，実際に粘弾性測定をする場合は，粘弾性体に対して刺激
を 1 回のみでなく周期的に加えることで，その後の応答の時間変化を測定する，「動的粘
弾性測定」の方がよく使用される。このように，周期的に加わる刺激に対する応答の性質
のことを，**動的粘弾性**とよぶ。動的粘弾性測定がよく使用される理由は，おもに以下の 2
点である。

1. 粘弾性体に対して周期的に刺激を与えて，その結果として生じる応答のシグナルが
   安定していれば，それは静的粘弾性測定を何度も繰り返し行ったことと同じになる。
2. 動的粘弾性測定の場合はデータの扱いが複雑になるが，得られる情報が静的粘弾性
   測定の場合に比べて多くなる。

したがって，ここでは動的粘弾性測定について説明する。

いま，刺激としてのひずみ $\gamma(t)$ を，以下の式のように周期的に与える場合を考える。

$$\gamma(t) = \gamma_0 \cos \omega t \tag{4.88}$$

ここで，γ_0 は振幅，ω [rad/s] は刺激を与える周期を特徴づける角振動数(角周波数)であ
る。この式を時間 t [s] で微分すると，

$$\frac{d\gamma(t)}{dt} = -\gamma_0 \omega \sin \omega t \tag{4.89}$$

となる。このように，周期的に与えるひずみによる刺激に対して，応答として観測される
応力 σ [N/m²] は，完全弾性体の場合は G [N/m²] を弾性率として $\sigma(t) = G\gamma(t)$ という関
係に従うので，右辺に式 (4.88) を代入すると，

$$\sigma(t) = G\gamma_0 \cos \omega t \tag{4.90}$$

が成り立つ。一方，完全粘性体の場合は η [N·s/m²] を粘性率として $\sigma(t) = \eta d\gamma(t)/dt$ とい
う関係に従うので，右辺に式 (4.89) を代入すると，

$$\sigma(t) = \eta(-\gamma_0 \omega \sin \omega t) = \eta\gamma_0 \omega \cos \left(\omega t + \frac{\pi}{2} \right) \tag{4.91}$$

が成り立つ。式 (4.90) と式 (4.91) を比べると，ひずみによる刺激 $\gamma(t)$ に対する応力に
よる応答 $\sigma(t)$ の位相差が，完全弾性体では 0 rad，完全粘性体では $\frac{\pi}{2}$ [rad] 生じることがわ
かる。つまり，粘弾性体の動的粘弾性測定をした場合，ひずみによって生じる応力の位相
差 δ [rad] は，$0 \leqq \delta \leqq \frac{\pi}{2}$ の範囲になることが予想される。

そこで，σ_0 [N/m²] を定数として，応力 $\sigma(t)$ が

$$\sigma(t) = \sigma_0 \cos (\omega t + \delta) \tag{4.92}$$

で表せたと仮定しよう。この式は加法定理を使って，

$$\sigma(t) = \sigma_0 \cos\delta \cos\omega t - \sigma_0 \sin\delta \sin\omega t$$

と変形することができる。さらに，$\sin\omega t = -\cos\left(\omega t + \frac{\pi}{2}\right)$ を右辺に代入すると，

$$\sigma(t) = \sigma_0 \cos\delta \cos\omega t - \sigma_0 \sin\delta \left[-\cos\left(\omega t + \frac{\pi}{2}\right)\right]$$

$$\rightarrow \quad \sigma(t) = \sigma_0 \cos\delta \cos\omega t + \sigma_0 \sin\delta \cos\left(\omega t + \frac{\pi}{2}\right) \tag{4.93}$$

となる。このように，応答（応力）を表す式は，刺激（ひずみ）に対して同位相の成分（1項目）と，$\pi/2$ の位相差をもつ成分（2項目）に分離することができる。ここで，ひずみ $\gamma(t) = \gamma_0 \cos\omega t$（式 (4.88)）の振幅 γ_0 と，応力 $\sigma(t) = \sigma_0 \cos(\omega t + \delta)$（式 (4.92)）の振幅 σ_0 を用いて，次式のような弾性率 G_0 [N/m^2] を定義する。

$$G_0 = \frac{\sigma_0}{\gamma_0} \tag{4.94}$$

この弾性率のことを，**動的弾性率**とよぶ。式 (4.93) の両辺を γ_0 で割り，式 (4.94) の G_0 の定義を用いて変形すると，弾性率の時間変化 $G(t)$ [N/m^2] は次式のように表すことができる。

$$G(t) = \frac{\sigma(t)}{\gamma_0} = G_0 \cos\delta \cos\omega t + G_0 \sin\delta \cos\left(\omega t + \frac{\pi}{2}\right) \tag{4.95}$$

また，$G' = G_0 \cos\delta$，$G'' = G_0 \sin\delta$ と定義すると，$G(t)$ は

$$G(t) = G' \cos\omega t + G'' \cos\left(\omega t + \frac{\pi}{2}\right) \tag{4.96}$$

と表される。さらに，$\tan\delta$ は次式のように，G' に対する G'' の比として表すことができる。

$$\tan\delta = \frac{G_0 \sin\delta}{G_0 \cos\delta} = \frac{G''}{G'} \tag{4.97}$$

このように，刺激として与えたひずみに対して，同じ位相の G' は応力としてそのままエネルギーに蓄えられるので，G' のことを**貯蔵弾性率**とよぶ。一方，位相が 90° 異なる G'' は，ひずみの方向については応力の成分として現れない。これは，ひずみの方向からすると応力が蓄えるエネルギーを失ったことになるので，G'' のことを**損失弾性率**とよぶ。したがって，与えたひずみに対して貯蔵した成分 G' と，損失した成分 G'' の比である $\tan\delta \, (= G''/G')$ は，**損失係数**とよばれる。

　たくさんの記号と定義が出てきたので見失いがちになるが，実際の動的粘弾性測定で測定されている量は，「ひずみの振幅 γ_0」，「応力の振幅 σ_0」，「位相差 δ」の 3 つである。これらの 3 つの量から，貯蔵弾性率 G'，損失弾性率 G''，損失係数 G''/G' が計算できることを確認してもらいたい。また，位相差は角振動数 ω を変えることによって変化する。つまり，貯蔵弾性率，損失弾性率，損失係数は，いずれも ω を変数とした関数となる。実験では，角振動数 ω を変化させることによる位相差 δ の変化を測定する。

4.3.7　複素数平面で扱う動的粘弾性

　4.3.6 では，三角関数を使って動的粘弾性測定の説明を行ってきたが，同じ内容をオイラーの公式（公式 3.20）を使って説明することができる。図 4.40 で示すような複素数平面

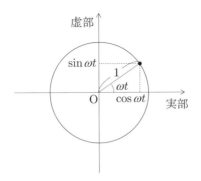

図 4.40 複素数平面

で，周期的に変化する刺激と，それによって生じる応答について考えよう。複素数平面での取り扱いは，慣れてくると三角関数のように，sin と cos の間の変換をしなくても済む。また，位相の違う 2 つの項を考えなくてもよいので，扱いやすく便利である。

刺激として加える周期的なひずみの変化を複素数で表記すると，式 (4.88) は，

$$\gamma^* = \gamma_0 e^{i\omega t} \tag{4.98}$$

と表すことができる。このような式で表されるひずみを，**複素ひずみ**とよぶ。また，応答として生じる周期的な応力の変化を複素数で表すと，式 (4.92) は，

$$\sigma^* = \sigma_0 e^{i(\omega t + \delta)} \tag{4.99}$$

と表される。このような式で表された応力を，**複素応力**とよぶ。式 (4.98) と式 (4.99) の左辺にある「∗」は，その関数が複素数であることを示す。ここで，オイラーの公式

$$e^{i\omega t} = \cos \omega t + i \sin \omega t \tag{4.100}$$

を用いると，式 (4.98) は，

$$\gamma^* = \gamma_0 e^{i\omega t} = \gamma_0 \cos \omega t + i\gamma_0 \sin \omega t$$

となり，式 (4.99) は，

$$\sigma^* = \sigma_0 e^{i(\omega t + \delta)} = \sigma_0 \cos(\omega t + \delta) + i\sigma_0 \sin(\omega t + \delta)$$

となる。このように，周期的な変化を複素表記で表すということは，もとの周期的な変化を表す実部の項（cos を用いた項）に，虚部の項（sin を用いた項）を加えて表すことに相当する。虚部の項が増えることは，一見すると複雑になるだけで無駄なように思える。しかし，指数関数 $e^{i\omega t}$ の形は計算しやすく，得られる情報も増えて利点が多いことに気づくだろう。

複素表記したひずみ γ^* と応力 σ^* を用いて，複素表記した弾性率 G^* [N/m^2] を定義することができる。この G^* のことを，**複素ずり弾性率**，または**複素剛性率**とよぶ。G^* の定義は次のように書くことができる。

$$G^* = \frac{\sigma^*}{\gamma^*} = \frac{\sigma_0 e^{i(\omega t + \delta)}}{\gamma_0 e^{i\omega t}} = \frac{\sigma_0}{\gamma_0} e^{i\delta} = G_0 e^{i\delta}$$

ここで，動的弾性率の定義である式 (4.94) を用いた。さらに，オイラーの公式を用いると，

$$G^* = G_0 e^{i\delta} = G_0 \cos\delta + iG_0 \sin\delta$$

と表すことができ，

$$G' = G_0 \cos\delta, \quad G'' = G_0 \sin\delta$$

を定義すると，

$$G^* = G' + iG'' \tag{4.101}$$

と表すことができる。よって，式 (4.101) より，複素ずり弾性率 G^* には時間に依存する項がなく，G^* は位相差 δ と，ひずみと応力のそれぞれの振幅（γ_0 と σ_0）より求まることがわかる。

ところで，複素ひずみ γ^* を時間 t [s] で微分すると，次式が得られる。

$$\frac{d\gamma^*}{dt} = \frac{d}{dt}(\gamma_0 e^{i\omega t}) = \gamma_0(i\omega)e^{i\omega t} \quad \rightarrow \quad \frac{d\gamma^*}{dt} = i\omega\gamma_0 e^{i\omega t} \tag{4.102}$$

この式で定義される $d\gamma^*/dt$ のことを，**複素ずり速度**とよぶ。

次に，粘性体の基本式 (4.58) を複素表示にして，右辺に式 (4.102) を，左辺に式 (4.99) を代入すると，次のように変形することができる[32]。

$$\sigma^* = \eta^* \frac{d\gamma^*}{dt} \quad \rightarrow \quad \sigma_0 e^{i(\omega t+\delta)} = \eta^*(i\omega\gamma_0 e^{i\omega t})$$

$$\rightarrow \quad \eta^* = \frac{\sigma_0 e^{i(\omega t+\delta)}}{i\omega\gamma_0 e^{i\omega t}} = \frac{\sigma_0}{\gamma_0}\frac{1}{i\omega}e^{i\delta}$$

ここで，η^* のことを，**複素ずり粘性率**とよぶ。この式を，式 (4.94) とオイラーの公式を用いてさらに変形すると，

$$\eta^* = \frac{\sigma_0}{\gamma_0}\frac{1}{i\omega}e^{i\delta} = G_0\frac{1}{i\omega}e^{i\delta} = -iG_0\frac{1}{\omega}e^{i\delta} = -i\frac{G_0}{\omega}(\cos\delta + i\sin\delta)$$

となり[33]，結果として η^* は，

$$\eta^* = \frac{G_0}{\omega}\sin\delta - i\frac{G_0}{\omega}\cos\delta \tag{4.103}$$

と表すことができる。この式に，$G' = G_0\cos\delta$ と $G'' = G_0\sin\delta$ の関係を用いると，複素ずり粘性率 η^* は，複素ずり弾性率 $G^* = G' + iG''$ の実部 G' と虚部 G'' を用いて，

$$\eta^* = \frac{G''}{\omega} - i\frac{G'}{\omega} \tag{4.104}$$

と表すことができる。この式は，複素ずり粘性率 η^* と，複素ずり弾性率 G^* の間に成り立つ関係を示している。ここで，次式を満たす η' と η'' を定義しよう。

$$\eta' = \frac{G''}{\omega}, \quad \eta'' = \frac{G'}{\omega}$$

これらの η' と η'' をまとめて，**動的ずり粘性率**とよぶ。このとき，式 (4.104) は，

---

[32] 指数関数の微分の公式を思い出そう。α を定数として，次の公式が成り立つ。

$$\frac{d(e^{\alpha x})}{dx} = \alpha e^{\alpha x}$$

[33] 虚数単位 i は 2 乗すると $i^2 = -1$ となるので，$1/i$ の分子と分母に i をかけることによって，次のように有利化することができる。

$$\frac{1}{i} = \frac{1 \times i}{i \times i} = \frac{i}{i^2} = \frac{i}{-1} = -i$$

$$\eta^* = \eta' - i\eta'' \tag{4.105}$$

と表すことができる。

また，式 (4.104) と式 (4.105) を比較すると，複素ずり粘性率 η^* の実部 η' は，複素ずり弾性率 G^* の虚部と関係して粘性の性質を担っており，複素ずり弾性率 G^* の実部 G' は，複素ずり粘性率 η^* の虚部 η'' と関係して弾性の性質を担っていることがわかる。このことは，粘性と弾性の関係を考えるうえで興味深い。

複素ずり弾性率の場合とは逆に，刺激として複素応力 σ^* を与えたときに，応答として複素ひずみ γ^* が生じる場合を扱う際は，**複素ずりコンプライアンス**とよばれる J^* を考えることになる。ずりコンプライアンスの定義式 $J = 1/G = \gamma/\sigma$ を複素表現にして，右辺に式 (4.98) と式 (4.99) を代入すると，

$$J^* = \frac{\gamma^*}{\sigma^*} = \frac{\gamma_0 e^{i\omega t}}{\sigma_0 e^{i(\omega t + \delta)}} = \frac{\gamma_0}{\sigma_0} e^{-i\delta}$$

と書くことができる。この式を，動的弾性率の定義式 (4.94) とオイラーの公式を用いてさらに変形すると，

$$J^* = \frac{1}{G_0} e^{-i\delta} = \frac{1}{G_0} \cos\delta - i\frac{1}{G_0} \sin\delta \tag{4.106}$$

が得られる。ここで，次式を満たす J' と J'' を定義しよう。

$$J' = \frac{1}{G_0} \cos\delta, \quad J'' = \frac{1}{G_0} \sin\delta$$

これらの J' と J'' をまとめて，**動的ずりコンプライアンス**とよぶ。このとき，式 (4.106) は，

$$J^* = J' - iJ'' \tag{4.107}$$

と表すことができる。ここで，複素ずり弾性率 $G^* = G_0 e^{i\delta}$ と，複素ずりコンプライアンス $J^* = \frac{1}{G_0} e^{-i\delta}$ を掛け算して変形すると，

$$G^* J^* = (G_0 e^{i\delta})\left(\frac{1}{G_0} e^{-i\delta}\right) = 1 \quad \rightarrow \quad J^* = \frac{1}{G^*}$$

という関係が成り立つ。これは，実数表記のときに成り立っていた，ずり弾性率 $G\,[\mathrm{N/m^2}]$ とずりコンプライアンス $J\,[\mathrm{m^2/N}]$ の関係 $J = 1/G$ が，複素表記でも同様に成り立つことを示している。

4.3.8 マクスウェル模型で考える動的粘弾性

4.3.7 で学んだ複素数平面による表記を用いて，マクスウェル模型における動的粘弾性を考える。周期的に変化する刺激であるひずみを $\gamma^* = \gamma_0 e^{i\omega t}$ （式 (4.98)）とし，応答である応力を $\sigma^* = \sigma_0 e^{i(\omega t + \delta)}$ （式 (4.99)）として，複素表記で考える。γ^* と σ^* の時間 $t\,[\mathrm{s}]$ による微分は，次のように書ける。

$$\frac{d\gamma^*}{dt} = i\omega \gamma_0 e^{i\omega t} = i\omega \gamma^* \tag{4.108}$$

$$\frac{d\sigma^*}{dt} = i\omega \sigma_0 e^{i(\omega t + \delta)} = i\omega \sigma^* \tag{4.109}$$

ここで，マクスウェル模型の構成方程式（公式 4.13）における γ と σ をともに複素表記（それぞれ γ^* と σ^*）で表すと，

$$\frac{d\gamma^*}{dt} = \frac{1}{G_0}\frac{d\sigma^*}{dt} + \frac{\sigma^*}{\eta}$$

となるので，この式の左辺と右辺の第1項にそれぞれ，式 (4.108) と式 (4.109) を代入すると，次のようになる。

$$i\omega\gamma^* = \frac{1}{G_0}i\omega\sigma^* + \frac{\sigma^*}{\eta}$$

また，この式の両辺を $i\omega\sigma^*$ で割ると

$$\frac{\gamma^*}{\sigma^*} = \frac{1}{G_0} + \frac{1}{i\omega\eta}$$

となるので，左辺には $G^* = \sigma^*/\gamma^*$ を代入し，右辺は分母をそろえて和をとると，

$$\frac{1}{G^*} = \frac{i\omega\eta + G_0}{i\omega\eta G_0}$$

となる。さらに，この式の両辺の逆数をとって変形すると，

$$G^* = \frac{i\omega\eta G_0}{i\omega\eta + G_0} = \frac{G_0}{1 + G_0/(i\omega\eta)}$$

となるので，この式に $\tau = \eta/G_0$ （式 (4.78)）を代入すると，

$$G^* = \frac{G_0}{1 + 1/(i\omega\tau)} = \frac{iG_0\omega\tau}{1 + i\omega\tau}$$

と変形できる。これを実部と虚数の項に分離するために，分子と分母に $(1 - i\omega\tau)$ をかけて有利化すると，

$$G^* = \frac{iG_0\omega\tau(1 - i\omega\tau)}{(1 + i\omega\tau)(1 - i\omega\tau)} = \frac{G_0\omega^2\tau^2}{1 + \omega^2\tau^2} + i\frac{G_0\omega\tau}{1 + \omega^2\tau^2} \tag{4.110}$$

となるので，この式の実部と虚部をそれぞれ，複素ずり弾性率の式 $G^* = G' + iG''$ （式 (4.101)）の実部と虚部と比較すると，次の2つの関係を得ることができる。

$$G' = \frac{G_0\omega^2\tau^2}{1 + \omega^2\tau^2} \tag{4.111}$$

$$G'' = \frac{G_0\omega\tau}{1 + \omega^2\tau^2} \tag{4.112}$$

また，損失係数 $\tan\delta$ は，式 (4.97) を用いて，次のように計算することができる。

$$\tan\delta = \frac{G''}{G'} = \frac{G_0\omega\tau/(1 + \omega^2\tau^2)}{G_0\omega^2\tau^2/(1 + \omega^2\tau^2)} \quad \rightarrow \quad \tan\delta = \frac{1}{\omega\tau} \tag{4.113}$$

以上の結果をもとに，マクスウェル模型の貯蔵弾性率 G' と，損失弾性率 G'' の角振動数 ω [rad/s] による変化を考える。

●貯蔵弾性率の周波数依存性

はじめに，貯蔵弾性率 G' の，角振動数 ω [rad/s] による変化について考えよう。貯蔵弾性率を表す式 (4.111) で，両辺の自然対数をとると，

$$\log_e G' = \log_e \frac{G_0\omega^2\tau^2}{1 + \omega^2\tau^2}$$
$$\rightarrow \quad \log_e G' = \log_e G_0\omega^2\tau^2 - \log_e(1 + \omega^2\tau^2) \tag{4.114}$$

と表される。

まずは，角振動数 ω が十分に小さい場合を考えよう。式 (4.114) の右辺の第1項を，ω

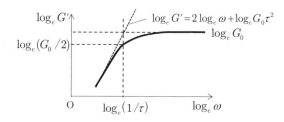

図 4.41 マクスウェル模型による貯蔵弾性率 G' の角振動数による変化

とそれ以外の項に分離すると，次のようになる。

$$\log_e G' = 2\log\omega + \log_e G_0\tau^2 - \log_e(1 + \omega^2\tau^2)$$

ここで，角振動数 ω が十分に小さい場合を考えて，ω の 2 乗がかかった項が無視できるものと考えると，右辺の第 3 項は $\log_e(1 + \omega^2\tau^2) \fallingdotseq \log_e 1 = 0$ と近似できる。よって，$\log_e G'$ は，

$$\log_e G' \fallingdotseq 2\log_e\omega + \log_e G_0\tau^2$$

と書ける。つまり，縦軸に $\log_e G'$，横軸に $\log_e\omega$ をとったグラフは，ω が十分に小さい極限で，傾きが 2 の直線グラフとなる。

次に，角振動数 ω が十分に大きい場合を考えよう。式 (4.114) の右辺の第 1 項を，$G_0\,[\mathrm{N/m^2}]$ とそれ以外の項に分離すると，次のようになる。

$$\log_e G' = \log_e G_0 + \log_e\omega^2\tau^2 - \log_e(1 + \omega^2\tau^2)$$

ここで，$\log_e(1 + \omega^2\tau^2) \fallingdotseq \log_e\omega^2\tau^2$ という近似が成り立つので，

$$\log_e G' \fallingdotseq \log_e G_0 + \log_e\omega^2\tau^2 - \log_e\omega^2\tau^2 = \log_e G_0 \quad \rightarrow \quad \log_e G' \fallingdotseq \log_e G_0$$

と書ける。つまり，縦軸に $\log_e G'$，横軸に $\log_e\omega$ をとったグラフは，ω が十分に大きい極限で，縦軸の値が定数 $\log_e G_0$ に近づくような曲線となる。

図 4.41 に，マクスウェル模型における貯蔵弾性率 G' の角振動数 ω による変化を，縦軸 $\log_e G'$，横軸 $\log_e\omega$ の両対数グラフとして示す。このグラフからわかるように，$\log_e G'$ と $\log_e\omega$ の関係は確かに，ω が小さいときは傾きが 2 の直線に近づき，ω が大きいときは定数 $\log_e G_0$ に近づく曲線となる。

● 損失弾性率の周波数依存性

次に，損失弾性率 G'' の，角振動数 ω による変化について考えよう。損失弾性率を表す式 (4.112) で，両辺の自然対数をとると，

$$\log_e G'' = \log_e \frac{G_0\omega\tau}{1 + \omega^2\tau^2} \quad \rightarrow \quad \log_e G'' = \log_e G_0\omega\tau - \log(1 + \omega^2\tau^2)$$

$$\rightarrow \quad \log_e G'' = \log_e\omega - \log_e(1 + \omega^2\tau^2) + \log_e G_0\tau \tag{4.115}$$

と表される。ここで，右辺の第 3 項は定数項なので，以降は $B' = \log_e G_0\tau$ として計算する。

貯蔵弾性率の場合に行った計算と同様に，まずは角振動数 ω が十分に小さい場合を考える。このとき，ω の 2 乗がかかった項は無視できるものと考えると，$\log_e(1 + \omega^2\tau^2) \fallingdotseq$

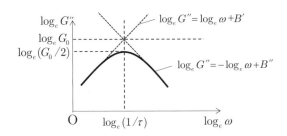

図 4.42 マクスウェル模型による損失弾性率 G'' の角振動数による変化

$\log_e (1) = 0$ という近似が成り立つので，式 (4.115) は次のように表すことができる。

$$\log_e G'' \fallingdotseq \log_e \omega + B'$$

つまり，縦軸に $\log_e G''$，横軸に $\log_e \omega$ をとったグラフは，ω が十分に小さい極限で，傾きが1の直線グラフとなる。

次に，角振動数 ω が十分に大きい場合を考えよう。この場合は，$\log_e (1 + \omega^2 \tau^2) \fallingdotseq \log \omega^2 \tau^2$ という近似が成り立つので，式 (4.115) は次のように表すことができる。

$$\log_e G'' \fallingdotseq \log_e \omega - \log_e (\omega^2 \tau^2) + B' = \log_e \omega - \log_e \omega^2 + \log_e \tau^2 + B'$$

$$= \log_e \omega - 2\log_e \omega + \log_e \tau^2 + B'$$

$$\rightarrow \quad \log_e G'' = -\log_e \omega - \log_e \tau^2 + B'$$

ここで，右辺の第 2，3 項は定数項なので，$B'' = -\log_e \tau^2 + B'$ と定義すると，

$$\log_e G'' = -\log_e \omega + B''$$

が得られる。つまり，縦軸に $\log_e G''$，横軸に $\log_e \omega$ をとったグラフは，ω が十分に大きい極限で，傾きが -1 の直線グラフとなる。

図 4.42 に，マクスウェル模型における損失弾性率 G'' の角振動数 ω による変化を，縦軸 $\log_e G''$，横軸 $\log_e \omega$ の両対数グラフとして示す。このグラフからわかるように，$\log_e G''$ と $\log_e \omega$ の関係は確かに，ω が小さいときは傾きが1の直線に近づき，ω が大きいときは傾きが -1 の直線に近づくグラフとなる。

● 位相差 δ の角振動数による依存性

マクスウェル模型において，ひずみと応力の位相差である δ の，角振動数による依存性について考えよう。貯蔵弾性率 G' と損失弾性率 G'' の角振動数による変化がわかれば，式 (4.97) から δ の角振動数による依存性を導くことができる。図 4.43 に，マクスウェル模型における位相差 δ の角振動数 ω による変化を，縦軸 δ，横軸 $\log_e \omega$ の片対数グラフとして示す。

ここで，4.3.7 で学んだように，複素ずり弾性率 $G^* = G' + iG''$ において，貯蔵弾性率 G' は粘弾性体における弾性の性質を担う部分であり，損失弾性率 G'' は粘弾性体における粘性の性質を担う部分である。また，G' と G'' の間には $\tan \delta = G''/G'$ という関係が成り立つので，$\delta = 0°$ であれば $G^* = G'$ となり，粘弾性体は 100 % 弾性の性質をもつ。一方，$\delta = 90°$ であれば $G^* = iG''$ となり，粘弾性体は 100 % 粘性の性質をもつ。以上を踏まえて，図 4.43 のグラフを見ると，ω が十分に小さいときは δ が 90° に近づくので，粘性の特

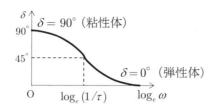

図 4.43　マクスウェル模型による位相差 δ の角振動数による変化

徴が顕著になり，ω が十分に大きいときは δ が $0°$ に近づくので，弾性の特徴が顕著になる。また，$\omega = 1/\tau$ のときは $\delta = 45°$ となるので，このときの粘弾性体がもつ粘性と弾性の割合は均一になる。

　以上で述べた，貯蔵弾性率 G'，損失弾性率 G''，位相差 δ の角振動数 ω による依存性から，最後にマクスウェル模型の性質をまとめる。τ [s] を緩和時間として，周波数 ω の大きさが $\omega < 1/\tau$ を満たす場合は $G'' > G'$ となるので，粘弾性体における粘性の性質が弾性よりも顕著になる。特に，角振動数 ω が十分に小さい場合には，$G' \fallingdotseq 0$，$G'' \fallingdotseq \eta\omega$ となるので，粘弾性体はほぼ粘性体としての性質をもつ。一方で，$\omega > 1/\tau$ を満たす場合は $G' > G''$ となるので，粘弾性体における弾性の性質が粘性よりも顕著になる。特に，角振動数 ω が十分に大きい場合には，$G' \fallingdotseq G_0$，$G'' \fallingdotseq 0$ となるので，粘弾性体はほぼ弾性体としての性質をもつ。さらに，周波数 ω が $\omega = 1/\tau$ を満たす場合は，$G' = G''$ の関係を満たす。これは，粘弾性体における弾性と粘性の特徴がちょうどつり合った状態であることを示す。

　したがって，マクスウェル模型はひずみや応答が周期性をもつ場合にも，その角振動数の大きさにかかわらず，粘弾性体を評価できる優秀な力学模型であることがわかる。特に，4.3.4 で学んだように，マクスウェル模型は粘弾性液体の場合に具体的な応力緩和関数を導くことができるので，粘弾性液体に対しては有効な力学模型である。

4.1 断面の円の半径 r が 9.5 mm，長さ L が 81 cm の鋼鉄製の棒がある。62 kN の力 F が，この鉄棒を長さ方向に引っ張った。このとき，鉄棒に加わる応力と鉄棒の伸びを求めよ。ただし，鋼鉄のヤング率は 2.0×10^{11} N/m^2 とする。

4.2 400 cm^3 の鉄塊を深さ 1.0 km の海中に沈めると，体積はどれだけ減少するか答えよ。ただし，海水の密度は一様（1.0×10^3 kg/m^3）で，鉄の体積弾性率 1.0×10^{11} N/m^2 とする。

4.3 正方形ゴム板（5.0 cm× 5.0 cm，厚さ 1.0 cm）の下面を固定し，上面に平行に 10 kgw（10 kgw $\times$ 9.8 m/s^2 = 98 N）の力を加えたところ，0.20 mm だけずれた。このゴムの剛性率を求めよ。ただし，$\tan\gamma \fallingdotseq \gamma$ とする。

4.4 長さ 1.0 m，断面の円の直径が 2.0 mm の鋼鉄線に，10 kg のおもりを吊るしたときの伸びを求めよ。また，このときの鋼鉄線の単位体積あたりに蓄えられるエネルギーを求めよ。ただし，重力加速度の大きさを 9.8 m/s^2，鋼鉄線のヤング率を 2.0×10^{11} N/m^2 とし，鋼鉄線自身の重みによる伸びは考えないことにする。

4.5 図のように，密度 $\rho = 791$ kg/m^3 のエタノールが，断面積が $A_1 = 1.20 \times 10^{-3}$ m^2 から $A_2 = A_1/2$ へと変化する水平なパイプの中をなめらかに流れている。パイプの太い部分と細い部分の間の圧力差は 4120 Pa である。このエタノールの断面積と流速の積（体積流量率という）を求めよ。

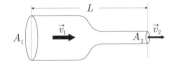

4.6 図のように，（質量がなく，摩擦もない）理想的な滑車を介して，面積 0.21 m^2 の板にひもで 8.5 g の物体がつながれている。板と面との間には，層の厚さ 0.30 mm の潤滑油が入れてある。止めていた板を離すと，0.085 m/s の速さで右向きに動くことが観測された。この潤滑油の粘性率を求めよ。

4.7 マクスウェル模型に $t = 0$ s でずりひずみ γ_0 をかけ，以後 γ_0 を一定に保ったとき，応力緩和の時間依存性を求めたい。このとき，以下の問いに答えよ。

(1) マクスウェル模型の構成方程式を記せ。

(2) $t > 0$ s で，ずりひずみの時間微分の値 $\frac{d\gamma}{dt}$ を求めよ。

(3) マクスウェル模型の構成方程式に，(2) の結果を適用して微分方程式を解き，緩和弾性率の時間依存性を求めよ。

4.8 時刻 $t = 0$ s で緩和弾性率が $G = 5 \times 10^5$ N/m^2，粘性率が $\eta = 2 \times 10^3$ N·s/m^2 を満たすマクスウェル模型に，$t = 0$ s からずりひずみ $\gamma_0 = 0.05$ を加えたとき，以下の問いに答えよ。

(1) $t = 0$ s における応力 σ_0 の値を求めよ。

(2) 緩和時間 τ の値を求めよ。

章末問題解答

1章 ─────────────────────────────────

1.1 (1) $\dfrac{\lambda}{2\pi\epsilon_0 r}$ [N/C]　　(2) $-\dfrac{\lambda}{2\pi\epsilon_0}\log_e r$ [V]

1.2 (1) 8.9×10^{-10} F　　(2) 8.9×10^{-9} C　　(3) 8.9×10^{-9} C　　(4) 20 V

1.3 (1) 1.0×10^{-5} T　　(2) 3.0×10^{-5} N　　(3) 引力

1.4 磁束密度の大きさは 6.2×10^{-4} T，その向きは 問題の図の上向き

2章 ─────────────────────────────────

2.1 （アルミ塊が失った熱量）＝（水が得た熱量）＋（容器・棒が得た熱量）として熱量保存の式を立てると，
$c_1 = 0.886$ J/(g·K)

2.2 (1) $U = \dfrac{3}{2}nRT = 7.48\times10^3$ J　　(2) $\dfrac{3}{2}k_{\mathrm{B}}T = 6.21\times10^{-21}$ J

2.3 (1) $W = p\,\Delta V = 600$ J　　(2) $\Delta Q = \Delta U - W = 900$ J

(3) $C_p = \dfrac{1}{n}\dfrac{\Delta Q}{\Delta T} = 28.9$ J/(mol·K)

(4) $C_p \fallingdotseq \dfrac{7}{2}R$ であるので，2原子分子または直線状分子である。

2.4 (1) $\Delta U = W = 375$ J　　(2) $\Delta T = \dfrac{2}{3n}\dfrac{\Delta U}{R} = 10.0$ K

2.5 体積を dV だけ変化させる際のエントロピー変化は $dS = \dfrac{dU + p\,dV}{T} = \dfrac{nC_V\,dT}{T} + \dfrac{nR\,dV}{V}$ より

$$\Delta S = nC_V\int_{T_1}^{T_2}\frac{dT}{T} + nRT\int_{V_1}^{V_2}\frac{dV}{V} = nC_V\log_e\frac{T_2}{T_1} + nR\log_e\frac{V_2}{V_1}$$

$$= \frac{3}{2}nR\log_e\frac{T_2}{T_1} + nR\log_e\frac{V_2}{V_1}$$

3章 ─────────────────────────────────

3.1 (1) 6.0 m　　(2) 1.0 m　　(3) 正弦波の速さは 12 m/s，正弦波が進む向きは x 軸の負の向き

3.2 8個

3.3 5.0×10^{-6} m

3.4 $f(x)$ は偶関数なので，フーリエ余弦級数で展開することができる。

$$f(x) = \frac{a_0}{2} + \sum_{n=1}^{\infty}a_n\cos nx = \frac{1}{2} + \frac{2}{\pi}\left(\cos x - \frac{1}{3}\cos 3x + \frac{1}{5}\cos 5x - \frac{1}{7}\cos 7x + \cdots\right)$$

3.5 フーリエ変換の式より，$F(k)$ は次のように求まる。

$$F(k) = \frac{1}{2\pi}\int_{-\infty}^{\infty}f(x)e^{-ikx}\,dx = -\frac{2i}{\pi k}(1 - \cos k)$$

4 章

4.1 法線応力と長さひずみの関係 $\sigma = \dfrac{F}{A} = E\dfrac{\Delta l}{l}$ より，応力は $\sigma = 2.2 \times 10^8$ N/m^2，鉄棒の伸びは $\Delta l = 8.9 \times 10^{-4}$ m（または 0.89 mm）

4.2 法線応力（圧力）と体積ひずみの関係より，$p = -K\dfrac{\Delta V}{V}$ が成立している。また，水深 h に働く静水圧 p は $p = \rho h g$ であることを用いると，体積の減少量は $\Delta V = 3.9 \times 10^{-8}$ m^3（または 39 mm^3）

4.3 ずり応力と角度ひずみの関係 $\dfrac{F}{A} = G\gamma$ を用いる。剛性率は $G = 2.0 \times 10^6$ N/m^2

4.4 法線応力と長さひずみの関係 $\sigma = \dfrac{F}{A} = E\dfrac{\Delta l}{l}$ より，おもりを吊るしたときの伸びは $\Delta l = 1.6 \times 10^{-4}$ m，鋼鉄線の単位体積あたりに蓄えられるエネルギーは 2.6×10^3 J/m^3

4.5 体積流量率は $A_1 v_1 = 1.20 \times 10^{-3} \times 1.86 \fallingdotseq 2.23 \times 10^{-3}$ m^3/s

4.6 F は面に平行に引っ張る力，A は面の面積，l は潤滑油の厚さ，v は潤滑油と板の間で生じている速さとすると，$\eta = \dfrac{Fl}{Av}$ より，粘性率は $\eta = 1.4 \times 10^{-3}$ N·s/m^2

4.7 (1) $\dfrac{d\gamma}{dt} = \dfrac{d\sigma/dt}{G_0} + \dfrac{\sigma}{\eta}$

(2) $\gamma = \gamma(t)$ とする。$t = 0$ s で $\gamma(0) = \gamma_0$，$t > 0$ s で $\gamma(t) = \gamma_0$，γ_0 は一定なので $\dfrac{d\gamma}{dt} = 0$

(3) 構成方程式に $\dfrac{d\gamma}{dt} = 0$ を代入して微分方程式を解くと，$\log_e \sigma = -\dfrac{G}{\eta}t + C_0$（$C_0$ は積分定数）。また，$t = 0$ s で $\sigma = \sigma_0$ なので，$C_0 = \log_e \sigma_0$ となる。式変形して，$\sigma = \sigma_0 e^{-\frac{G}{\eta}t}$ となる。また，$\tau = \dfrac{\eta}{G}$ として，$\sigma = \sigma_0 e^{-\frac{t}{\tau}}$ となるので，緩和弾性率の時間依存性は $G = \dfrac{\sigma}{\gamma_0} = \dfrac{\sigma_0}{\gamma_0} e^{-\frac{t}{\tau}}$ である。

4.8 (1) $\sigma_0 = G\gamma_0$ となるので，数値を代入して $\sigma_0 = 5 \times 10^5 \times 0.05 = 2.5 \times 10^4 = 3 \times 10^4$ N/m^2

(2) $\tau = \dfrac{\eta}{G}$ より，それぞれの値を代入して $\tau = \dfrac{2 \times 10^3}{5 \times 10^5} = 4 \times 10^{-3}$ s

索　引

■ 欧数字

1 気圧　65
1 軸伸長クリープコンプライアンス　199
1 軸伸長弾性率　199
2 原子分子理想気体　82
2 倍振動　134
3 倍振動　133, 134
5 倍振動　133
P 波　120
S 波　120

■ あ　行

アウトプット　193
アボガドロ数　69
アボガドロの法則　81
アルキメデスの原理　183
アンペア（A）　26
アンペールの法則　43
アンペール-マクスウェルの法則　53
位相　57, 122
　　——のずれ　58
位置エネルギー　14, 179
一様　10
インピーダンス　57
インプット　193
引力　4
ウェーバー（Wb）　43
ウェーバー毎平方メートル（Wb/m^2）　37
渦がない　186
うなり　138
　　——の周期　138
運動流体　185
永久機関　114
液化　71
液相　71
エネルギーの等分配則　87
エネルギー密度　180

エンタルピー　100
エントロピー　115
エントロピー増大の法則　116
オイラーの公式　155
応答　193
応力　164
応力緩和　195
応力緩和関数　196
オストワルドの原理　114
音
　　——の 3 要素　132
　　——の共鳴　135
オーム（Ω）　28
オームの法則　28
温度　64
音波　132
　　——の速さ　132

■ か　行

開管　133
　　——の固有振動　134
開口端補正　134
回折　142
回折格子　142
階段関数　194
回転運動　89
回復コンプライアンス　198
ガウスの法則　12, 44
可逆過程　112
角周波数　57
角度ひずみ　165
重ね合わせの原理　125
華氏温度　64
可視光線　62, 139
荷電粒子　48
ガラスコンプライアンス　198
カルノーサイクル　109

カルノーの定理　　111
カロリー(cal)　　31, 67
干渉　　126
干渉縞　　143
完全弾性衝突　　83
完全弾性体　　194
完全粘性体　　194
完全流体　　186
緩和時間　　195
緩和弾性率　　196
緩和ヤング率　　199
気圧(atm)　　78
気化　　71
気化熱　　72
奇関数　　151
気相　　71
気体定数　　81
気体の状態変化　　93
気体の状態方程式　　81
気体の分子運動論　　82
起電力　　28
基本振動　　133, 134
逆位相　　126
逆フーリエ変換　　161
凝固　　71
強磁性体　　37
凝縮　　71
極板　　19
巨視的　　185
虚数単位　　155
虚部　　155
キルヒホッフの第1法則　　34
キルヒホッフの第2法則　　35
キルヒホッフの法則　　34
キロワット時(kWh)　　31
偶関数　　151
偶力　　173
屈折　　127
屈折角　　127
屈折光　　140
屈折波　　127
屈折率　　128
クラウジウスの原理　　113
クリープ回復　　197
クリープ関数　　198

クリープ(現象)　　197
クリープコンプライアンス　　198
クーロン(C)　　2
クーロンの法則　　3
　　——の比例定数　　4
クーロンポテンシャル　　15
クーロン力　　4
経験温度　　64
ケルビン(K)　　65
原子核　　2
原子量　　69
コイル　　43
合成抵抗　　31
合成波　　125
合成容量　　24
剛性率　　165, 178
光速　　62, 139
剛体　　8, 164
交流　　57
交流電圧　　30
交流電源　　57
交流電流　　26
光路差　　144
固化　　71
固相　　71
固定端　　130
固定端反射　　130
コンデンサー　　18

■さ　行
サイクル　　105
作業物質　　107
作用線　　174
作用点　　174
三相　　71
三態　　71
散乱　　145
磁荷　　44
磁界　　37
磁気　　36
磁気エネルギー　　56
示強変数　　93
磁極　　36
刺激　　193
自己インダクタンス　　56

仕事　14, 179

自己誘導　56

磁石　37

地震波　120

指数　155

指数関数　155

自然対数　155

磁束　43

磁束密度　37

実効値　57

実在気体　82

実数　155

質点　8, 164

実部　155

磁鉄鉱（Fe₃O₄）　37

磁場　6, 37

　　——に関するガウスの法則　44

ジーメンス毎メートル（S/m）　29

シャルルの法則　79

周期　122, 147

周期関数　146

集積回路　3

自由端　130

自由端反射　130

充電　33

自由電子　3

自由度　87

周波数　57, 122

ジュール（J）　30, 67

ジュール熱　31

ジュールの法則　31

循環過程　105

瞬間コンプライアンス　198

純粋なずり応力　173

純粋な接線応力　173

準静的過程　93

昇華　72

蒸気　72

蒸気圧　72

常磁性体　37

状態変化　71, 93

状態変数　93

状態量　93

蒸発　71

小物体　4

正味の数　12

示量変数　93

磁力線　37

真空の透磁率　38

真空の比誘電率　23

真空の誘電率　4

振動数　122

振幅　121

水銀柱ミリメートル（mmHg）　78

水面波　120

ストークスの法則　192

スピン　36

ずり応力　165

ずりコンプライアンス　193

ずり弾性率　165, 178

スリット　142

ずりの変化率　191

ずりひずみ　165

正弦波　121

静止流体　181

静水圧　169

静的粘弾性測定　199, 205

静電エネルギー　21

静電気　1

静電場　6

静電容量　20

正の電気　1

セ氏温度　64

絶縁体　3

接線応力　165

絶対温度　65

絶対屈折率　128, 140

絶対零度　65

セルシウス温度　64

線形粘弾性体　194

潜熱　72

全反射　140

線膨張　74

線膨張係数　74

線膨張率　74

線密度　124

相互インダクタンス　55

　　——の相反定理　56

相互誘導　55

相対屈折率　128, 140

速度分布　88
素電荷　3
疎密波　120
素粒子　2
ソレノイド　43, 55
損失係数　206
損失弾性率　206

■た 行
第1種永久機関　114
第2種永久機関　114
体積緩和弾性率　199
体積クリープコンプライアンス　199
体積弾性率　165, 171
体積ひずみ　165
帯電　2
帯電列　3
体膨張　76
体膨張係数　76
体膨張率　76
対流　37, 73
ダイン(dyn)　191
多原子分子理想気体　82
ダッシュポット　199
縦波　120
ダランベールの解　124
単位ずり変化率　191
単位ベクトル　4
単原子分子理想気体　82
単色光　139
弾性　164
弾性衝突　83
弾性体　164
　　──の基本式　193
弾性力　164
断熱自由膨張　104
断熱変化　102
遅延時間　204
地磁気　36
縮まない流体　181
縮む流体　181
中性子　2
超音波　132
張力　166
直流　57

直流電源　26
直流電流　26, 28
直列接続　24, 31
貯蔵弾性率　206
定圧比熱　68
定圧変化　98
定圧モル熱容量　69, 99
定圧モル比熱　69, 99
抵抗　28
抵抗器　27
抵抗率　29
定常状態コンプライアンス　198
定常電流　28
定常波　131
定常流　186
定性的　10
定積比熱　68
定積変化　96
定積モル熱容量　69, 97
定積モル比熱　69, 97
テイラー展開　177
定量的　10
テスラ(T)　37
デルタ関数　194
電圧　15
電圧計　28
電位　15
電位差　15
電荷　2
電界　6
電荷密度　8
電気　1
電気素量　3
電気抵抗　28
電気抵抗率　29
電気定数　4
電気的に中性　3
電気伝導率　29
電気容量　20
電気力線　7
電気量　2
電源　28
電子　2
電磁気学　1
電磁波　61, 120

電子密度　　26

電磁誘導　　53

点電荷　　4

電場　　6

　　──に関するガウスの法則　　12

電流　　26

電流計　　28

電流密度　　27

電力　　30

電力量　　30

同位相　　126

等温変化　　101

導線　　22, 26

導体　　3

動的ずりコンプライアンス　　209

動的ずり粘性率　　208

動的弾性率　　206

動的粘弾性　　205

動的粘弾性測定　　199, 205

等方的　　6

度エフ（°F）　　65

度シー（°C）　　64

ドップラー効果　　137

トムソンの原理　　114

トランジスタ　　3

トリチェリーの定理　　189

■な　行

内部エネルギー　　85

長さひずみ　　165

波　　119

入射角　　127

入射光　　139

入射波　　127

ニュートン流体　　193

ネイピア数　　155

熱　　66

　　──の仕事当量　　67

熱運動　　64

熱エネルギー　　31, 66

熱学　　64

熱関数　　100

熱機関　　105

熱効率　　106

熱振動　　29, 64

熱接触　　66

熱伝導　　72

熱伝導率　　73

熱輻射　　74

熱平衡　　66

熱平衡の法則　　67

熱放射　　74

熱膨張　　73, 74

熱容量　　70

熱浴　　101

熱力学　　64

熱力学的温度　　111

熱力学の第 0 法則　　67

熱力学の第 1 法則　　94

熱力学の第 2 法則　　113

熱量　　31, 66

熱量の保存則　　70

粘性　　186, 190

粘性係数　　191

粘性体　　191

　　──の基本式　　193

粘性率　　191

粘性流体　　191

粘弾性　　193

粘弾性液体　　195

粘弾性固体　　195

粘弾性体　　193

　　──の基本式　　194

■は　行

媒質　　119

波源　　119

波数　　121

パスカル（Pa）　　78

パスカルの原理　　182

波長　　121

波動方程式　　123

腹　　131

パルス波　　121

反射　　127

反射角　　127

反射光　　139

反射波　　127

半導体　　3

反発力　　4

ビオ-サバールの法則　40
光　62, 139
　　――の回折現象　142
　　――の速さ　139
微視的　185
非周期関数　157
歪み（ひずみ）　164
比熱　68
比熱比　102
比誘電率　23
標準状態　81
ファラッド（F）　20
ファラデーの法則　60
ファーレンハイト温度　64
ファンデルワールス力　82
フェード現象　183
フォークト模型　200
　　――の構成方程式　203
不可逆過程　112
複素応力　207
複素共役　155
複素剛性率　207
複素数　155
複素ずりコンプライアンス　209
複素ずり速度　208
複素ずり弾性率　207
複素ずり粘性率　208
複素ひずみ　207
節　131
フックの法則　164
物質量　69
沸点　64, 72
沸騰　71
負の電気　1
フーリエ級数展開　147
　　――の複素表示　157
フーリエ係数　147
フーリエ正弦級数展開　153
フーリエ積分　159
フーリエ変換　161
フーリエ余弦級数展開　153
プリズム　146
浮力　183
フレミングの左手の法則　46
分光　146

分子間力　82
分子軸　90
分子量　69
閉管　132
　　――の固有振動　133
閉曲線　39
閉曲面　11
平衡コンプライアンス　198
平行電流間に働く力の定理　48
平行板コンデンサー　18
並進運動　89
平面波　127
並列接続　24, 31
ヘクト（h）　78
ヘクトパスカル（hPa）　78
ベクトル場　185
ヘルツ（Hz）　122
ベルヌーイの関係式　86
ベルヌーイの定理　86, 187
変位　121
変位電流　50
ヘンリー（H）　55
ポアズ（P）　191
ポアソンの法則　102
ポアソン比　168
ボイル-シャルルの法則　80
ボイルの法則　79
法線応力　165
法線成分　11
放電　34
飽和蒸気圧　72
保存力　14, 179
ポテンシャルエネルギー　179
ボルツマン定数　86
ボルト（V）　15

■ま　行
マイヤーの関係式　100
マクスウェルの速度分布則　88
マクスウェル方程式　60
　　――の積分型　60
　　――の微分型　60
マクスウェル模型　200
　　――の構成方程式　201
摩擦電気　1

右ねじの法則　　38

無限遠　　15

面積密度　　9

モル（mol）　　69

モル質量　　88

モル熱容量　　69

モル比熱　　69

▌や 行

ヤング率　　165, 168

融解　　71

融解熱　　72

融点　　64, 72

誘電起電力　　53

誘電体　　22

誘電分極　　22

誘電率　　23

陽子　　2

横波　　120

▌ら 行

力学模型　　199

力積　　83

理想気体　　82

リットル（L）　　81

流管　　186

流線　　185

流速　　185

流速の場　　185

流体　　181

レーザー光　　139

連続の式　　187

連続の方程式　　187

連続波　　121

レンツの法則　　53

ローレンツ力　　49

▌わ

ワット（W）　　30

■ 著　者

渡邉　努（わたなべ　つとむ）　　1 章
2002 年　名古屋大学工学部物理工学科卒業
2007 年　名古屋大学大学院工学研究科博士課程修了
現　　在　千葉工業大学先進工学部教育センター教授，博士（工学）

山下　基（やました　もとい）　　2 章
1996 年　京都大学工学部衛生工学科卒業
2004 年　京都大学大学院理学研究科博士課程修了
現　　在　千葉工業大学先進工学部教育センター准教授，博士（理学）

横田麻莉佳（よこた　まりか）　　3 章
2014 年　千葉工業大学工学部生命環境科学科卒業
2020 年　千葉工業大学大学院工学研究科博士後期課程単位取得後退学
現　　在　日本大学医学部一般教育学系物理学分野助教，博士（工学）

筑紫　格（つくし　いたる）　　4 章
1990 年　大阪大学理学部化学科卒業
1996 年　大阪大学大学院理学研究科博士課程修了
現　　在　千葉工業大学工学部教育センター教授，博士（理学）

Ⓒ 渡邉・山下・横田・筑紫　2023

2023 年 3 月 20 日　　初 版 発 行

工学のための物理学応用
電磁気学・熱力学・波動・粘弾性体

著　者　渡　邉　　　努
　　　　山　下　　　基
　　　　横　田　麻　莉　佳
　　　　筑　紫　　　格

発行者　山　本　　　格

発 行 所　株式会社　培　風　館
東京都千代田区九段南 4-3-12・郵便番号 102-8260
電 話 (03)3262-5256 (代表)・ 振 替 00140-7-44725

三美印刷・牧 製本

PRINTED IN JAPAN

ISBN 978-4-563-02538-0　C3042